Energieerzeugung nach Novellierung des EEG

Konsequenzen für regenerative und nicht regenerative Energieerzeugungsanlagen

Lizenz zum Wissen.

Sichern Sie sich umfassendes Technikwissen mit Sofortzugriff auf tausende Fachbücher und Fachzeitschriften aus den Bereichen: Automobiltechnik, Maschinenbau, Energie + Umwelt, E-Technik, Informatik + IT und Bauwesen.

Exklusiv für Leser von Springer-Fachbüchern: Testen Sie Springer für Professionals 30 Tage unverbindlich. Nutzen Sie dazu im Bestellverlauf Ihren persönlichen Aktionscode C0005406 auf *www.springerprofessional.de/buchaktion/*

Springer für Professionals.
Digitale Fachbibliothek. Themen-Scout. Knowledge-Manager.

- Zugriff auf tausende von Fachbüchern und Fachzeitschriften
- Selektion, Komprimierung und Verknüpfung relevanter Themen durch Fachredaktionen
- Tools zur persönlichen Wissensorganisation und Vernetzung

www.entschieden-intelligenter.de

Springer für Professionals

Stefan Döring

Energieerzeugung nach Novellierung des EEG

Konsequenzen für regenerative und nicht regenerative Energieerzeugungsanlagen

Stefan Döring
PLANT Engineering GmbH
Neuwied, Deutschland

ISBN 978-3-642-55170-3   ISBN 978-3-642-55171-0 (eBook)
DOI 10.1007/978-3-642-55171-0

Die Deutsche Nationalbibliothek verzeichnet diese Publikation in der Deutschen Nationalbibliografie; detaillierte bibliografische Daten sind im Internet über http://dnb.d-nb.de abrufbar.

Springer Vieweg
© Springer-Verlag Berlin Heidelberg 2015
Das Werk einschließlich aller seiner Teile ist urheberrechtlich geschützt. Jede Verwertung, die nicht ausdrücklich vom Urheberrechtsgesetz zugelassen ist, bedarf der vorherigen Zustimmung des Verlags. Das gilt insbesondere für Vervielfältigungen, Bearbeitungen, Übersetzungen, Mikroverfilmungen und die Einspeicherung und Verarbeitung in elektronischen Systemen.
Die Wiedergabe von Gebrauchsnamen, Handelsnamen, Warenbezeichnungen usw. in diesem Werk berechtigt auch ohne besondere Kennzeichnung nicht zu der Annahme, dass solche Namen im Sinne der Warenzeichen- und Markenschutz-Gesetzgebung als frei zu betrachten wären und daher von jedermann benutzt werden dürften.
Der Verlag, die Autoren und die Herausgeber gehen davon aus, dass die Angaben und Informationen in diesem Werk zum Zeitpunkt der Veröffentlichung vollständig und korrekt sind. Weder der Verlag noch die Autoren oder die Herausgeber übernehmen, ausdrücklich oder implizit, Gewähr für den Inhalt des Werkes, etwaige Fehler oder Äußerungen.

Gedruckt auf säurefreiem und chlorfrei gebleichtem Papier

Springer Berlin Heidelberg ist Teil der Fachverlagsgruppe Springer Science+Business Media
(www.springer.com)

Vorwort

Energie und Elektrizität im Besonderen ist die Basis unserer Zivilisation. Die erste Übertragung von elektrischer Energie über eine längere Strecke fand 1882 zwischen München und Miesbach (57 km) statt. Neun Jahre später, 1891, gelang erstmals die Übertragung von Dreiphasenwechselstrom zwischen Lauffen und Frankfurt über eine Distanz von 176 km. Seit diesen Ereignissen hat sich die Technologie rasant entwickelt.

Auch für die Zukunft stellt die Energieversorgung eine besondere Herausforderung dar. Einflüsse auf andere Lebensbereiche dürfen hierbei nicht vernachlässigt werden. Harmonische Lösungen im Einklang mit der Umwelt sind gefragt. Das Wachstum der Weltbevölkerung ist ein Einflussfaktor, der berücksichtigt werden muss. Gleichzeitig verbessert sich der Lebensstandard weltweit. Der Besitz und Verbrauch von Gütern und Dienstleistungen steigt damit an. Im Zuge des steigenden Energiebedarfs spielt der Klimawandel eine weitere entscheidende Bedeutung, der bereits durch entsprechende Abkommen und Gesetzgebungen die Energieerzeugung beeinflusst. Neben der Notwendigkeit, Energie immer effizienter und emissionsärmer sowie CO_2-neutraler zu erzeugen, kommen weitere Herausforderungen auf die Erzeugung zu. So wird es immer bedeutender, dass Energieerzeugungsanlagen möglichst flexibel bezüglich der Leistungsbereitstellung ausgelegt werden. Insbesondere der Ausbau der Windkraft und der Photovoltaik erzwingen diese Bedingung. Daher besteht die Lösung nicht aus einfachen, standardisierten Systemen.

Das Buch erläutert die wirtschaftlichen Konsequenzen und technischen Möglichkeiten aus den neuen gesetzlichen Vorgaben von EEG und KWKG (Gesetze zur Energieumlage und zur Umlage von Kraft-Wärme-Kopplung). Diese gesetzlichen Vorgaben beeinflussen die Organisationen hinsichtlich ihrer Investitionsentscheidung zur Energieerzeugung.

Besonders danken möchte ich dem Springer Verlag für die Unterstützung bei der Veröffentlichung dieses Buches. Weiterer Dank gilt meinen Mitarbeitern Marcus Engel, Alexander Nieratschker, Marc Muscheid und Fabian Henseler, die mich bei der Ausarbeitung maßgeblich unterstützt haben. Zuletzt danke ich meiner Frau Esther, meiner Tochter Nina und meinem Sohn Tom für Ihr Verständnis und die Geduld sowie meinem Vater für die Unterstützung.

Das Buch entstand parallel zu meiner Haupttätigkeit als Geschäftsführer der Plant Engineering GmbH. Alle aufgezeigten Zusammenhänge, Fakten, Zahlen und Berechnungen wurden nach bestem Wissen und Gewissen sowie mit hoher Sorgfalt durchgeführt, recherchiert und dargestellt. Dennoch können Fehler und Unvollkommenheiten nicht ausgeschlossen werden. Daher bin ich für konstruktive und zielorientierte Anmerkungen mit Blick auf eine mögliche Neuauflage sehr dankbar.

Leutesdorf im November 2014
Stefan Döring

Inhaltsverzeichnis

1	**Einleitung**	**.. 2**
1.1	Primärenergieverbrauch in Deutschland, Europa und weltweit	 2
1.2	Entwicklung des Energiemarktes in den letzten Jahren	 6
1.3	Die Chancen und Grenzen regenerativer Energien in Deutschland	 12
	1.3.1 Thermische Solarenergie	 14
	1.3.2 Photovoltaik	 14
	1.3.3 Windenergie	 15
	1.3.4 Geothermie	 15
	1.3.5 Wasserkraft	 16
	1.3.6 Bioenergie	 18
1.4	Die Chancen und Grenzen konventioneller Energien in Deutschland	. 18
	1.4.1 Kohle	 19
	1.4.1.1 Steinkohle	 19
	1.4.1.2 Braunkohle	 20
	1.4.2 Uran und Kernenergie	 20
	1.4.3 Erdgas	 21
	1.4.4 Erdöl, Mineralöle und Kraftstoffe	 21
1.5	Literaturverzeichnis	 22
2	**Zusammensetzung des Strompreises und dessen Entwicklung**	**............ 28**
2.1	Zusammensetzung des Strompreises für Industriekunden	 28
	2.1.1 Erzeugung, Transport, Vertrieb	 29
	2.1.2 Konzessionsabgabe	 29
	2.1.3 EEG-Umlage	 30
	2.1.4 KWK-Aufschlag	 30
	2.1.5 § 19-Umlage	 31
	2.1.6 Stromsteuer	 32
	2.1.7 Offshore-Haftungsumlage	 33
	2.1.8 Umlage für abschaltbare Lasten	 33
2.2	Entwicklung des Strompreises für Haushalts- und Industriekunden	 34
2.3	Entwicklung der „begünstigten" Abnahmestellen	 43
2.4	Literaturverzeichnis	 46
3	**Die Bedeutung der Energiekosten für die deutsche Industrie –**	
	Vergangenheit und Zukunft	**... 50**
3.1	Entwicklung des Bruttoinlandsproduktes und der Energiepreise	 50
3.2	Bruttowertschöpfung und Erwerbstätige nach Wirtschaftszweigen	 54
3.3	Der Einfluss des Strompreises auf die Industrie	 56

3.4 Ausblick dezentrale Energieversorgung 62
    3.4.1 Reduzierung des Strompreises 63
    3.4.2 Kraft-Wärme-Kopplung (KWK) 64
    3.4.3 Steigerung der Verfügbarkeit und Versorgungssicherheit 64
    3.4.4 Netzunabhängige Selbstversorgung 65
    3.4.5 Steuer- und Finanzvorteile 66
    3.4.6 Teilnahme am Regelleistungsmarkt möglich 66
    3.4.7 Imagegewinn 66
3.5 Literaturverzeichnis 67

4 Vergleich der gesetzlichen Randbedingungen nach EEG-2012 und EEG-2014 (Energiewende) 72
4.1 Allgemeine Vorschriften/Bestimmungen 74
4.2 Anschluss, Abnahme, Übertragung und Verteilung 75
4.3 Finanzielle Förderung nach EEG-2012 und EEG-2014 75
4.4 Ausgleichsmechanismus 80
    4.4.1 Bundesweiter Ausgleich 80
    4.4.2 Besondere Ausgleichsregelungen für stromintensive Unternehmen und Schienenbahnen 83
4.5 Transparenz 89
4.6 Rechtsschutz und behördliche Verfahren 89
4.7 Verordnungsermächtigung, Erfahrungsbericht, Übergangsbestimmungen 89
4.8 Literaturverzeichnis 89

5 Haupteinflussfaktoren der Energiewende auf ausgewählte Technik und Wirtschaftlichkeit von Energieerzeugungsanlagen 92
5.1 Windenergie 93
5.2 Biomasse 96
    5.2.1 Biogasanlagen 96
    5.2.2 Biomasse-Heizkraftwerke 98
    5.2.3 Zusammenfassung Stromerzeugungsanlagen auf Basis nachwachsender Rohstoffe 101
5.3 Photovoltaik 101
5.4 Heizkraftwerke auf Basis von Gasturbinen (5-10 MW_{el}) 103
5.5 Heizkraftwerke auf Basis von Gasmotoren (5-10 MW_{el}) 110
5.6 Zusammenfassung 115
5.7 Literaturverzeichnis 117

6 Einfluss weiterer Randbedingungen auf Technik und Wirtschaftlichkeit 120
6.1 Strombörse 122
    6.1.1 EEX Leipzig 122
    6.1.2 EPEX Paris 122

6.2	Regelleistungsmarkt	122
6.2.1	Minutenreservemarkt	123
6.2.2	Primär- und Sekundärenergiemarkt	123
6.3	OTC-Handel	123
6.4	Konzepte zur Erhaltung der Versorgungssicherheit	124
6.4.1	Strategische Reserve	124
6.4.2	Kapazitätsmarkt	125
6.4.2.1	Umfassender Kapazitätsmarkt	125
6.4.2.2	Fokussierter Kapazitätsmarkt	125
6.4.3	Kapazitätssicherung durch Privatisierung der Versorgungssicherheit	126
6.5	Literaturverzeichnis	126

7 Vergleich verschiedener Gasturbinen anhand eines vorgegebenen Lastgangs 130
- 7.1 Vorstellung des Industrieverbrauchers 132
- 7.2 Technische Modellbeschreibung 134
- 7.3 Randbedingungen der Berechnungen 137
- 7.4 Gasturbinenauswahl und Anlagenauslegung 137
- 7.5 Ergebnisse der Berechnung 141
  - 7.5.1 Gasturbine 1 142
  - 7.5.2 Gasturbine 2 149
  - 7.5.3 Gasturbine 3 153
- 7.6 Auswertung und Zusammenfassung der Berechnungsergebnisse 157

8. Wirtschaftlichkeitsbetrachtungen von erdgasbetriebenen Heizkraftwerken 166
- 8.1. Grundbegriffe und Kennzahlen der Wirtschaftlichkeitsberechnung .. 167
- 8.2. Vorgehensweise 170
- 8.3. Berechnungsmodell Gasturbine 5 MW$_{el}$ 172
- 8.4. Berechnungsmodell Gasmotor 5 MW$_{el}$ 174
- 8.5. Auswertung, Analyse und Vergleich 176
- 8.6. Mittelgroße und große Erzeugungsanlagen 184
- 8.7 Literaturverzeichnis 185

Anhang 188
- Anlage 1: Zusammenfassung des Vergleichs EEG-2012 und EEG-2014 188
- Anlage 2: Stromkosten- oder handelsintensive Branchen nach Anlage 4 des EEG-2014 200

Sachwortverzeichnis 211

1 Einleitung 2
1.1 Primärenergieverbrauch in Deutschland, Europa und weltweit 2
1.2 Entwicklung des Energiemarktes in den letzten Jahren 6
1.3 Die Chancen und Grenzen regenerativer Energien in Deutschland 12
1.3.1 Thermische Solarenergie 14
1.3.2 Photovoltaik 14
1.3.3 Windenergie 15
1.3.4 Geothermie 15
1.3.5 Wasserkraft 16
1.3.6 Bioenergie 18
1.4 Die Chancen und Grenzen konventioneller Energien in Deutschland . 18
1.4.1 Kohle 19
1.4.2 Uran und Kernenergie 20
1.4.3 Erdgas 21
1.4.4 Erdöl, Mineralöle und Kraftstoffe 21
1.5 Literaturverzeichnis 22

1 Einleitung

Das Thema der Energiewende und die damit verbundene Erhaltung der Versorgungssicherheit lässt sich heute kaum noch aus den täglichen medialen Berichterstattungen ausblenden. Angetrieben von dem Ziel, den Ausstoß an klimaschädlichem Kohlendioxid (CO_2) nachhaltig deutlich zu mindern, wird, zusammengefasst unter dem Begriff „Energiewende", zunehmend versucht, die Energieversorgung unseres Landes auf regenerativ erzeugten Strom umzustellen. Zur klaren Definition der Klima- und Ausbauziele werden fortlaufend immer wieder Verträge und Abkommen verhandelt und beschlossen. Kontinuierlich wird es notwendig, bereits bestehende Gesetze an sich schnell ändernde Gegebenheiten in der Praxis anzupassen. Die Aufgabe der Politik besteht darin, mit Hilfe von Gesetzen kontrollierend und regelnd auf die Entwicklung Einfluss zu nehmen und Anreize zur Umgestaltung der Energieversorgung sowie zur Erhaltung der Versorgungssicherheit zu schaffen. Die Versorgung mit Strom bzw. Energie im Allgemeinen ist eine öffentliche Angelegenheit und spielt in unserer Gesellschaft eine fundamentale Rolle, da kaum eine Aktivität ohne den Einsatz von Energie möglich ist. Energie gibt uns unter anderem die Möglichkeit, Güter zu produzieren und transportieren und ist somit ein grundlegender Bestandteil jeder Bruttowertschöpfungskette.

Um den Stellenwert der Energienutzung in Deutschland und der Welt zu verdeutlichen, sind nachfolgend die Entwicklung des Primärenergiebedarfs, die Entwicklung des Energiemarktes sowie die Chancen und Grenzen regenerativer Energiequellen im Hinblick auf die Energiewende analysiert worden.

1.1 Primärenergieverbrauch in Deutschland, Europa und weltweit

Der Primärenergieverbrauch[1] gibt Auskunft über den gesamten Energieverbrauch inklusive aller auftretenden Verluste bei der Umwandlung zu Sekundärenergie, dem Transport sowie der Verwendung der Endenergie. Er ist somit ein wichtiges Maß für die Effizienz der eingesetzten Technologien. Aus einem geringen Primärenergieverbrauch kann jedoch nicht geschlussfolgert werden, dass nur

---

[1] Im technischen Sinne wird Primärenergie als diejenige Energie bezeichnet, die keinem technischen Umwandlungsprozess unterworfen wurde. Die Bundesregierung definiert Primärenergie mit dem folgenden Wortlaut [1.34]: „Primärenergie ist die direkt in den Energiequellen vorhandene Energie […]. Primärenergieträger sind zum Beispiel Steinkohle, Braunkohle, Erdöl, Erdgas […]. Die Primärenergie wird in Kraftwerken, Raffinerien und so weiter in die sogenannte Endenergie umgewandelt."

hocheffiziente Techniken zum Einsatz kommen, da er zugleich Auskunft über den Entwicklungsstand eines Landes oder einer Region geben kann.

Erst im Zusammenhang mit weiteren Daten, wie Wirtschaftsleistung, Beschäftigung und Lebensstandard, können Abschätzungen über die Effizienz der eingesetzten Primärenergie getätigt werden.

Auf Grund der Höhe des Verbrauchs und den daraus resultierenden hohen Werten wird der Betrag der Energie in Petajoule (PJ = 10^{15} Joule = 10^{12} kJ ≈ $2{,}778 \cdot 10^{11}$ kWh ≈ $2{,}778 \cdot 10^{8}$ MWh) oder in Exajoule (EJ = 10^{18} Joule) angegeben.

In der nachfolgenden Abbildung 1-1 ist der tatsächliche Energieverbrauch der Bundesrepublik Deutschland von 1965 bis 2012, basierend auf den gemittelten Daten des Bundesumweltamtes und von BP, abgebildet.

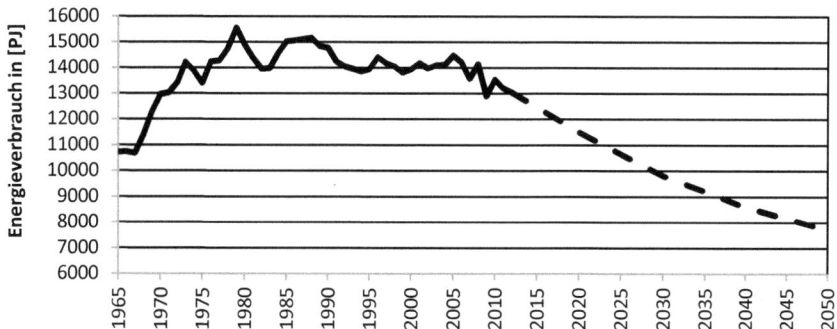

Abbildung 1-1: Energieverbrauch der Bundesrepublik Deutschland in [PJ] (Datengrundlage [1.1] und [1.2])

Der prognostizierte Verlauf bis 2050 ist gestrichelt dargestellt. Da diese Vorhersage auf jetzigen Erkenntnissen und Annahmen beruht, kann es bei Veränderungen von politischen und gesellschaftlichen Randbedingungen zu Abweichungen, teils auch erheblichen Änderungen oder konträren Entwicklungen kommen. Insgesamt wird ersichtlich, dass der deutsche Energieverbrauch bis zum Ende des 20. Jahrhunderts kontinuierlich gestiegen ist, seitdem jedoch langsam fällt.

Dies ist zum einen auf effizientere Technologien bei der Erzeugung und Umwandlung sowie der Nutzung der Energie zurückzuführen und zum anderen auf günstigere meteorologische Bedingungen sowie den bewussteren Umgang mit Energie.

Im internationalen Vergleich benötigt Deutschland, trotz der in Abbildung 1-1 dargestellten Reduzierung des Bedarfs an Primärenergie, verhältnismäßig viel Energie.

Um den Verbrauch einordnen zu können, ist in Tabelle 1-1 eine größen- bzw. mengenmäßige Einordnung des deutschen Verbrauchs in Bezug zum europäischen und weltweiten Verbrauch aufgezeigt.

Tabelle 1-1: Deutschlands Anteil am europäischen und weltweiten Primärenergieverbrauch (Datengrundlage [1.1] und [1.2])

Jahr	Deutschland in [PJ]	EU in [PJ]	prozentualer Anteil Deutschlands an der in Europa verbrauchten Energie in [%]	weltweit in [PJ]	prozentualer Anteil Deutschlands an der weltweit verbrauchten Energie in [%]
1965	10.723	41.204	26,02%	157.216	6,82%
1975	13.392	58.880	22,74%	241.761	5,54%
1985	15.025	67.175	22,37%	300.264	5,00%
1990	14.771	69.149	21,36%	339.552	4,35%
1995	13.954	69.106	20,19%	358.973	3,89%
2000	13.942	72.175	19,32%	391.012	3,57%
2005	14.473	75.794	19,10%	448.311	3,23%
2010	13.550	73.083	18,54%	500.045	2,71%
2012	13.052	70.060	18,63%	522.371	2,50%

Bezogen auf die Europäische Union (EU) hat sich der anteilige Energieverbrauch von Deutschland von ca. einem Viertel im Jahre 1965 auf ca. ein Fünftel im Jahre 2012 zwar verringert, der gesamte Energieverbrauch in der EU hat sich jedoch nahezu verdoppelt. Daher nimmt der prozentuale Anteil ab, der deutsche Verbrauch an Primärenergie bleibt im betrachteten Zeitraum jedoch relativ konstant.

Der gestiegene Gesamtverbrauch der EU lässt sich zum einen auf die zunehmende Industrialisierung und den damit verbundenen steigenden Energiebedarf der EU-Staaten, zum anderen auf den gesamten wirtschaftlichen Fortschritt und die steigende Lebensqualität der Gesellschaft zurückführen. Des Weiteren kam es im Zuge der Entwicklung der EU immer wieder zu Erweiterungen und Angliederungen von weiteren Staaten. So wuchs die EU von anfänglich 6 Gründerstaaten auf 28 Staaten an. Die Entwicklung ist in der nachfolgenden Tabelle 1-2 zusammengefasst. Aus dieser wird der enorme Zuwachs an Staaten zur EU ersichtlich. Der durch die EU-Erweiterung entstehende Einfluss auf den Primärenergieverbrauch wurde nicht näher untersucht und soll hier nicht weiter thematisiert werden.

Tabelle 1-2: Entwicklung der EU von 1958 bis 2013

Staat	Beitritt	Bezeichnung
Belgien	1958	EWG-6 / EG-9 / EG-10 / EG-12 / EG-15 / EG-25 / EG-27 / EG-28
Deutschland	1958	
Frankreich	1958	
Italien	1958	
Luxemburg	1958	
Niederlande	1958	
Dänemark	1973	
Irland	1973	
Vereinigtes Königreich	1973	
Griechenland	1981	
Portugal	1986	
Spanien	1986	
Finnland	1995	
Österreich	1995	
Schweden	1995	
Estland	2004	
Lettland	2004	
Litauen	2004	
Malta	2004	
Polen	2004	
Slowakei	2004	
Slowenien	2004	
Tschechien	2004	
Ungarn	2004	
Zypern	2004	
Bulgarien	2007	
Rumänien	2007	
Kroatien	2013	

Betrachtet man den deutschen Verbrauch im Vergleich zum weltweiten Primärenergiebedarf, ist dieser Anteil mit ca. 7 % im Jahr 1965 und 2,5 % im Jahr 2012 relativ gering. Dennoch ist das Sinken des prozentualen Anteils durch den enorm großen Anstieg des weltweiten Gesamtbedarfs um mehr als das Dreifache zu begründen.

Deutlich wird, dass der weltweite Gesamtbedarf an Energie, trotz leichtem Rückgang des Verbrauches Deutschlands, permanent steigt. Diese Entwicklung ist graphisch in Abbildung 1-2 dargestellt. Es ist davon auszugehen, dass sich dieser Trend im Zuge der zunehmenden Globalisierung und des technischen Fortschritts der sogenannten Schwellenländer fortsetzen wird und es zu einer weiteren Steigerung des weltweiten Primärenergiebedarfes kommt.

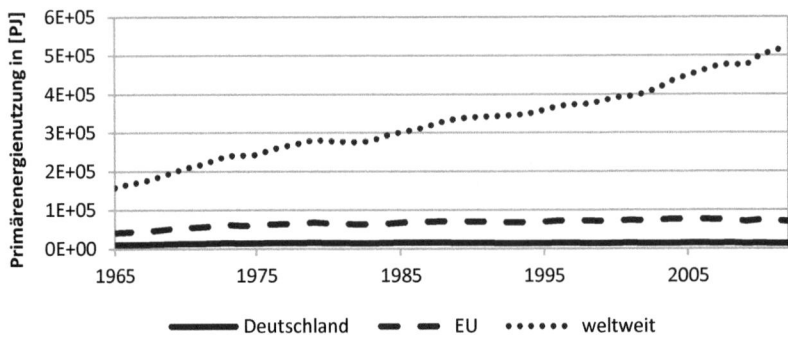

Abbildung 1-2: Primärenergieverbrauch Deutschland, EU und weltweit im Vergleich (Datengrundlage [1.2])

1.2 Entwicklung des Energiemarktes in den letzten Jahren

Der Energiemarkt wurde über Jahrzehnte von wenigen großen Energieversorgungsunternehmen angeführt, die zur Deckung des Energiebedarfs überwiegend Braun- und Steinkohle in sehr großen zentralen Kraftwerken verbrannten. Seit Mitte des letzten Jahrhunderts wurde die Kernkraft zur Energieversorgung entdeckt und später kommerziell in Kraftwerken genutzt.

Die Entwicklung des deutschen Strommarktes von 1990 bis 2013 ist, basierend auf Daten der Arbeitsgemeinschaft Energiebilanzen e. V., in Abbildung 1-3 dargestellt, wobei einige Werte von 2013 teilweise geschätzt wurden.

Die Menge des erzeugten Stroms aus den jeweiligen Primärenergieträgern ist auf der linken Ordinate und die Brutto-Stromerzeugung sowie der Brutto-Inlandsverbrauch auf der rechten Ordinate dargestellt. Als Brutto-Stromerzeugung wird die Strommenge bezeichnet, die ein Kraftwerk bzw. ein Kraftwerkspark insgesamt produziert. Sie unterscheidet sich von der Netto-Stromerzeugung durch den Eigenverbrauch für Aggregate, Pumpen und sonstiger anlagenrelevanter Komponenten zur Aufrechterhaltung des Betriebes des Kraftwerks. Der Brutto-Inlandsverbrauch ist der tatsächlich von den Kraftwerken zu deckende Bedarf an Energie. Der Wert des Brutto-Inlandsverbrauchs liegt, u.a. bedingt durch Verluste während der Stromübertragung und dem Kraftwerkseigenverbrauch, höher als der Nettowert.

Ersichtlich wird, dass der Anteil der traditionellen Brennstoffe Braun- und Steinkohle, nach Einführung des europäischen Emissionszertifikate-Handels im Jahr 2005 zunächst sank, in den letzten Jahren jedoch wieder gestiegen ist.

1.2 Entwicklung des Energiemarktes in den letzten Jahren

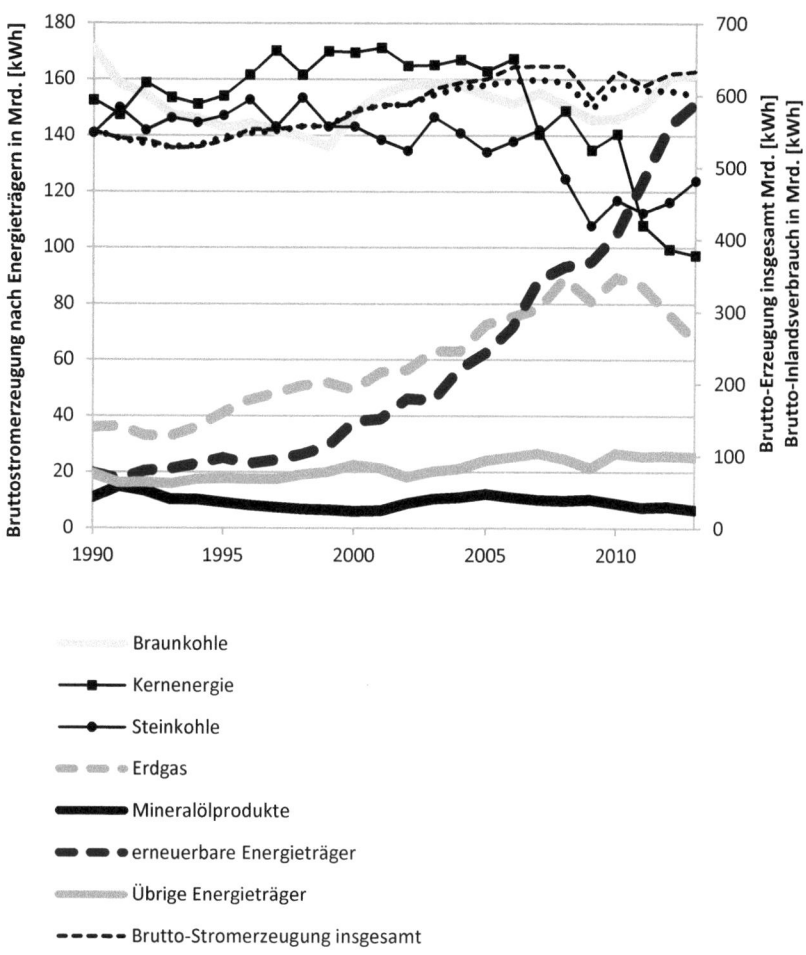

Abbildung 1-3: Entwicklung des deutschen Strommarktes von 1990 bis 2013 (Datengrundlage [1.3])

Der Anteil der Kernkraft sinkt seit 2006 in Deutschland, bedingt durch den beschlossenen Ausstieg Deutschlands aus der Atomenergie und der damit verbundenen teilweise auch schon vollzogenen Abschaltung älterer Kraftwerke, deutlich. Dieser Trend wird sich bis zum vollständigen Ausstieg fortsetzen. Der Anteil der erneuerbaren Energien (schwarz gestrichelte Linie) steigt seit 1990 kontinuierlich an. Seit dem Jahr 2010 kommt es wieder zu einer vermehrten Nutzung von Braunkohle und Steinkohle. Durch diesen Anstieg und das starke Wachstum der erneuerbaren Energien wird der sinkende Kernenergieanteil kompensiert.

Erdgasbetriebene Kraftwerke mit sehr effizienter Verbrennung und sehr geringen Kohlendioxid-Emissionen erreichten bis 2008/2009 einen immer größer werdenden Anteil am Energiemarkt. Seitdem fällt dieser jedoch wieder und befindet sich derzeit auf dem Niveau von 2004/2005 (vgl. Abbildung 1-3, grau gestrichelte Linie). Dieser Verlauf basiert vor allem auf Nutzung von Erdgas in zentralen Großkraftwerken die stromgeführt, ohne Nutzung der Abwärme, Strom produzieren. Erdgasbetriebene dezentrale Blockheizkraftwerke haben nur einen geringen prozentualen Anteil der Erdgasnutzung und können trotz steigender Anzahl in Deutschland, diesen Verlauf bislang nicht maßgeblich beeinflussen.

Erdgaskraftwerke emittieren in der Regel weniger CO2 als Braunkohlekraftwerke. Gründe für die geringere Nutzung von Erdgas liegen u.a. in den aktuellen politischen Randbedingungen des Emissionshandelsrechts. Die mittlerweile geringen Kosten der Emissionszertifikate machen große, zentrale, energieeffiziente Gaskraftwerke aufgrund ihrer hohen Grenzkosten2 nicht konkurrenzfähig gegenüber großen zentralen Braun- und Steinkohlekraftwerken (vgl. [1.4]) und fördern indirekt die Stromerzeugung durch Kohlekraftwerke. Die Emissionszertifikate werden an der Strombörse EEX gehandelt. Die Entwicklung des Preises der Emissionszertifikate kann der Abbildung 1-4 entnommen werden.

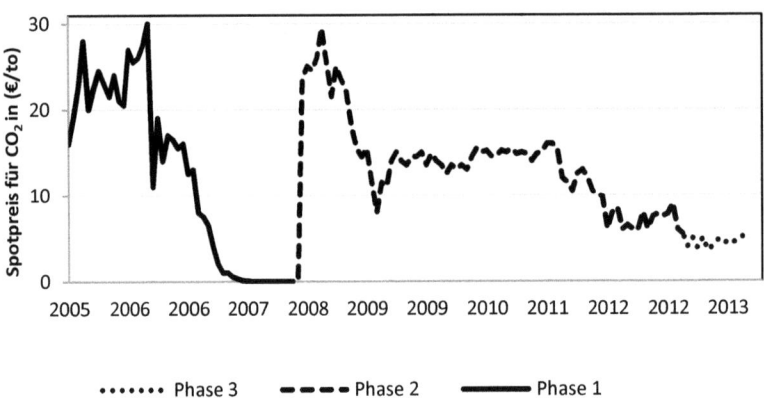

Abbildung 1-4: Entwicklung des Preises für Emissionszertifikate der EEX von 2005 bis 2013 (Datengrundlage: [1.5])

Es wird ersichtlich, dass die Kosten pro Tonne CO_2 mit weniger als 5 € sehr gering sind. Dies führt dazu, dass alte, bestehende Kohlekraftwerke aufgrund der ohnehin günstigen Kohle sowie der bereits vollzogenen Investitionen und Abschreibungen sehr viel günstiger Strom produzieren können als neu zu errichtende, hocheffiziente, aber brennstoffkostenintensive Gaskraftwerke bzw. Gasheiz-

---

2 Der Begriff „Grenzkosten" kommt aus der Betriebswirtschaftslehre und bezeichnet die Kosten, die durch die Produktion einer zusätzlichen Mengeneinheit eines Produktes entstehen (vgl. [1.35]).

kraftwerke. Die Situation für Gaskraftwerke verschlechtert sich zusätzlich durch die zunehmende Einspeisung erneuerbarer Energien in das Netz.

Der Zusammenhang zwischen erneuerbaren Energien und der Verstromung von Kohle und Erdgas sowie der Kernenergie ist im Folgenden erklärt (vgl. [1.6]). Wird die benötigte Leistung beispielsweise durch Windräder erzeugt, müssen Kohlekraftwerke ihre Leistung drosseln, was zu einem geringeren CO_2-Ausstoß des Kohlekraftwerkes führt. Dieser auf den ersten Blick positive Effekt sorgt dafür, dass vom Kohlekraftwerksbetreiber nichtbenötigte Zertifikate verkauft werden können. Die Käufer müssen technisch keine Maßnahmen zur CO_2-Reduzierung umsetzen. Folglich kommt es demnach dazu, dass der europaweite Gesamtausstoß nur geringfügig reduziert wird und durch die vergrößerte Anzahl der nichtbenötigten Zertifikate der Preis der Emissionsrechte weiter sinkt (vgl. [1.6]).

Hinzu kommt, dass mit einem zunehmenden Anteil der erneuerbaren Energien im Strommix, als Folge des Merit-Order-Effekts, gasbetriebene Kraftwerke immer öfter abgeschaltet bleiben. Dies ist dadurch zu begründen, dass sich gemäß des Merit-Order-Effekts der aktuelle Strompreis grundsätzlich nach dem Kraftwerk mit den höchsten Grenzkosten richtet, welches gerade noch benötigt wird, um die Nachfrage zu befriedigen.

Merit-Order (englisch für Reihenfolge der Leistung) bezeichnet man die Einsatzreihenfolge der Kraftwerke. Diese wird durch die Grenzkosten der Stromerzeugung bestimmt. Beginnend mit den niedrigsten Grenzkosten werden solange Kraftwerke mit höheren Grenzkosten zugeschaltet, bis die Nachfrage gedeckt ist. An der Strombörse bestimmt das letzte Gebot, das noch einen Zuschlag erhält, den Strompreis (Market Clearing Price). Der Preis für Strom wird also durch das jeweils teuerste Kraftwerk bestimmt, das noch benötigt wird, um die Stromnachfrage zu decken. Dieses Kraftwerk wird auch als Grenzkraftwerk bezeichnet.

Der Merit-Order-Effekt ist die Verdrängung teuer produzierender Kraftwerke durch den Markteintritt eines Kraftwerks mit geringeren Grenzkosten, z. B. durch Aufschaltung eines solchen Kraftwerks auf das Netz. Entsprechend der Ausgleichsmechanismus-Verordnung wird in Deutschland der nach EEG (Strom aus Wind, Wasser, Solarenergie, Biomasse, etc.) eingespeiste Strom seit 2010 von den Übertragungsnetzbetreibern (ÜNB) am Spotmarkt (EPEX SPOT) vermarktet. Vor 2010 mussten die Übertragungsnetzbetreiber die fluktuierenden EEG-Strommengen zu einem Leistungsband veredeln und waren dazu auch an der Strombörse aktiv. In Zeiten hoher EEG-Strom-Einspeisung verdrängt der EEG-Strom den Strom aus den teuersten konventionellen Kraftwerken und senkt so über den Merit-Order-Effekt den Börsenpreis. Allerdings erhöht die von den inländischen Stromabnehmern zu zahlende EEG-Umlage den Gesamtpreis für Strom, so dass die mit dem vollen EEG-Umlagesatz (aktuell: 6,17 €-Cent/kWh) belasteten Endverbraucher (private, gewerbliche und ein Teil der industriellen Verbraucher) insgesamt mehr für Strom zahlen (vgl. [1.7]).

Wird also immer mehr „grüner" Strom ins Netz eingespeist, kommt es zu einer Verschiebung der Grenzkostenkurve aus Abbildung 1-5 nach rechts, wodurch die Wahrscheinlichkeit einer Inbetriebnahme eines teuren Erdgas-Heizkraftwerkes stetig geringer wird (vgl. [1.8] und [1.9]). Dieser Effekt ist grafisch in Abbildung 1-5 dargestellt. Es wird deutlich, dass der Strompreis bei steigender Nachfrage, bedingt durch die Zuschaltung von Kraftwerken mit höheren Grenzkosten, steigt.

Abbildung 1-5: Veranschaulichung des Merit-Order-Effekts (eigene Darstellung)

Der Einfluss eines wachsenden Anteils der erneuerbaren Energien ist in der Abbildung 1-6 dargestellt. Mit steigendem Anteil der erneuerbaren Energien verschiebt sich, durch die nach dem EEG garantierte Abnahme des „grünen" Stroms durch den Netzbetreiber, die Grenzkostenkurve nach rechts. Dadurch sinkt der Strompreis bei gleichzeitiger Deckung eines Grundbedarfs. Daher kommen kostenintensive Kraftwerke (hohe Brennstoffkosten und allgemeine Betriebskosten) erst bei einer deutlich höheren Nachfrage bei bereits stark erhöhten Strompreisen zum Einsatz.

Zusätzlich besteht die Möglichkeit, CO_2-Gutschriften durch Klimaschutzprojekte im Ausland, sogenannte Offsets, zu erhalten, was zu einer weiteren Vermehrung der nicht benötigten CO_2-Zertifikate führt und damit den Preis der Zertifikate weiter reduziert (vgl. [1.4]).

Alle genannten Faktoren führen zu einem Überschuss an Emissionszertifikaten und somit, gemäß der Preisregulierung durch Angebot und Nachfrage, zu den derzeit sehr geringen Kosten für den Ausstoß von Kohlendioxid.

In den vergangenen Jahren führte u.a. dies zu einem wieder steigenden Anteil des Kohlestroms im Energiemix und einer extremen Senkung des Erdgas-Anteils im Großkraftwerkspark.

Die genaue Zusammensetzung des Primärenergiebedarfs in Deutschland in den Jahren 1990 und 2013 kann der Abbildung 1-7 entnommen werden. Während der Anteil an erneuerbaren Energien im Jahr 1990 mit ca. 3,6 %, überwiegend aus Wasserkraft, sehr gering war, ist er im Energiemix im Jahr 2013 auf fast ein Viertel der Primärenergienutzung angewachsen.

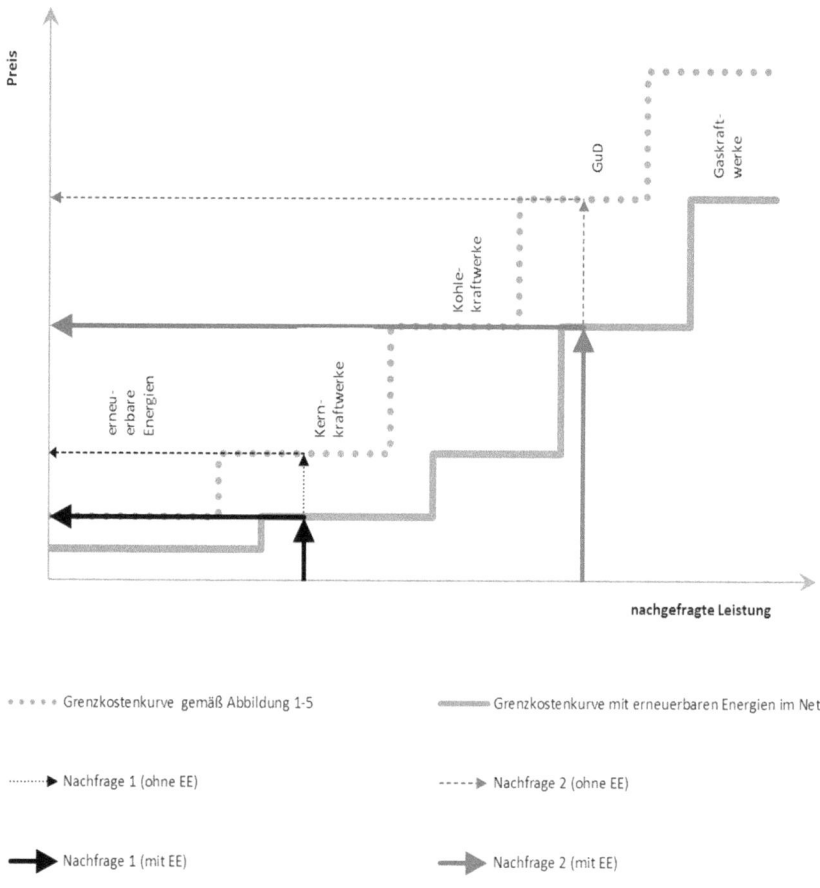

Abbildung 1-6: Veranschaulichung des wachsenden Einflusses der erneuerbaren Energien (EE) (eigene Darstellung)

Trotz der wieder wachsenden Kohleverstromung ist der prozentuale Anteil des Kohlestroms im Vergleich zu 1990 um ca. 11 % gesunken. Bedingt durch die gesellschaftlichen und politischen Veränderungen in Bezug auf Kernenergie ist der Anteil des durch Kernspaltung erzeugten Stroms deutlich gesunken. Der Anteil am Primärenergieverbrauch des Erdgases ist im Jahr 2013 höher als 1990. Es muss jedoch berücksichtigt werden, dass seit 2009 der Anteil der aus Erdgas erzeugten elektrischen Leistung wieder rückläufig ist und sich dieser Trend bezogen auf Großkraftwerke, u.a. bedingt durch den geringen Preis für Emissionszertifikate, unter den aktuellen Randbedingungen weiter fortsetzen wird. Für erdgasbetriebene Blockheizkraftwerke auf Basis von Gasturbinen oder Gasmotoren hingegen wird, abhängig vom Strom- und Gaspreis, mit einem weiteren Wachstum gerechnet (vgl. [1.10]).

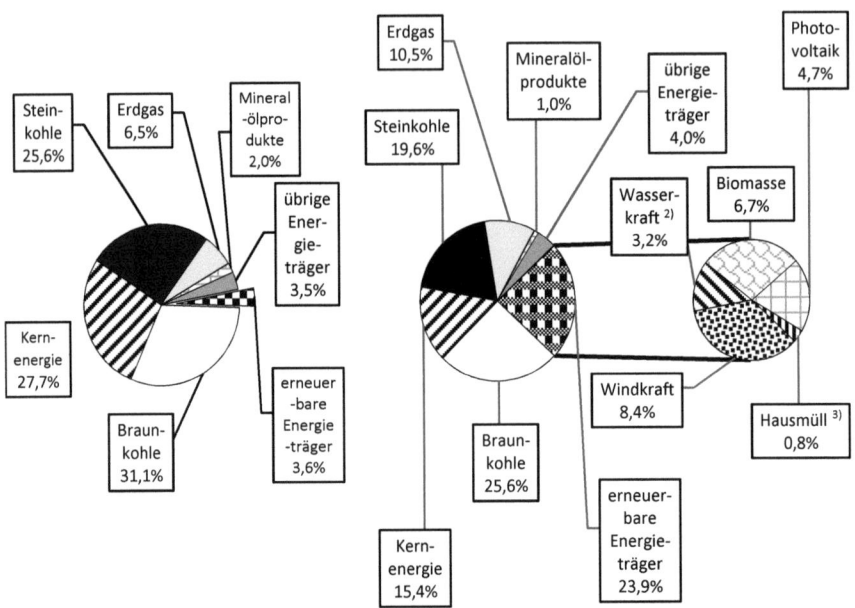

1) vorläufige Angaben, zum Teil geschätzt
2) Erzeugung in Lauf- und Speicherwasserkraftwerken sowie Erzeugung aus natürlichem Zufluss in Pumpspeicherkraftwerken
3) nur Erzeugung aus biogenem Anteil des Hausmülls (ca. 50%)

Abbildung 1-7: Prozentuale Zusammensetzung der verwendeten Primärenergienutzung zur Bruttostromerzeugung in Deutschland 1990 (links) und 2013 [1] (rechts) (Datengrundlage [1.14])

1.3 Die Chancen und Grenzen regenerativer Energien in Deutschland

Die zukünftige Entwicklung der regenerativ erzeugten Energien wird regelmäßig von zahlreichen Studien beurteilt. Dabei wird versucht, anhand der aktuellen Entwicklung, Prognosen für die Zukunft zu stellen.

Die zahlreichen verschiedenen Studien basieren auf unterschiedlichen Datengrundlagen und Annahmen und kommen daher nicht alle zu den gleichen Ergebnissen. Das zuständige Bundesamt für Umwelt, Naturschutz und Reaktorsicherheit geht davon aus, dass sich der Anteil der erneuerbaren Energien in den nächsten

1.3 Die Chancen und Grenzen regenerativer Energien in Deutschland 13

Jahren stark erhöhen wird (vgl. [1.11]). Die erwartete Entwicklung der erneuerbaren Energien sowie der Ausbau des EU-Stromverbundes[3] kann der Abbildung 1-8 entnommen werden.

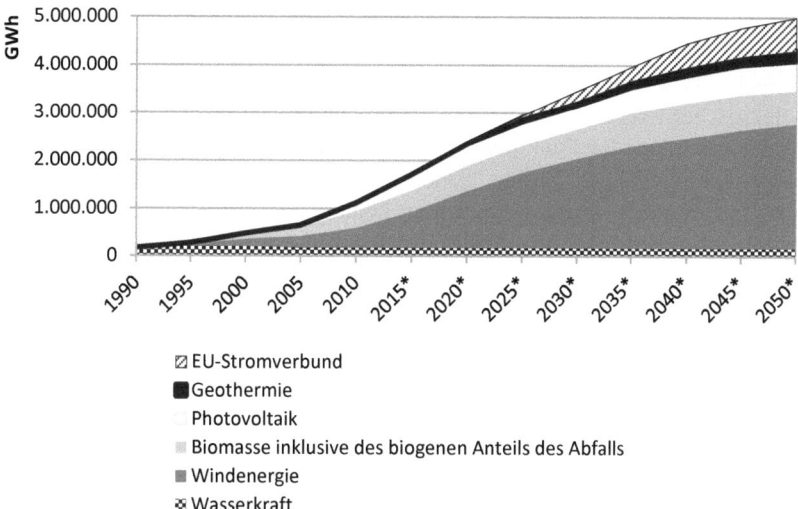

Abbildung 1-8: Entwicklung der Stromerzeugung aus erneuerbaren Energien bis 2050 (* Prognose anhand des BMU-Basisszenarios 2011 A der Leitstudie „2011") [1.11]

Insgesamt geht das zuständige Bundesamt für Umwelt (BMU) davon aus, dass bis 2020 das Mindestausbauziel von 35 % [1.11] regenerativ erzeugtem Strom erreicht wird. Bis 2050 sollen sogar 80 % [1.11] des Stroms aus regenerativen Energiequellen produziert werden.

Die Bereitstellung von regenerativ erzeugtem Strom basiert auf unterschiedlichen Technologien. Zu den aktuell bekanntesten und technisch umsetzbaren regenerativen Energiequellen gehören die Nutzung der Solarthermie, der Photovoltaik, der Windenergie, der Geothermie, der Wasserkraft und der Bioenergie. Jede dieser Techniken hat ihre individuellen Vor- und Nachteile und ist geologisch und geographisch bedingt nicht überall wirtschaftlich nutzbar.

Grundsätzlich wird bei regenerativen Energiequellen zwischen fluktuierenden und nahezu konstant verfügbaren Technologien unterschieden. Zu den fluktuierenden Arten gehören naturgemäß die Solarenergie und die Windenergie.

Da sowohl die Nutzung der Windenergie als auch der Sonnenenergie zu den nicht dauerhaft und planbar verfügbaren Energieerzeugungstechnologien gezählt werden kann, ist eine bedarfsgerechte Produktion von Strom derzeit nicht mög-

---

[3] Das EU-Verbundnetz verbindet die Stromversorgungsnetze westeuropäischer Staaten und hat das Ziel, eine grenzübergreifende Versorgung mit Strom zu fördern damit die Auslastung der Kraftwerke und die Versorgungssicherheit erhöht wird (vgl. [1.36]).

lich. Um fluktuierende Energieressourcen besser nutzen zu können, wären geeignete Techniken zum Speichern des Stroms erforderlich. Diese sind jedoch gegenwärtig nicht effizient anwendbar oder die Investitionskosten sind zu hoch, um eine wirtschaftliche Nutzung zu ermöglichen.

Die Möglichkeiten, Energie zu speichern, wenn diese gerade nicht benötigt wird, sind grundsätzlich vielfältig. Zu den konventionellen Technologien gehören Pumpspeicherkraftwerke, Schwungräder, Akkumulatoren und die Umwandlung von elektrischer Energie in chemische Energie unter Einsatz oder Erzeugung eines Speichergases. Auf die Funktionsweise sowie die Vor- und Nachteile soll hier nicht weiter eingegangen werden. Nähere Information zum Bedarf, zur Technologie und Integration von Energiespeichern können dem im Herbst 2014 im Springerverlag erscheinenden Buch „Energiespeicher- Bedarf, Technologien, Integration" entnommen werden [1.12].

1.3.1 Thermische Solarenergie

Thermische Solarenergie-Kraftwerke nutzen die Energie der Sonne, die durch Spiegel, auf ein Dampfsystem gebündelt, heißen Dampf erzeugt, der dann in Dampfturbinen entspannt wird, die Generatoren antreiben. Da für diese Technologie der Standort und die damit verbundene direkte Sonneneinstrahlung ohne Bewölkung von enormer Bedeutung ist, gibt es derzeit in Deutschland kein kommerziell genutztes Kraftwerk dieser Bauart. Es gibt ein Forschungskraftwerk in Jülich (NRW), welches vom Deutschen Zentrum für Luft- und Raumfahrt (DLR) betrieben wird. Eine wirtschaftliche Nutzung eines sonnenthermischen Kraftwerkes ist zurzeit in Deutschland nicht möglich, da zum Betrieb der Anlagen dauerhaft direkte ungetrübte Sonnenstrahlung benötigt wird. Diffuses Streulicht kann mit dieser Technologie derzeit nicht in Strom umgewandelt werden. Aus diesem Grund befinden sich gegenwärtig betriebene Solarthermie-Kraftwerke überwiegend in Wüsten, wie zum Beispiel im Westen der USA, in Nevada und Kalifornien, aber auch im Süden Europas, beispielsweise in Spanien. Trotz der Notwendigkeit direkter Sonneneinstrahlung steckt in dieser Technologie ein enormes Potential, da auf eine unbegrenzt vorhandene Energieressource zurückgegriffen werden kann.

1.3.2 Photovoltaik

Die Photovoltaik, die direkte Umwandlung der Energie des Sonnenlichts in elektrische Energie durch Absorption in der Solarzelle, wird in Deutschland sehr häufig verwendet. Der große Vorteil dieser Technologie ist, dass auch diffuses Sonnenlicht, etwa bei Bewölkung, in Strom umgewandelt werden kann (vgl. [1.13]) und die Technologie nahezu überall installierbar ist. Die Bruttostromerzeugung aller deutschen Photovoltaik-Anlagen lag im Jahre 2013 bei ca. 30 GWh [1.14]. Der weitere Ausbau dieser Anlagen wird bis zu einer Gesamtkapazität von 52 GW nach EEG-2012 und EEG-2014 finanziell gefördert. Ein darüber hinausgehender Ausbau der Anlagen ist nach aktuellem Gesetzesstand fraglich, da beim Erreichen des Ausbauziels nach derzeitiger Sachlage keinerlei Vergütung mehr stattfinden wird (vgl. § 31 Absatz 6 EEG-2014). Demnach wird es bei der aktuellen Gesetzeslage wohl keinen weiteren Ausbau geben. Es kommt jedoch in letzter Zeit zu einer vermehrten Nutzung von Photovoltaik-Anlagen zur Eigenversorgung von Privathaushalten, da bedingt durch die immer weiter sinkenden Stromgestehungskosten durch diese Technologie, der Strombezug vom Energieversorgungsunternehmen teurer ist als die eigene Versorgung mit Strom. Der große Vorteil dieser Technologie liegt, genau wie bei den thermischen Solar-Kraftwerken, in dem unendlich verfügbaren Primärenergieträger.

1.3.3 Windenergie

Die natürlich vorkommende kinetische Energie des Windes wird durch Windenergieanlagen in Strom umgewandelt und dezentral in das Stromnetz eingespeist. Der Ausbau der Windenergie hat unter den regenerativen Energien in Deutschland das größte Potenzial (vgl. [1.15]). Im Allgemeinen gilt die Windenergie als der am schnellsten wachsende erneuerbare Energieträger. Im Jahr 2013 lag der Anteil der Windenergie an der deutschen Bruttostromerzeugung schon bei ca. 8 % [1.16].

Um Windkraftanlagen wirtschaftlich nutzen zu können, ist eine genaue Standortanalyse erforderlich, damit Stillstandzeiten der Anlagen minimiert werden. Dennoch bleibt das größte Problem, dass trotz besten Standorts durch fehlenden Wind Standzeiten entstehen, in welchen die benötigte Leistung durch andere Kraftwerke bereitgestellt werden muss. Laut einer Studie des Umweltbundesamtes stehen insgesamt 13,8 % der Landesfläche Deutschlands für den Ausbau der Windenergie zu Verfügung. Das dabei erzielbare theoretische Potential entspricht einer Leistung von 1190 GW_{el} (vgl. [1.17]). Dabei nicht berücksichtigt wurden ökonomische und gesellschaftliche Einschränkungen, wie zum Beispiel Artenschutz und Akzeptanz in der Bevölkerung, was zu einer Verringerung des tatsächlichen Potentials führt. Zur Erweiterung der Windkraft an Land kommen Offshore-Anlagen in Nord- und Ostsee hinzu, die einen großen Anteil des aus regenerativen Energiequellen erzeugten Stroms bilden sollen. Derzeit befinden sich zahlreiche Windparks in der Nordsee im Bau (vgl. [1.17]).

1.3.4 Geothermie

Zu den konstant verfügbaren, nur wenig schwankenden Arten der regenerativen Energieerzeugung gehören die Geothermie, die Wasserkraft und die Nutzung von Bioenergie.

Unter dem Begriff Geothermie werden alle Aktivitäten verstanden, die im Zusammenhang mit der Nutzung von Wärme aus dem Erdinneren stehen. Je nachdem welches Temperaturniveau benötigt wird, unterscheidet man in oberflächennahe und tiefe Geothermie. Bei der oberflächennahen Geothermie, die Bohrungen bis 400 m [1.18] Tiefe benötigt, wird die Erdwärme nach dem Wärmepumpenprinzip im Winter zum Heizen und im Sommer zum Kühlen von Ein- und Mehrfamilienhäusern, Bürogebäuden o. ä. verwendet. Die Tiefengeothermie hingegen dringt in Tiefen von bis zu mehreren Kilometern vor und nutzt die dortige Erdwärme direkt (vgl. [1.18]). Über eine Förderbohrung wird heißes Thermalwasser entnommen, welches seine Energie über einen Wärmetauscher abgibt, um anschließend wieder über eine Injektionssonde ins geothermische Reservoir abgeführt zu werden.

Während oberflächennahe Geothermie in immer mehr Neubauten zum Einsatz kommt, steht die Tiefengeothermie oftmals in der Kritik, seismische Aktivitäten auszulösen und wirtschaftlich zu risikobelastet zu sein. Zahlreiche Projekte wurden auf Grund seismischer Ereignisse wieder verworfen.

In Deutschland befinden sich derzeit 26 Geothermie-Anlagen in Betrieb. Sie erzeugen zusammen eine Wärmeleistung von 241,4 MW_{th}. Weitere 57 Anlagen befinden sich derzeit im Bau oder in der Planung. Die Menge an Anlagen der oberflächennahen Geothermie beträgt derzeit rund 318.000 mit einer Leistung von etwa 3.983 MW_{th}. Jährlich kommen ca. 21.100 Anlagen mit insgesamt 230 MW_{th} hinzu (vgl. [1.19]).

Die installierte elektrische geothermische Leistung (nur Tiefe Geothermie) betrug in 2013 etwa 31,31 MW. Es wurden rund 25 GWh elektrische Energie erzeugt. Demgegenüber steht die Bereitstellung von rund 8.000 GWh Wärmemenge (vgl. [1.19]).

Das Angebot an Erdwärme scheint nahezu unerschöpflich, dennoch gibt es zahlreiche Risiken und Einflussfaktoren, die berücksichtigt werden müssen. Bei Tiefenbohrungen kann es zu zahlreichen geologischen Ereignissen wie Erdbeben, Setzungen und Hebungen kommen. Außerdem kann die Wärmequelle bei zu starker Nutzung versiegen. Eine Regeneration kann bis zu 2.000 Jahre dauern [1.20]. Bei der Nutzung von oberflächiger Erdwärme ist das Risiko gering. Eine negative Beeinflussung mehrerer nah beieinanderliegender Anlagen, wie zum Beispiel in Wohngebieten, ist ggf. dennoch zu berücksichtigen.

1.3.5 Wasserkraft

Bei konventionellen Wasserkraftwerken wie Stau-, Laufwasser- und Speicherkraftwerken wird die kinetische und potentielle Energie des Wassers in elektrische Energie umgewandelt. Kraftwerke dieser Art werden ausschließlich an Land errichtet und weisen eine lange Tradition vor. Neuere Technologien, die mit Meerwasser arbeiten und sich überwiegend noch in der Testphase befinden, sind Wellenkraftwerke und Salzgradientenkraftwerke, welche auch als Osmosekraftwerke bezeichnet werden. Diese wandeln die Wellenenergie um oder nutzen an Flussmündungen zum Meer den osmotischen Druck, um Wasser aufzustauen und Turbinen anzutreiben. Gezeitenkraftwerke nutzen den Tidenhub, um bei Flut gestautes Wasser bei Ebbe über eine Turbine ablaufen zu lassen.

1.3 Die Chancen und Grenzen regenerativer Energien in Deutschland 17

Die Erzeugung von Strom durch Wasserkraft ist insgesamt sehr umweltfreundlich und liefert kontinuierlich kostengünstigen Strom in der Grundlastversorgung. Ein erheblicher negativer Punkt ist dennoch, dass bei Großstaudämmen, wie beispielsweise in China, insgesamt große Eingriffe in die Natur, verbunden mit Umsiedelungen ganzer Ortschaften, notwendig sind. Eine Spitzenlast-Abdeckung ist durch die Verwendung von Speicherkraftwerken möglich.

Für den Standort Deutschland sind Gezeiten-, Meeresströmungs- und Salzgradientenkraftwerke nicht relevant, da Deutschland nicht über genügend Küste zur offenen See verfügt, der Unterschied im Salzgehalt der Gewässer nicht hoch genug und der Tidenhub zu gering ist (vgl. [1.21]). Für die Bundesrepublik Deutschland kommen daher Stau-, Laufwasser- und Speicherkraftwerke in Frage. Ein Neubau von Wasserkraftwerken ist seit dem Jahr 2010 durch die Richtlinie 2000/60/EG des europäischen Parlaments und durch § 33 des Wasserhaushaltsgesetzes (WHG) neu geregelt. Im europäischen Gesetz werden Bestimmungen über den Erhalt der Wasserqualität geregelt, während durch das WHG eine nachhaltige Nutzung und der Schutz von Gewässern koordiniert wird. Eine Abweichung von diesen Bestimmungen ist nur in Ausnahmefällen mit Genehmigung möglich. Deshalb müssen bei der Planung des Neubaus eines Wasserkraftwerkes ausführliche Prüfungen absolviert werden.

Obwohl die Prognose in Abbildung 1-8 für die Nutzung der Wasserkraft keinen Ausbau vorsieht, ist gemäß einer Studie des Bundesministeriums für Umwelt, Naturschutz und Reaktorsicherheit [1.22] noch ein enormes Ausbaupotential für die Nutzung der Wasserkraft in Deutschland vorhanden. Bezogen auf den aktuellen Istzustand besteht allein durch Zu- und Ausbau bereits vorhandener Anlagen bzw. den Zubau bestehender Querbauwerke[4] ein Ausbaupotential von ca. 15 % für große Gewässer. Für kleine Gewässer besteht ein Potential von rund 16 % allein durch die Verbesserung vorhandener Wasserkraftwerke. Insgesamt wird das nicht genutzte Potential an kleinen Gewässern auf 60 % (für Anlagen mit einer Leistung kleiner 1 MW) und auf 84 % für große Gewässer geschätzt. Dabei ist das komplette Potential frei fließender Strecken des Gewässers, berechnet aus Wassermenge und Fließhöhe, berücksichtigt worden.

Alles in allem ergibt sich für die Wasserkraft ein beachtliches Ausbaupotential, jedoch müssen geographische Randbedingungen, Ökologie und Wirtschaftlichkeit gegeneinander abgewogen werden. Das zuständige Bundesamt sieht, bedingt durch die Alpen mit starkem Gefälle, die größten Potentiale in Bayern und Baden-Württemberg [1.23]. Zu berücksichtigen ist auch eine durch die globale Erwärmung bedingte Kapazitätsminderung der Wasserkraftwerke in Höhe von bis zu 15 % [1.22].

---

[4] Als Querbauwerke werden alle Bauwerke verstanden, die in Fließgewässern quer zur Strömungsrichtung gebaut sind. Zu diesen gehören beispielsweise Staumauern, Wehre und Sperrwerke.

1.3.6 Bioenergie

Die Bioenergie nutzt organische Stoffe zur Erzeugung von Wärme und Strom. Dabei wird unterschieden in die direkte Nutzung von Bioenergie in Form der Verbrennung und der indirekten Nutzung durch Vergärung von Biomasse.

Zur direkten Verbrennung von organischen Stoffen werden unter anderem Holz, Stroh und Abfallstoffe verwendet. Des Weiteren besteht die Möglichkeit Biokraftstoffe direkt zu verbrennen. Diese können aus gepressten Ölpflanzen, durch Vergärung zuckerhaltiger Pflanzen oder Umesterung[5] von Fetten und Ölen gewonnen werden.

Bei der indirekten Nutzung von Bioenergie erfolgt die Verwertung von organischen Stoffen wie Raps, Mais und Gülle in Biogasanlagen. In dieser werden durch einen Reaktor Methan und andere Biogase erzeugt. Diese werden im Anschluss in einem Verbrennungsmotor verbrannt, der einen Generator antreibt. Die Nutzung der indirekten Bioenergie ist immer wieder in der Kritik, da landwirtschaftliche Flächen für den Anbau von Energiepflanzen verwendet werden und daher für die Erzeugung von Lebensmitteln ausfallen. Außerdem wird zusätzlich Energie bei der Produktion von Düngern und Pflanzenschutzmitteln sowie beim Anbau und der Ernte verbraucht.

Ein weiteres Problem bei der Vergärung von biologischen Abfällen und Energiepflanzen ist das Ausbringen hoher Mengen vergorener Pflanzenreste auf die Äcker der Umgebung, wodurch eine zunehmende Belastung der Böden nicht ausgeschlossen werden kann. Neben den bereits erwähnten Gasleckagen kann es auch zu hydraulischen Undichtigkeiten oder Havarien kommen, in dessen Folge das Grundwasser, Seen und Flussläufe erheblich in Mitleidenschaft gezogen werden können(vgl. [1.24]).

Der indirekten Bioenergie werden zukünftig Grenzen durch eine höhere Nachfrage nach Nahrung, bedingt durch die steigende Weltbevölkerung, gesetzt.

Auch der Sektor der direkten Verbrennung von beispielsweise Holz, welcher in Konkurrenz zu der nichtenergetischen Verarbeitung von Holz steht, wird an seinen Grenzen kommen, da bereits jetzt 86 % [1.25] des jährlichen Holzzuwachses der BRD verwendet werden.

1.4 Die Chancen und Grenzen konventioneller Energien in Deutschland

Konventionelle Energieträger spielen trotz des immer größer werdenden Anteils erneuerbarer Energien im Strommix eine nach wie vor sehr wichtige Rolle. Während die „grünen" Kraftwerke teilweise nur fluktuierend zur Verfügung stehen, sorgen konventionelle Kraftwerke für eine Grundlastabdeckung.

---

[5] Die Umesterung ist ein chemisches Verfahren bei dem aus Fetten und Ölen Biodiesel hergestellt wird.

Zu den konventionellen Kraftwerken, welche nachfolgend beschrieben werden sollen, gehört die Erzeugung von Strom aus Kohle, Uran und Kernenergie, Erdgas sowie Erdöl, Mineralöle und Kraftstoffen.

Während regenerative Energien grundsätzlich nicht-fossile Primärenergieträger nutzen, gibt es bei konventionellen Energien zusätzlich die Möglichkeit in nicht-fossile und fossile Primärenergie zu unterscheiden (vgl. [1.26]).

1.4.1 Kohle

Die Energieumsetzung in kohlebefeuerten Kraftwerken erfolgt über die Verbrennung des Brennstoffes. Die dadurch entstehende Wärme sorgt in einem Kessel für die Produktion von Dampf. Dieser treibt eine Dampfturbine an und erzeugt Strom. Die energetische Umsetzung von Kohle gehört zu den fossilen Energieträgern.

Der Anteil des aus Kohle erzeugten Stroms liegt in Deutschland mit ca. 45 % der Bruttostromerzeugung (vgl. Abbildung 1-3) sehr hoch. Dieser Bedarf wird überwiegend durch zentrale Großkraftwerke abgedeckt. Bedingt durch die steigende Einspeisung erneuerbarer Energien müssen diese jedoch immer häufiger in ihrer Leistung gedrosselt werden.

Der in Deutschland zur Verfügung stehende Kohlebrennstoff kann in Steinkohle und Braunkohle unterteilt werden.

1.4.1.1 Steinkohle

Steinkohle ist ein schwarzes, kohlenstoffhaltiges Gestein, dass während der erdgeschichtlichen Entstehung durch Verrottung, Zersetzung und biochemischer Prozesse aus organischen Stoffen gebildet wurde.

Obwohl Steinkohle in Deutschland bereits seit Jahrzenten abgebaut wird, sind die Ressourcen noch lange nicht aufgebraucht. Lediglich die großen Tiefen deutscher Lagerstätten machen einen wirtschaftlichen Abbau in Deutschland kaum möglich. Bedingt durch die zunehmend geringeren Preise importierter Kohle, wurde in Deutschland am 7. Februar 2007 beschlossen, den subventionierten Steinkohlebergbau bis zum Ende des Jahres 2018 zu beenden (vgl. [1.27]).

Im Jahr 2013 befanden sich in Deutschland 10 Anlagen jeweils größer als 100 MW_{el} mit insgesamt 9.995 MW_{el} Leistung [1.28] in Planung. Für das Jahr 2014 wird mit einer Inbetriebnahme von drei neuen Steinkohlekraftwerken mit einer Gesamtanlagenleistung von 3.202 MW_{el} gerechnet, weitere drei befinden sich im Bau (vgl. [1.29]).

1.4.1.2 Braunkohle

Braunkohle ist genau wie Steinkohle ein kohlenstoffhaltiges Gestein. Dieses ist jedoch deutlich weicher und lockerer und kann unverrottete Restbestandteile organischer Substanzen wie beispielsweise Holz enthalten. Der Prozess der Entstehung ist der gleiche wie bei der Entstehung von Steinkohle, nur handelt es sich bei Braunkohle um erdzeitgeschichtlich viel jüngeres Material.

Die Gewinnung von Braunkohle hat in Deutschland lange Tradition. Die Förderung erfolgt in oberflächennahen Tagebauen im Rheinischen, Lausitzer, Mitteldeutschen und Helmstedter Revier. Mit der dort geförderten Braunkohle deckt Deutschland ca. ein Viertel seines Primärenergiebedarfs und ist damit weltweit der Spitzenreiter in der Braunkohleförderung und –nutzung (vgl. [1.30]).

Der Abbau von Braunkohle sorgt für eine nachhaltige Veränderung der Umwelt. Zahlreiche Ortschaften müssen immer wieder umgesiedelt, Wälder abgeholzt und ganze Flussläufe umgelenkt werden. Aber nicht nur bei der Gewinnung von Braunkohle wird massiv in die Umwelt eingegriffen, sondern auch bei der Verbrennung werden weitere erhebliche Mengen an Schadstoffen frei. Braunkohle ist beispielsweise deutlich schwefelhaltiger als Steinkohle, wodurch zusätzlich Abgasfilteranlagen benötigt werden. Zum Erreichen der deutschen Klimaziele werden zukünftig voraussichtlich immer mehr Kohlekraftwerke vom Netz gehen müssen. Derzeit bildet die Kohleverstromung jedoch ein solides Fundament für die sichere Versorgung mit Strom.

Die aktuelle Planung zum Neubau von Braunkohlekraftwerken sieht den Bau von zwei Anlagen größer 100 MW_{el} mit einer Gesamtanlagenleistung von 1.760 MW_{el} vor (vgl. [1.28]). Diese Kraftwerke befinden sich derzeit im Genehmigungsverfahren (vgl. [1.29]).

1.4.2 Uran und Kernenergie

Bei der Nutzung von Kernenergie wird die bei der kontrollierten Kernspaltung frei werdende Wärmeenergie zur Erzeugung von Wasserdampf verwendet. Um den Strahlenschutz sicherstellen zu können, wird das Wasser in mehreren voneinander getrennten Wasserkreisläufen geführt. Der entstehende Dampf wird, wie bei anderen konventionellen Kraftwerken, in Dampfturbinen, die einen Generator antreiben, entspannt.

In Deutschland befinden sich derzeit noch neun Kernkraftwerke am Netz, welche, bedingt durch den politisch und gesellschaftlich angestoßenen Ausstieg aus der Kernkraft, bis zum Jahr 2022 abgeschaltet werden. Seit Beginn der kommerziellen Nutzung der Kernkraft wurden in Deutschland von 1962 an 37 Kernkraftwerke errichtet (vgl. [1.31]).

Kernenergie als einzige nichtfossile konventionelle Primärenergie galt im Allgemeinen als sichere, klimafreundliche und kostengünstige Methode Strom zu erzeugen. Dennoch ist die Entsorgungsproblematik nach wie vor nicht geklärt, so dass es in Deutschland weiterhin kein Endlager für atomaren Abfall gibt. Weiterhin steht Kernenergie immer wieder in der Kritik, da unvorhersehbare Ereignisse zu nuklearen Katastrophen führen können, wodurch große Landstriche auf lange Zeit unbewohnbar werden. Das jüngste Beispiel einer derartigen Katastrophe ist der am 11. März 2011 beginnende Reaktorunfall von Fukushima in Japan, bei dem es in mehreren Reaktorblöcken zur partiellen Kernschmelze kam.

1.4.3 Erdgas

Erdgas ist ein geruchloses brennbares Gas. Der Hauptbestandteil Methan schwankt je nach Lagerstätte, liegt aber in der Regel immer über 75 %. Aus Sicherheitsgründen wird Erdgas mit Geruchsstoffen versehen um mögliche Leckagen im Haus- oder Verteilnetz möglichst frühzeitig feststellen zu können.

Erdgas kann in konventionellen Großkraftwerken zur Produktion von Strom und in kleinen Blockheizkraftwerken zur Erzeugung von Wärme und Strom eingesetzt werden. Der dabei erreichbare elektrische Wirkungsgrad liegt zum Beispiel bei GuD-Kraftwerken bei ca. 60 %. Das heißt, 40 % der Energie des Erdgases gehen in Form von Wärmeverlusten verloren. Bei kleinen dezentralen Blockheizkraftwerken auf Basis von gasturbinen- oder gasmotorenangetriebener Generatoren sind bei Nutzung der Abwärme Gesamtwirkungsgrade von bis zu 90 % möglich. Dabei nimmt der Anteil wärmegeführter Anlagen im Vergleich zu stromgeführten Anlagen derzeit zu.

Der überwiegende Teil des deutschen Erdgases kommt über Pipelines aus Russland und wird hier vor Ort über ein weitverzweigtes Verteilnetz zum Verbraucher geliefert. Ferner wird immer mehr Erdgas über Schiffe in Form von verflüssigtem Erdgas (LNG… liquified natural gas) geliefert. Mit dieser Methode lassen sich durch Abkühlen 600 m³ Erdgas auf 1 m³ Flüssiggas reduzieren (vgl. [1.32]), wodurch auch Nationen ohne Pipeline-Anschluss mit Erdgas versorgt werden können.

In Deutschland befanden sich im Jahr 2013 etwa 4.000 MW_{el} Leistung in Form von Erdgaskraftwerken im Genehmigungsverfahren. Durch die meist unzureichende Rentabilität der Anlagen ist das Engagement von Investoren sehr zurückhaltend, was dazu führt, dass zahlreiche Projekte trotz Genehmigung nicht realisiert werden (vgl. [1.28]). In diesem Zusammenhang sind die erwarteten Betriebsstunden von enormer Relevanz. Die Volllaststunden konventioneller Erdgas-Großkraftwerke nehmen jedoch seit 2010 deutlich ab. So lagen sie im Jahr 2010 bei 3.400 h/a, 2011 bei 3.160 h/a und im Jahr 2012 bei 2.640 h/a. Durch die immer geringer werdenden Volllaststunden der Erdgas-Großkraftwerke wird dieses vorsichtige Investitionsverhalten weiter gefördert.

1.4.4 Erdöl, Mineralöle und Kraftstoffe

Konventionelle Ölkraftwerke gehören zu den fossilen Primärenergien und erzeugen durch Verbrennung von Ölprodukten Wärme zur Erzeugung von Dampf zum Antrieb einer Dampfturbine oder treiben durch eine Verbrennungskraftmaschine den Generator selbst an.

Deutschland deckt zurzeit nur ungefähr 1,5 % des Bruttostrombedarfs durch die Nutzung von Ölheizkraftwerken ab (vgl. Abbildung 1-3). Aufgrund des hohen Rohstoffpreises werden Ölkraftwerke in Europa überwiegend nur zur Spitzenlastabdeckung oder als Reservekraftwerk genutzt (vgl. [1.33]).

1.5 Literaturverzeichnis

[1.1] Umweltbundesamt. (2013, July) Umwelt-Bundesamt. [Online]. http://www.umweltbundesamt.de/daten/energie-als-ressource/primaerenergieverbrauch

[1.2] BP-Gruppe. (2013, Juni) BP Statistical Review of World Energy. [Online]. bp.com/statisticalreview

[1.3] (2014, Feb.) AGEB (AG Energiebilanzen e.V.). [Online]. http://www.ag-energiebilanzen.de/

[1.4] Damien Morris, Tina Löffelsend, and James Watson. (2013, Feb.) BUND Friends of the earth germany. [Online]. http://www.bund.net/nc/presse/pressemitteilungen/detail/artikel/bund-und-sandbag-outen-die-zehn-groessten-profiteure-des-co2-emissionshandels-klimaschutz-bleibt/

[1.5] Giorgio V. Müller. (2013, Nov.) NZZ Neue Zürcher Zeitung. [Online]. http://www.nzz.ch/finanzen/devisen-und-rohstoffe/rohstoffe/sanierungsbeduerftiger-emissionszertifikate-handel-1.18178063#

[1.6] Spiegel Online Wirtschaft. (2009, Feb.) www.spiegel.de. [Online]. http://www.spiegel.de/wirtschaft/unsinnige-eu-klimapolitik-windraeder-bringen-nichts-fuer-co2-ziel-a-606532-druck.html

[1.7] Medienverantwortung. [Online]. http://www.medienverantwortung.de/wp-content/uploads/2012/06/20120814_Strompreise-MOE.pdf

[1.8] Michaela Fürsch, Raimund Malischek, and Dietmar Lindenberger. [Online]. http://www.ewi.uni-koeln.de/fileadmin/user_upload/Publikationen/Working_Paper/EWI_WP_12_14_Merit-Order-Effekt-der-Erneuerbaren.pdf

[1.9] Phillip Wille. (2013, April) Phillipwille.wordpress.com. [Online]. http://philippwille.wordpress.com/2013/04/15/merit-order-effekt-und-wirtschaftlichkeit-von-gaskraftwerken/

[1.10] Heinz Arnold. (2014, Jan.) Energie und Technik. [Online]. http://www.energie-und-technik.de/erneuerbare-energien/artikel/79902/

1.5 Literaturverzeichnis

[1.11] Anja Worm, Konrad Hölzl, Antje Radecke, and René Karaschewitz. (2013, Februar) [Online].
http://www.google.de/url?sa=t&rct=j&q=&esrc=s&source=web&cd=5&cad=rja&uact=8&ved=0CEgQFjAE&url=http%3A%2F%2Fwww.bmub.bund.de%2Ffileadmin%2FDaten_BMU%2FPools%2FBroschueren%2F20130423_broschuere_offshore_wind_bf.pdf&ei=mE1CU6eEMISqtAa854GoAw&usg=AFQjCNEYKWL

[1.12] Ster, Michael Sterner, and Ingo Stadler. (2014, Oct.) Springer Vieweg. [Online].
http://www.springer.com/springer+vieweg/energie+%26+umwelt/energietechnik/book/978-3-642-37379-4

[1.13] Christoph Schünemann. (2012, Apr.) regenerative Zukunft. [Online].
http://www.regenerative-zukunft.de/erneuerbare-energien-menu/photovoltaik

[1.14] AGEB (AG Energiebilanzen e.V.). (2014, Feb.) [Online]. http://www.ag-energiebilanzen.de/

[1.15] Naturschutz, Bau und Reaktorsicherheit Bundesministerium für Umwelt. Bundesministerium für Umwelt, Naturschutz, Bau und Reaktorsicherheit. [Online]. http://www.erneuerbare-energien.de/die-themen/windenergie/kurzinfo/

[1.16] statista.de. [Online].
http://de.statista.com/statistik/daten/studie/171368/umfrage/struktur-der-bruttostromerzeugung-durch-erneuerbare-energien-in-deutschland/

[1.17] Insa Lütkehus, Hanno Salecker, and Kirsten Adlunger. (2013, Juni) Umweltbundesamt. [Online].
http://www.umweltbundesamt.de/daten/energie-als-ressource/potenzial-der-windenergie-an-land

[1.18] Christoph Schünemann. (2012, Apr.) Regenerative Zukunft. [Online].
http://www.regenerative-zukunft.de/erneuerbare-energien-menu/geothermie

[1.19] GtV Bundesverband Geothermie. [Online].
http://www.geothermie.de/wissenswelt/geothermie/in-deutschland.html

[1.20] Andreas Jörns. [Online]. www.uni-kassel.de/fb14/geohydraulik/Lehre/.Geothermie/./Joerns.pdf

[1.21] Christoph Schünemann. (2012, Apr.) Regenerative Zukunft. [Online].
http://www.regenerative-zukunft.de/erneuerbare-energien-menu/wasserkraft

[1.22] Aachen Ingenieurbüro Floecksmühle, Institut für Strömungsmechanik und Hydraulische St, Hydrotec Ing.-Ges. für Wasser und Umwelt mbH, and Fichtner GmbH & Co. KG. (2010, September) Bundesministerium für Umwelt, Naturschutz und Reaktorsicherheit. [Online]. http://www.erneuerbare-energien.de/unser-service/mediathek/downloads/detailansicht/artikel/potentialermittlung-fuer-den-ausbau-der-wasserkraftnutzung-in-deutschland/

[1.23] Naturschutz, Bau und Reaktorsicherheit Bundesministerium für Umwelt. Bundesministerium für Umwelt, Naturschutz, Bau und Reaktorsicherheit. [Online]. http://www.erneuerbare-energien.de/die-themen/wasserkraft/kurzinfo/

[1.24] Hannes Berger. Wasserwirtschaftsamt Deggendorf. [Online]. http://www.google.de/url?sa=t&rct=j&q=&esrc=s&source=web&cd=1&ved=0CDAQFjAA&url=http%3A%2F%2Fwww.nna.niedersachsen.de%2Fdownload%2F81496%2FHannes_Berger_Biogas_und_Gewaesser_-_ein_Lagebericht_aus_Bayern.pdf&ei=tzxyU7DfB6Sh4gTquYCYDA&usg=AFQjCNGN3dODRXG0aE

[1.25] Statistisches Bundesamt. (2013, Dec.) Statistisches Bundesamt. [Online]. https://www.destatis.de/DE/Publikationen/Thematisch/Umweltoekonomischen/Gesamtrechnungen/Querschnitt/UmweltnutzungundWirtschaftTabelle5850007137006Teil_6.html

[1.26] Prof. Dr. -Ing. W. Nieratschler. (2009, Apr.).

[1.27] Bundesministerium für Wirtschaft und Energie. [Online]. http://www.bmwi.de/DE/Themen/Energie/Konventionelle-Energietraeger/kohle.html

[1.28] BDEW Bundesverband der Energie- und Wasserwirtschaft e.V. (2013, August) [Online]. https://www.bdew.de/internet.nsf/id/A4D4CB545BE8063DC1257BF30028C62B/$file/Anlage_1_Energie_Info_BDEW_Kraftwerksliste_2013_kommentiert_Presse.pdf

[1.29] BDEW Bundesverband. (2014, April) [Online]. https://www.bdew.de/internet.nsf/id/F1224A3E6C4A3E68C1257CB300285CD0/$file/140409%20BDEW%20Kraftwerksliste%20aktualisiert.pdf

[1.30] Bundesministerium für Wirtschaft und Energie. [Online]. http://www.bmwi.de/DE/Themen/Energie/Konventionelle-Energietraeger/kohle,did=190810.html

[1.31] Bundesministerium für Wirtschaft und Energie. [Online]. http://www.bmwi.de/DE/Themen/Energie/Konventionelle-Energietraeger/uran-kernenergie.html

[1.32] Eon. Eon. [Online]. http://www.eon.com/de/geschaeftsfelder/gasbezug-and-produktion/lng/gruende-fuer-lng.html

[1.33] Dr. Rüdiger Paschotta. Das RP-Energie-Lexikon. [Online]. http://www.energie-lexikon.info/oelkraftwerk.html

[1.34] Die Bundesregierung. (2014) [Online]. http://www.bundesregierung.de/Content/DE/StatischeSeiten/Breg/FAQ/faq-energie.html

[1.35] Wirtschaftslexikon24. (2014, Aug.) Wirtschaftslexikon24.com. [Online]. http://www.wirtschaftslexikon24.com/d/grenzkosten/grenzkosten.htm

[1.36] VPE. [Online]. http://www.vpe.ch/html/stromverbund_eu.php

2 Zusammensetzung des Strompreises und dessen Entwicklung 28
    2.1   Zusammensetzung des Strompreises für Industriekunden 28
        2.1.1   Erzeugung, Transport, Vertrieb 29
        2.1.2   Konzessionsabgabe 29
        2.1.3   EEG-Umlage 30
        2.1.4   KWK-Aufschlag 30
        2.1.5   § 19-Umlage 31
        2.1.6   Stromsteuer 32
        2.1.7   Offshore-Haftungsumlage 33
        2.1.8   Umlage für abschaltbare Lasten 33
    2.2   Entwicklung des Strompreises für Haushalts- und Industriekunden 34
    2.3   Entwicklung der „begünstigten" Abnahmestellen 43
    2.4   Literaturverzeichnis 46

2 Zusammensetzung des Strompreises und dessen Entwicklung

Der Strompreis in Deutschland setzt sich aus zahlreichen verschiedenen Bestandteilen zusammen, von denen circa die Hälfte auf die Kosten für Erzeugung, den Transport sowie den Vertrieb entfallen. Der restliche Anteil entfällt auf Umlagen, Aufschläge, Steuern und sonstige Abgaben. Das nachfolgende Kapitel soll einen Überblick über die verschiedenen Strompreisbestandteile verschaffen und gleichzeitig auf die Entwicklung des Preises für Haushalts- und Industriekunden eingehen.

2.1 Zusammensetzung des Strompreises für Industriekunden

Zu Beginn der Liberalisierung des Strommarktes im Jahre 1998 bestand der Strompreis im Wesentlichen aus den Erzeugungs-, Transport- und Vertriebskosten. Zu den weiteren verhältnismäßig unbedeutenden Bestandteilen zählten damals die Konzessionsabgabe und die EEG-Umlage[1]. Diese Preise wurden im Laufe der Zeit mit weiteren Abgaben, Umlagen und Steuern belastet. Dazu gehören der KWK-Aufschlag, die Stromsteuer, die § 19-Umlage sowie die Offshore-Haftungsumlage. Für Privatkunden ist zusätzlich noch die Mehrwertsteuer zu entrichten.

Nachfolgend sind die aktuellen Bestandteile des Strompreises zusammenfassend aufgelistet:

- Kosten für Erzeugung, Transport und Vertrieb
    + Arbeitspreis
    + Leistungspreis
    + Kosten für Messstellenbetrieb und Abrechnung
- Konzessionsabgaben
- EEG-Umlage
- KWK-Aufschlag nach dem Kraft-Wärme-Kopplungsgesetz
- § 19-Umlage nach der Netzentgeltverordnung
- Stromsteuer
- Offshore-Haftungsumlage
- Umlage für abschaltbare Lasten (abLa-Umlage)

Auf diese Begriffe wird im folgenden Unterkapitel detaillierter Eingegangen.

---

[1] EEG-Umlage bis 2000 nach Stromeinspeisegesetz

2.1.1 Erzeugung, Transport, Vertrieb

Entsprechend der Benennung handelt es sich um die tatsächlichen Kosten, die dem Energieversorger während der Erzeugung, dem Transport und dem Vertrieb des produzierten Stromes entstehen. Diese beinhalten unter anderem Brennstoffkosten, Kapitalkosten für Eigen- oder Fremdkapital, Betriebskosten und die angestrebte Wertentwicklung.

Brennstoffkosten sind entsprechend die Kosten für den eingesetzten Brennstoff. Die Höhe dieser Kosten ist von der Menge des produzierten Stroms, also der eingesetzten Brennstoffmenge abhängig. Die Kapitalkosten entstehen dadurch, dass das Energieversorgungsunternehmen mit Eigenkapital arbeitet, welches dann an anderer Stelle nicht mehr zur Verfügung steht oder durch Zinszahlungen für in Anspruch genommenes Fremdkapital. Die Betriebskosten sind einerseits fixe und andererseits variable Kosten. Zu den fixen Kosten gehört der Kostenanteil, der unabhängig von der Menge des produzierten Stroms entsteht. Dies sind zum Beispiel Kosten für Personal, Miete und Abschreibungen. Variable Kosten sind die Kosten, die abhängig von der tatsächlich produzierten Strommenge anfallen. Dies sind neben den o.a. Brennstoffkosten beispielsweise laufzeitbedingte Wartungskosten oder Kosten für zusätzlich benötigtes Personal. Die Wertentwicklung, welche auch als Kapitalverzinsung bezeichnet wird, ist der Quotient aus Gewinn und verwendetem Kapital bezogen auf eine festgelegte Zeit (vgl. [2.1]).

Der dem Letztverbraucher berechnete Strom wird innerhalb der Rechnungsführung zusammengefasst in den Arbeitspreis, Leistungspreis und Kosten für die Netznutzung. Der Arbeitspreis ist der tatsächlich vom Energielieferanten berechnete Strompreis auf Basis der Erzeugungskosten. Der Leistungspreis ist ein Grundpreis der unabhängig vom Verbrauch auf Grundlage der Höchstentnahme aus dem Stromnetz zu entrichten ist. Zu den Netznutzungskosten zählen die Abrechnungskosten, Messstellenbetriebskosten und Kosten für die Erfassung, Verwaltung und die Bereitstellung der Messgeräte.

2.1.2 Konzessionsabgabe

Konzessionsabgaben sind nach der Definition der Konzessionsabgabenverordnung „[...] Entgelte für die Einräumung des Rechts zur Benutzung öffentlicher Verkehrswege für die Verlegung und den Betrieb von Leitungen, die der unmittelbaren Versorgung von Letztverbrauchern im Grundgebiet mit Strom und Gas dienen" [2.2]. Es handelt sich also um Abgaben, die Energieversorger an die Kommunen zu entrichten haben. Diese finanzielle Belastung wird an den Verbraucher weitergegeben. In 2013 betrug die Abgabe für Industriekunden z.B. **0,11 €-Cent/kWh** und **1,79 €-Cent/kWh** für Haushalte.

2.1.3 EEG-Umlage

Im Zuge der Umstellung der Stromversorgung hin zu einer regenerativen Energieversorgung ist die EEG-Umlage als eine Förderung der Stromerzeugungsanlagen, welche mit regenerativen Energiequellen betrieben werden, zu sehen. Diese Umlage ist von allen Stromverbrauchern in gleicher Höhe zu entrichten. Lediglich stromintensive Industrieunternehmen sind in der Höhe der Umlage begrenzt, um die Wettbewerbsfähigkeit gegenüber anderen international agierenden Unternehmen sicherzustellen. Im Hinblick auf die vollzogene Gesetzesänderung vom EEG-2012 auf das EEG-2014 änderte sich jedoch, bedingt durch überarbeitete Randbedingungen und genauere Branchendefinitionen, der Kreis der begünstigten Unternehmen. Die genaue Beschreibung, welche Bedingungen von Unternehmen einzuhalten sind, um als stromintensiv zu gelten, ist in Kapitel 4.4. dargestellt.

Die Höhe der EGG-Umlage richtet sich nach der Differenz zwischen dem Börsenstrompreis und der festen Einspeisevergütung der regenerativen Energieerzeugeranlagen. Sie steigt also mit sinkendem Börsenstrompreis. Die anteilig zu entrichtende Umlage wird im Erneuerbaren-Energien-Gesetz geregelt. In 2013 betrug die Umlage 5,277 €-Cent/kWh, in 2014 stieg sie auf 6,24 €-Cent/kWh und in 2015 wird diese **6,17 €-Cent/kWh** betragen.

2.1.4 KWK-Aufschlag

Ähnlich wie bei der Förderung erneuerbarer Energien entstehen aus der Förderung von Anlagen auf Basis von Kraft-Wärme-Kopplung (KWK) oder auch Kraft-Wärme-Kälte-Kopplung (KWKK) Kosten, die auf alle Endverbraucher nach dem Kraft-Wärme-Kopplungsgesetz (KWKG) umgelegt werden. Das Gesetz soll im Sinne des Umweltschutzes und der Einsparung von Energie unter anderem dazu dienen, durch Förderung der Modernisierung und des Neubaus von KWK-Anlagen den Anteil von KWK-Strom auf 25 % im Jahr 2020 zu erhöhen. Grundsätzlich gilt, dass der Strom aus KWK-Anlagen die gleiche rechtliche Stellung in Bezug auf die vorrangige Abnahme und den Anschluss ans Netz hat wie EEG-Strom. Für den KWK-Aufschlag existieren Begrenzungen, die einen übermäßigen Anstieg des Strompreises für verbrauchsstarke Abnehmer verhindern. Zum einen gilt für Letztverbraucher, deren jährliche Abnahme 100.000 kWh übersteigt, dass sich das Netzentgelt höchstens um 0,05 Eurocent pro Kilowattstunde[2] erhöhen darf. Zum anderen gilt für Unternehmen des produzierenden Gewerbes, deren Stromkosten 4 % des Umsatzes überschreiten, dass für den über 100.000 kWh anfallenden Verbrauch nur ein um 50 % reduzierter KWK-Zuschlag zum Ansatz kommt.

Der KWK-Aufschlag betrug in 2013 beispielsweise 0,07 €-Cent/kWh für Industriekunden und 0,126 €-Cent/kWh für Haushalte. Für die Zukunft wird mit einem steigenden Aufschlag gerechnet. Der Regelsatz der Mehrkosten nach dem

---

2   Eurocent pro Kilowattstunde wird im Folgenden als €-Cent/kWh abgekürzt.

KWKG erhöht sich im Kalenderjahr 2015 um 42,7 Prozent und steigt für die ersten 100.000 Kilowattstunden von 0,178 €-Cent/kWh auf **0,254 €-Cent/kWh** (vgl. [2.3]). Ab 100.000 kWh liegt die Höhe des Aufschlags im Jahr 2015 bei **0,051 €-Cent/kWh** für Industriekunden und **bei 0,025 €-Cent/kWh** für privilegierte Unternehmen des produzierenden Gewerbes (vgl. [2.3]).

2.1.5 § 19-Umlage

Die § 19-Umlage, benannt nach dem § 19 (Sonderformen der Netznutzung) der Stromnetzentgeltverordnung (StromNEV) vom 25. Juli 2005 [2.4], wurde zum 1. Januar 2012 eingeführt und ist von allen Letztverbrauchern zu entrichten. Die Umlage wurde festgelegt, um die Kosten, welche durch die Reduzierung des Netzentgeltes für begünstigte Unternehmen entstehen, auf die verbleibenden Verbraucher umzulegen. Eine Ermäßigung der Umlage ist bei Einhaltung verschiedener Randbedingungen möglich. Zur Ermittlung der Höhe der Umlage werden die Letztverbraucher in verbrauchs- und verwendungszweckabhängige Gruppen eingeteilt. Nach § 19 Absatz 2 StromNEV ist Letztverbrauchern, deren Höchstlastbeitrag[3] erheblich von der Jahreshöchstlast[4] aller Entnahmen im gleichen Zeitraum abweicht, ein individuelles Netzentgelt anzubieten, welches weniger als 20 % des veröffentlichen Netzentgeltes betragen darf. Ein individuelles Netzentgelt muss auch angeboten werden, wenn ein Letztverbraucher eine Jahresnutzung von mindestens 7.000 Benutzungsstunden erreicht und gleichzeitig einen höheren Verbrauch als 10 GWh pro Jahr erzielt. Dabei beträgt das individuelle Netzentgelt im Falle einer Nutzung von mindestens 7.000 Stunden nicht weniger als 20 % des veröffentlichten Netzentgeltes, 15 % bei mindestens 7.500 Stunden und 10 % im Falle einer Netznutzung von mindestens 8.000 Stunden, bei gleichzeitigem Verbrauch von mindestens 10 GWh pro Jahr.

In 2013 betrug das Netzentgelt 0,10 €-Cent/kWh für Industriekunden und 0,329 €-Cent/kWh für Haushaltskunden. Im Jahr 2015 wird es auf Grund eines Kostenausgleichs zu einer deutlichen Erhöhung der §19 StromNEV-Umlage um 157,6 Prozent kommen. Der Regelsatz erhöht sich damit für die ersten 100.000 kWh auf **0,237 €-Cent/kWh** (vgl. [2.3]). Für den Verbrauch von 100.000 kWh bis 1.000.000 kWh wird die Umlage bei **0,227 €-Cent/kWh** liegen. Für den normalen Großverbraucher von mehr als 1 GWh liegt der Regelsatz bei **0,05 €-Cent/kWh**, während privilegierte produzierenden Unternehmen nur **0,025 €-Cent/kWh** zu entrichten haben (vgl. [2.3]).

---

[3] Der Höchstlastbeitrag ist die höchste Entnahme eines Verbrauchers aus dem Netz, innerhalb des festgelegten Höchstlastfensters. Das Höchstlastfenster wird vom Netzbetreiber in Abhängigkeit der Netz- und Umspannebene bestimmt.

[4] Die Jahreshöchstlast ist nach § 2 StromNEV „der höchste Leistungswert einer oder mehrerer Entnahmen aus einer Netz- oder Umspannebene oder einer oder mehrerer Einspeisungen im Verlauf eines Jahres […]".

2.1.6 Stromsteuer

Die Stromsteuer wurde 1999 mit dem „Gesetz zum Einstieg in die ökologische Steuerreform" eingeführt und muss seither als indirekte Steuer verbrauchsabhängig vom Stromverbraucher im deutschen Steuergebiet[5] entrichtet werden. Der Regelsteuersatz liegt bei **2,05 €-Cent/kWh**.

Gemäß § 9 Abs. 1 StromStG sind von der Stromsteuer befreit:

- Strom aus erneuerbaren Energieträgern, wenn er aus einem ausschließlich aus solchen Energieträgern gespeisten Netz entnommen wird. Erneuerbare Energieträger in diesem Sinne sind Wasser- und Windkraft, Sonnenenergie, Erdwärme, Deponiegas, Klärgas und Biomasse.
- Strom zur Verwendung bei der Stromerzeugung. Definitionsgemäß wird Strom dann zur Stromerzeugung entnommen, wenn er in den Neben- und Hilfsanlagen einer Stromerzeugungseinheit insbesondere zur Wasseraufbereitung, Dampferzeugerwasserspeisung, Frischluftversorgung, Brennstoffversorgung und Rauchgasreinigung oder in Pumpspeicherkraftwerken von den Pumpen zum Fördern der Speichermedien zur Erzeugung von Strom verbraucht wird.
- Strom aus Anlagen mit einer elektrischen Nennleistung von bis zu 2 MW, wenn er vom Anlagenbetreiber in einem räumlichen Zusammenhang zur Anlage verbraucht wird.
- Strom, der in Notstromaggregaten zur vorübergehenden Stromversorgung erzeugt wird.
- Strom, der an Bord von Schiffen oder Luftfahrzeugen erzeugt und dort verbraucht wird.

Ein ermäßigter Steuersatz (von 11,42 €/MWh) gilt nach § 9 Abs. 2 StromStG für den Schienenbahnverkehr und Oberleitungsbusse sowie nach § 9 Abs. 3 StromStG für die von Land aus erfolgende Stromversorgung von (nicht privaten) Wasserfahrzeugen (Steuersatz von 0,50 €/MWh).

Gemäß dem Stromsteuergesetz (StromStG) vom 24. März 1999 sind Ermäßigungen unter Einhaltung verschiedener Regularien und Befreiungen für Unternehmen des produzierenden Gewerbes möglich. Für diese Unternehmen ist eine Ermäßigung um 5,13 €/MWh auf 15,37 €/MWh möglich (vgl. § 9b StromStG („Steuerentlastung für Unternehmen") [2.5]). Befreiungen von der Stromsteuer sind unter anderem möglich für „Strom aus erneuerbaren Energieträgern, wenn dieser aus einem ausschließlich mit Strom aus erneuerbaren Energieträgern gespeisten Netz oder einer entsprechenden Leitung entnommen wird" (vgl. § 9 StromStG). Auch Strom, der zur Stromerzeugung verwendet wird (der soge-

---

[5] Als Steuergebiet wird das deutsche Staatsgebiet ohne die Insel Helgoland und das Gebiet Büsingen benannt (vgl. [2.12]).

nannte Kraftwerkseigenverbrauch) und Strom, der im Falle einer Störung durch Notstromanlagen erzeugt wird, ist steuerfrei. Ebenso ist selbsterzeugter Strom aus Anlagen bis zu einer Nennleistung von 2 MW steuerbefreit, wenn er selbst im örtlichen Zusammenhang zur Anlage verbraucht wird oder „[…] an Letztverbraucher geleistet wird, die den Strom im räumlichen Zusammenhang zu der Anlage entnehmen" (vgl. § 9 StromStG). Zusätzlich gibt es zahlreiche Sonderfälle für Befreiungen und Ermäßigungen für Luftfahrzeuge, Schienenbahnen und Schiffe, die hier nicht weiter erläutert werden sollen.

2.1.7 Offshore-Haftungsumlage

Nach der aktuellen Fassung des Energiewirtschaftsgesetzes (EnWG) können Betreiber von Offshore-Windparks im Falle einer verspäteten Netzanbindung durch den Netzbetreiber, Schadensersatz von diesem Verlangen (vgl. § 17e EnWG). Diese Zahlungen an den Windparkbetreiber können vom Netzbetreiber auf den Verbraucher umgelegt werden. Der Betrag ist bis zu einem Verbrauch von einer GWh pro Jahr auf 0,25 €-Cent/kWh festgelegt und begrenzt. Liegt der Stromverbrauch darüber, wird die Umlage für den darüber hinausgehenden Strombezug auf 0,05 €-Cent/kWh begrenzt. Unternehmen des stromintensiven Gewerbes zahlen für den Stromanteil über einer GWh die Hälfte des ermittelten Betrags wenn die Stromkosten einen Anteil von 4% des Umsatzes übersteigen (vgl. [2.6]). Gemäß der Statistik des BDEW lag der im Jahr 2013 durchschnittlich für Industriekunden zu entrichteten Betrag dadurch bei 0,17 €-Cent/kWh.

Die Offshore-Haftungsumlage wird im Jahr 2015 um 120,4 Prozent auf einen negativen Umlagebetrag von **-0,051 €-Cent/kWh** reduziert, was für den Gesamtstrompreis bei einem Verbrauch bis zu einer Gigawattstunde eine Kostenentlastung zur Folge hat. Bei Verbräuchen oberhalb einer Gigawattstunde fallen für nichtprivilegierte Unternehmen **0,05 €-Cent/kWh** und für privilegierte Unternehmen **0,025 €-Cent/kWh** an (vgl. [2.3]).

2.1.8 Umlage für abschaltbare Lasten

Die rechtliche Grundlage der Umlage für abschaltbare Lasten ist die Verordnung zu abschaltbaren Lasten vom 28.12.2012. Diese gilt seit 1. Januar 2013 und ist zunächst auf drei Jahre begrenzt, tritt also nach aktueller Gesetzeslage am 1. Januar 2016 außer Kraft. Mit der Verordnung werden Übertragungsnetzbetreiber dazu verpflichtet, Ausschreibungen zum Erwerb von abschaltbarer Leistung bis zu einer Gesamtleistung von 3.000 MW durchzuführen (vgl. § 1 AbLaV). Dies ermöglicht bei Bedarf die Abschaltung von Verbrauchern zur wirtschaftlichen Regelung der Netzqualität. Die Ausschreibungen sind entsprechend § 13 Absatz 4a Satz 1 EnergieStG zu vollziehen. Aus dem Aufwand des Übertragungsnetzbetreibers und den Vergütungen für die abgeschaltete Leistung ergibt sich eine monatlich zwischen den Übertragungsnetzbetreibern auszugleichende finanzielle Belastung die im Sinne des § 9 KWKG auf alle Endverbraucher aufgeteilt wird. Bei dieser Umlage werden jedoch keine Letztverbrauchergruppen bevorzugt behandelt, so dass jeder Letztverbraucher den gleichen Betrag pro Kilowattstunde zu entrichten hat (vgl. § 18 AbLaV). Für das Jahr 2014 beträgt die Höhe der AbLa-Umlage 0,009 €-Cent/kWh (vgl. [2.7]). In 2015 wird die Umlage für abschaltbare Lasten von derzeit 0,009 €-Cent/kWh auf **0,006 €-Cent/kWh**, also um 33,3 Prozent, reduziert (vgl. [2.3]).

2.2 Entwicklung des Strompreises für Haushalts- und Industriekunden

Der Strompreis ist, wie im vorhergehenden Unterkapitel beschrieben, von zahlreichen verschiedenen Faktoren abhängig. Dazu gehört neben dem Börsenpreis, der von Angebot und Nachfrage bestimmt wird, auch der durch Gesetzgebungen bestimmte Anteil von Steuern und Abgaben. In den Abbildungen 2-1 und 2-2 ist die Entwicklung der einzelnen Bestandteile des Strompreises, basierend auf einer Studie des BDEW[6] (vgl. [2.8]), für Haushalts- und Industriekunden dargestellt.

Als Haushaltskunde wurde ein durchschnittlicher Dreipersonenhaushalt mit einem Jahresverbrauch von 3.500 kWh angenommen (vgl. [2.8]).

Die in Abbildung 2-2 veranschaulichten Kostenanteile gelten für Industriestromabnehmer mit einem relativ geringen Verbrauch von 160 MWh/a bis 20.000 MWh/a (vgl. [2.8]) ohne Reduktion der EEG-Umlage.

Bei stromintensiven Abnehmern ab einer Gigawattstunde und einem Mindeststromkostenanteil von 14 % an der Bruttowertschöpfung[7] (vgl. EEG-2012) ist auf Antrag eine erhebliche Reduzierung der EEG-Umlage möglich. Daraus resultiert ein deutlich geringerer Gesamtstrompreis für energieintensive Abnehmer. Auch im neu eingeführten EEG-2014 sind diese Reduzierungen weitestgehend beibehalten worden. Jedoch sind die prozentualen Anteile der Bruttowertschöpfung geändert sowie genaue Branchen für anspruchsberechtigte Unternehmen definiert wor-

---

[6] Der BDEW ist der Bundesverband Energie und Wasserwirtschaft e.V. und wurde 2007 gegründet. Er beschäftigt sich mit zentralen Fragen zu Erdgas, Strom und Fernwärme sowie Wasser und Abwasser und vertritt ca. 1800 verschiedene Unternehmen (vgl. [2.13]).

[7] Der Begriff Bruttowertschöpfung eines Unternehmens wird definiert durch das Statistische Bundesamt. Demnach ist die Bruttowertschöpfung „[…] – nach Abzug sämtlicher Vorleistungen – die insgesamt produzierten Güter und Dienstleistungen zu den am Markt erzielten Preisen und ist somit der Wert, der den Vorleistungen durch Bearbeitung hinzugefügt worden ist." (vgl. [2.14]). Diese Definition gilt grundsätzlich im EEG-2012 und EEG-2014. Im EEG-2014 wird zusätzlich eine Ergänzung „[…] ohne Abzug der Personalkosten für Leiharbeitsverhältnisse; die durch vorangegangene Begrenzungsentscheidungen hervorgerufenen Wirkungen bleiben bei der Berechnung der Bruttowertschöpfung außer Betracht […]" (vgl. § 64 Absatz 6 Nummer 2 EEG-2014). Das bedeutet, dass für die Berechnung der Bruttowertschöpfung in der Weise gerechnet werden kann, als hätte das Unternehmen die EEG-Umlage in voller Höhe entrichtet.

den. Die genaue Erläuterung, welche Bedingungen eingehalten werden müssen, ist in Kapitel 4.4. aufgeführt.

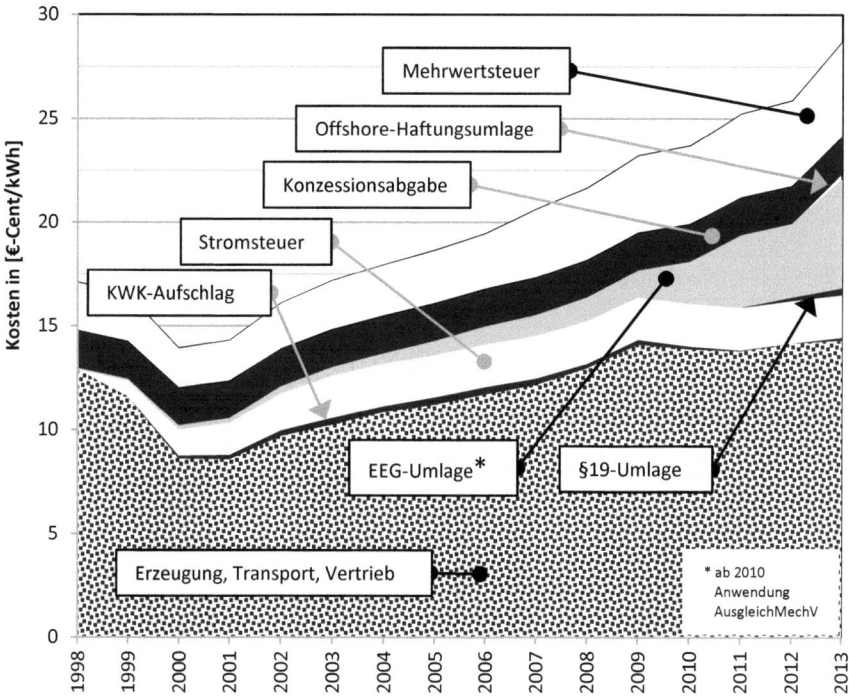

Abbildung 2-1: Entwicklung der Stromkostenbestandteile für Haushaltskunden von 1998 bis 2013 (Diagrammdaten als Grundlage [2.9])

Um die für den jeweiligen Verbraucher anfallenden Kosten besser vergleichen zu können, sind beide vertikale Diagrammachsen mit demselben Maßstab versehen. Deutlich wird, dass sich der Strompreis der Industrie nicht nur um den Anteil der Mehrwertsteuer, sondern auch um die Höhe der Abgaben und Steuern unterscheidet.

Im Durchschnitt liegen die Kosten, die die Industrie für Strom zu zahlen hat, nur bei ungefähr der Hälfte (berechnet zu 51,6 %) der Kosten[8] der Haushalte. In der Abbildung 2-3 ist die Zusammensetzung des Strompreises für Industriekunden im Jahr 2013 dargestellt. Im Gegensatz dazu ist in Abbildung 2-4 die prozentuale Zusammensetzung des Strompreises für Haushaltskunden dargestellt.

---

[8] Berechnet aus Daten der Strompreise der Industrie (ohne Reduktion der EEG-Umlage) und Haushalt von 1998 bis 2013, basierend auf Diagrammdaten des Bundesverband der Energie- und Wasserwirtschaft e. V. [2.9]

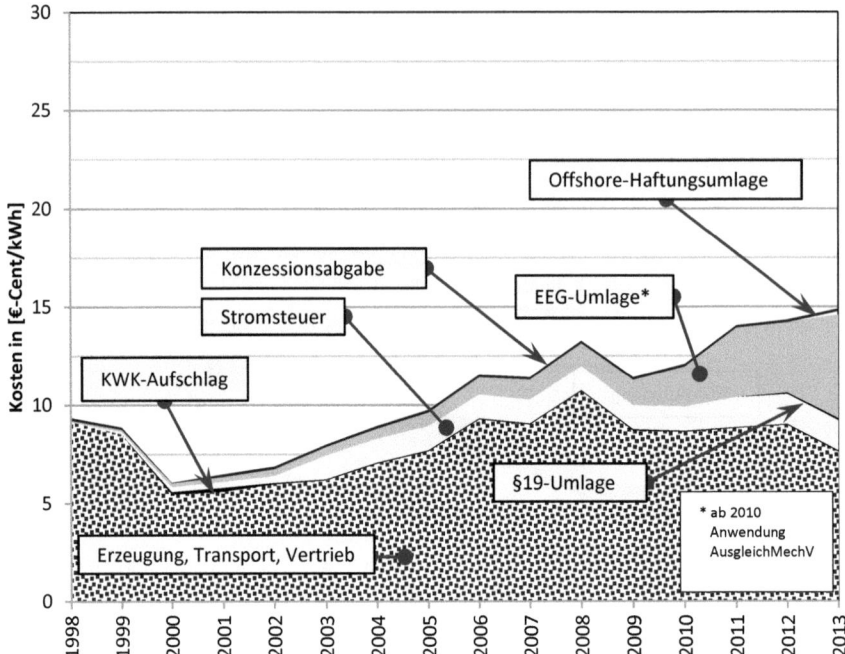

Abbildung 2-2: Entwicklung der Stromkostenbestandteile für Industriekunden von 1998 bis 2013 (Diagrammdaten als Grundlage [2.9])

Deutlich wird, dass sowohl für Industrie- als auch für Haushaltskunden lediglich etwa die Hälfte des Strompreises auf die tatsächlich anfallenden Produktions- und Bereitstellungskosten zurückzuführen sind. Die andere Hälfte der Belastungen hat ihren Ursprung in Steuern, Abgaben und Umlagen.

Bei der Betrachtung der beiden Abbildungen 2-3 und 2-4 darf nicht der Eindruck entstehen, dass die Belastung der Haushalte mit der EEG-Umlage geringer ist als die der Industriekunden. In beiden Abbildungen sind nur die prozentualen Anteile dargestellt. Die tatsächlichen Belastungen sind dennoch sehr verschieden und können den Abbildungen 2-1 und 2-2 entnommen werden. Die EEG-Umlage ist bei beiden Betrachtungen in vollem Umfang (6,17 €-Cent/kWh für das Jahr 2015) zu entrichten.

Zur Veranschaulichung des Anteils der reinen Erzeugungskosten im Vergleich zu den Steuern und Abgaben für Haushalte und Industrie ist in Abbildung 2-5 ein Vergleich der Kosten dargestellt. Die Kosten wurden zusammengefasst in Erzeugungskosten, Steuern und Umlagen.

Zum einen ist erkennbar, dass die reinen Erzeugungskosten für die Industrie deutlich niedriger sind, zum anderen lässt sich feststellen, dass auch die Steuerbelastung geringer ausfällt. Der Steuernachteil der Haushaltskunden resultiert aus der höheren Stromsteuer für die Haushalte sowie der Mehrwertsteuer.

2.2 Entwicklung des Strompreises für Haushalts- und Industriekunden 37

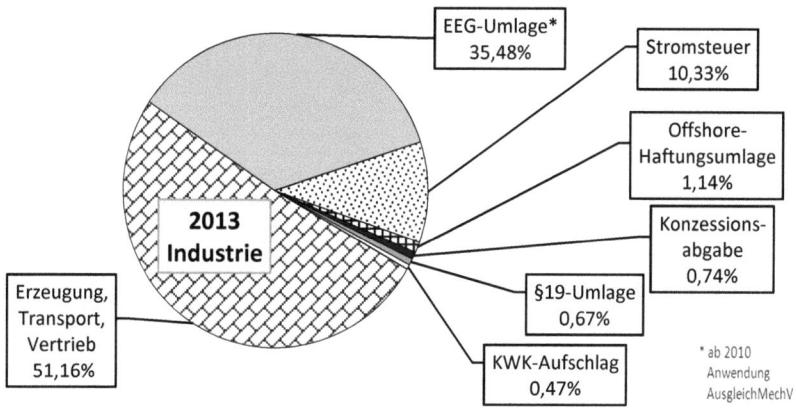

Abbildung 2-3: prozentuale Zusammensetzung des Strompreises für Industriekunden (Annahme: **14,87 €-Cent/kWh** mit voller EEG-Umlage) im Jahr 2013 (Diagrammdaten als Grundlage [2.9])

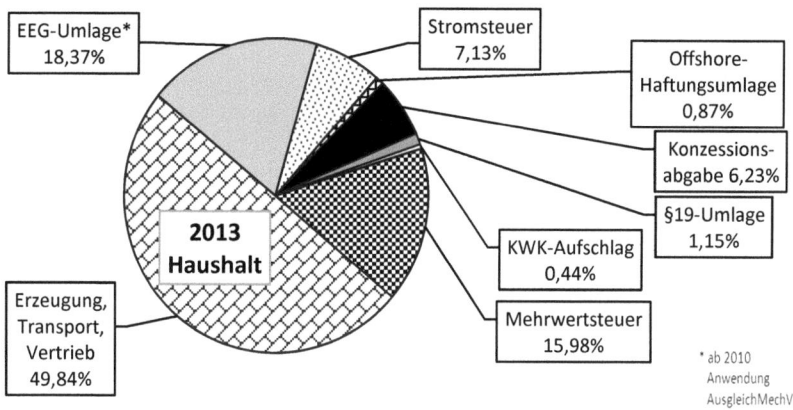

Abbildung 2-4: prozentuale Zusammensetzung des Strompreises für Haushaltskunden (Annahme: **28,73 €-Cent/kWh** mit voller EEG-Umlage) im Jahr 2013 (Diagrammdaten als Grundlage [2.9])

Bedingt durch die zahlreichen Ermäßigungen der Unternehmen des produzierenden Gewerbes sind die Stromkosten für Industrieunternehmen geringer.

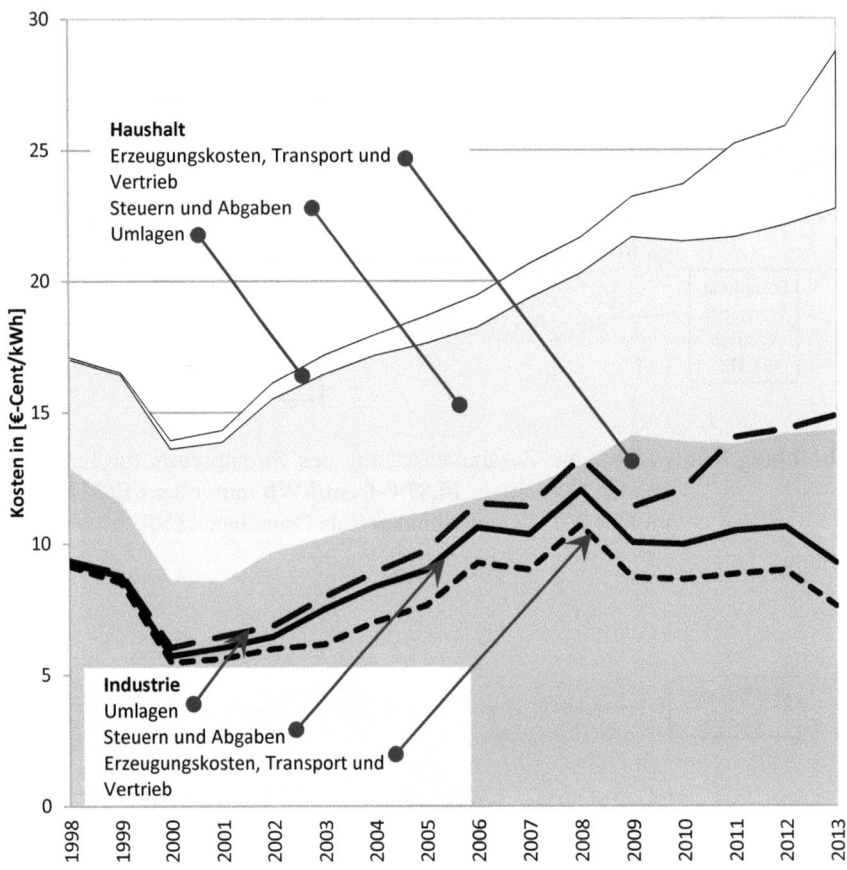

Abbildung 2-5: Vergleich der Anteile von Umlagen, Steuern und Erzeugungskosten für Haushalte und Industrie (ohne Ermäßigung der EEG-Umlage) von 1998 bis 2013 (Diagrammdaten als Grundlage [2.9])

Erfüllte ein Unternehmen die im EEG-2012 festgelegten Voraussetzungen *(siehe auch Kapitel 4.4.)* zur Begrenzung der EEG-Umlage, war der Strompreis deutlich günstiger. Bezogen auf den Haushalts-Verbraucherpreis der Strompreisanalyse des Bundesverbandes der Energie- und Wasserwirtschaft [2.8] lagen die Stromkosten bei befreiten Unternehmen mit einem Verbrauch von 10 GWh nach EEG-2012 für das Jahr 2013 bei ca. 37 %, für befreite Unternehmen mit einem Verbrauch von 100 GWh bei 34 %.

Der Einfluss der zusätzlichen Verringerung der EEG-Umlage nach EEG-2012 ist in der nachfolgenden Abbildung 2-6 grafisch dargestellt. Als Referenzen sind der Industriestrompreis ohne Befreiung der EEG-Umlage als graue Fläche und der

Haushaltsstrompreis als gepunktete Linie zusätzlich hinterlegt. Die Grafik vergleicht die Gesamtstromkosten für Haushalte, Industrie und EEG-entlastete Unternehmen. Die Berechnung bezieht sich dabei über den gesamten Zeitraum auf das EEG-2012 und geht jeweils von der oberen Grenze des Verbrauchs der jeweiligen Unternehmen aus. Für kleinere Unternehmen mit einem Jahresverbrauch von 1 bis 10 GWh sind es somit 10 GWh und für große Unternehmen 100 GWh. Es wird deutlich, dass die zusätzliche Verringerung der EEG-Belastung für die stromintensiven Unternehmen einen weiteren erheblich kostensenkenden Effekt hatte. Die Höhe der Entlastung ist von der Menge des abgenommenen Stroms abhängig. Ein höherer Verbrauch führte nach EEG-2012 zu einer größeren Entlastung des Anteils der EEG-Umlage am Strompreis.

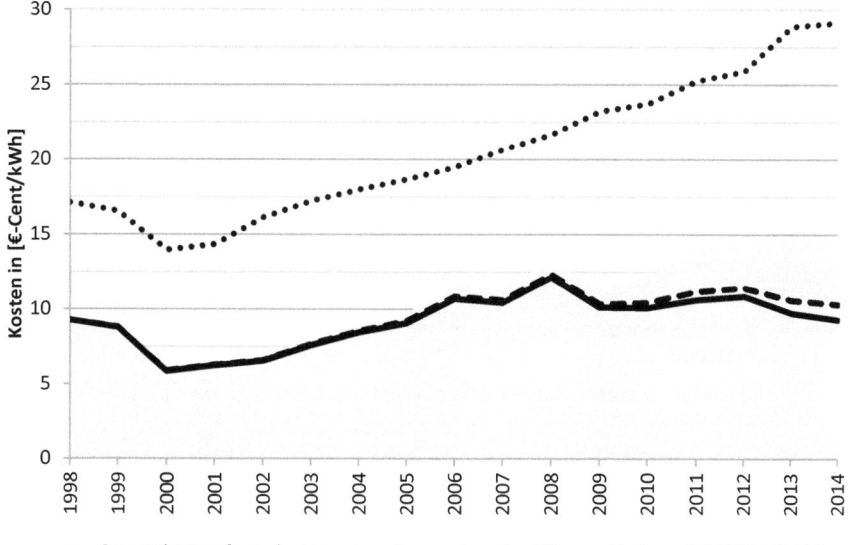

Gesamtkosten für Industrieunternehmen ohne Ermäßigung; Verbrauch 160 bis 20.000 MWh

– – – Gesamtkosten mit Verringerung EEG für Industrieverbrauch 1 - 10 GWh nach EEG 2012

―― Gesamtkosten mit Verringerung EEG für Industrieverbrauch 1 - 100 GWh nach EEG 2012

•••••• Gesamtkosten für Haushalte (Dreipersonenhaushalt; Verbrauch 3.500 kWh)

Abbildung 2-6: Gesamtstromkosten für Haushalte, Industrie und EEG-entlastete Unternehmen im Vergleich (Diagrammdaten als Grundlage [2.8]; Berücksichtigung der Reduzierung der EEG-Umlage nach EEG-2012)

Wird die Belastung der stromkostenintensiven Unternehmen nach EEG-2014 und EEG-2012 miteinander verglichen, ist festzustellen, dass sich für Unternehmen, die weiterhin eine Umlagereduzierung erhalten, entsprechende Änderung ergeben. Dieser Zusammenhang ist in Abbildung 2-7 grafisch dargestellt.

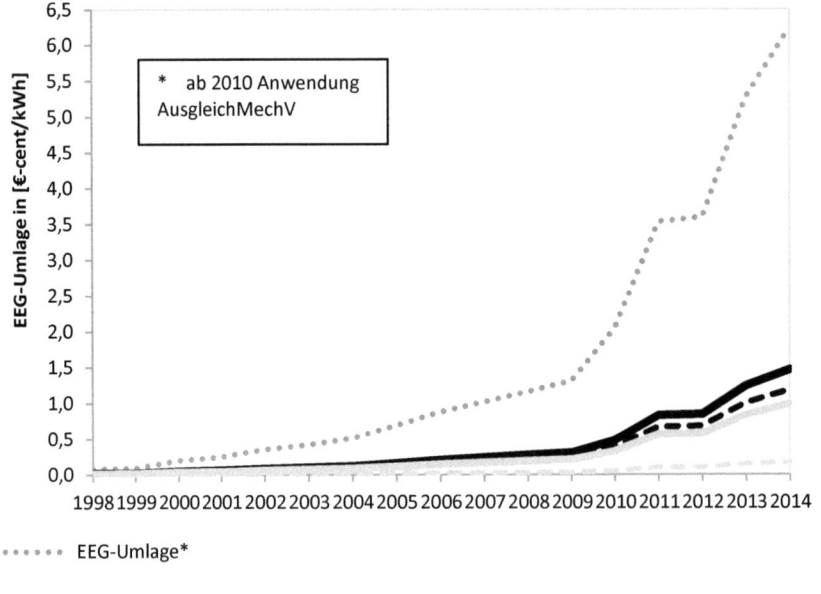

· · · · · EEG-Umlage*

▬ ▬ ▬ Simulation stromkostenintensive Unternehmen nach EEG-2012 mit einem Verbrauch von 1 - 10GWh

– – – Simulation stromkostenintensive Unternehmen nach EEG-2012 mit einem Verbrauch von 10 - 100GWh

▬▬▬ Simulation stromkostenintensive Unternehmen nach EEG-2014 mit einem Verbrauch von 1 - 10GWh

—— Simulation stromkostenintensive Unternehmen nach EEG-2014 mit einem Verbrauch von 10 - 100GWh

Abbildung 2-7: die Veränderung der EEG-Umlage seit 1998 und der Vergleich der Höhe der Reduzierung der Umlage nach EEG-2012 (für produzierendes Gewerbe nach Schlüssel B, C des Statistischen Bundesamtes) und EEG-2014 (für stromkostenintensive Unternehmen der Anlage 4 des EEG-2014)

Die grau gepunktete Linie stellt die volle Höhe der EEG-Umlage dar. Die gestrichelten Linien stellen die Gesetzeslage nach EEG-2012 dar, wobei die grau gestrichelte Linie, bedingt durch den höheren Verbrauch des Unternehmens, einer geringeren Belastung des Unternehmens entspricht. Die durchgezogenen Linien stellen die Gesetzeslage nach EEG-2014 dar. Deutlich zu erkennen ist, dass die Belastung der Unternehmen durch die Gesetzesänderung steigt.

Zusätzlich ist die tatsächliche Reduktion der EEG-Umlage weiter durch Schranken begrenzt (vgl. § 64 Absatz 2 Nummer 4 EEG-2014). So liegt die grundsätzliche Mindestbelastung der Unternehmen des stromkostenintensiven Gewerbes nach EEG-2014 bei 0,1 €-Cent/kWh. Nach EEG-2012 lag die Mindestbelastung bei 0,05 €-Cent/kWh. Das EEG-2014 gewährt Unternehmen der Branchen 130 (Erzeugung und erste Bearbeitung von Aluminium), 131 (Erzeugung und erste Bearbeitung von Blei, Zink und Zinn) und 132 (Erzeugung und erste Bearbeitung von Kupfer) eine weitere Reduzierung der Belastung auf mindestens 0,05 €-Cent/kWh. In § 64 Absatz 2 Nummer 3 des EEG-2014 wird die maximale Reduktion der EEG-Umlage prozentual in Bezug zur Bruttowertschöpfung festgelegt. Demnach darf die Reduktion der Umlage bei maximal 0,5 % der Bruttowertschöpfung liegen, wenn die Stromkostenintensität über 20 % liegt. Liegt diese darunter, darf die EEG-Umlage nur auf maximal 4,0 % der Bruttowertschöpfung begrenzt werden. Nähere Erläuterungen hierzu sind in Kapitel 4.4. zu finden.

Ein besonderes Augenmerk fällt nach neuem EEG-2014 auf Unternehmen, die zukünftig nicht mehr als stromkostenintensiv gelten, weil sie entweder nicht in der Anlage 4 des neuen Gesetzes gelistet sind oder ihr Stromkostenanteil an der Bruttowertschöpfung nach dem neuen EEG nicht mehr ausreicht, um eine Reduzierung der Umlage zu erhalten. Für diese Unternehmen erfolgt eine schrittweise Angleichung an die volle EEG-Umlage über mehrere Jahre von 2015 bis 2018 hinweg, so dass der Anstieg der zu zahlenden Umlage in keinem Jahr um mehr als das Doppelte des Betrages des vorangegangenen Jahres in €-Cent/kWh steigt (vgl. § 103 Absatz 2 Nummer 3).

Die bedeutendste Änderung gibt es der neuen Gesetzgebung nach bei Unternehmen, die zur Vermeidung der EEG-Umlage ihren Strom bisher selbst produzierten oder dies zukünftig anstreben. Dabei muss unterschieden werden, ob es sich um Bestandsanlagen handelt oder eine Eigenversorgung erst für die Zukunft geplant ist. Bei Bestandsanlagen bleibt die Gesetzeslage weitestgehend unverändert. Das heißt, für Unternehmen, die vor dem 1. August 2014 ihren Strom selbst herstellten und selbst verbrauchten, entfällt die EEG-Umlage. Dies ist jedoch an eine neue Bedingung gekoppelt. Die Voraussetzung hierfür ist nach EEG-2014, dass die Erzeugung und der Verbrauch 15-minutengenau nachgewiesen werden müssen wenn technisch nicht sichergestellt ist, dass Erzeugung und Verbrauch zeitgleich erfolgen (vgl. § 61 Absatz 7 EEG-2014).

Für Unternehmen, die erst zukünftig ihren Strombedarf durch Eigenerzeugung und Eigenversorgung decken wollen, ändert sich die Belastung durch die EEG-Umlage erheblich.

Um die Größenordnungen der Änderung besser abschätzen zu können, ist nachfolgend ein Diagramm in Abbildung 2-8 angeführt, welches die Höhe der Belastung der Unternehmen bei Eigenversorgung darlegt.

Der hellgraue Balken spiegelt dabei jeweils die Höhe der EEG-Umlage für das Jahr 2013 und für das Jahr 2014 [2.10] wieder. Für das Jahr 2015 liegt die prognostizierte EEG-Umlage bei 6,17 €-Cent/kWh [2.10]. Das EEG-2014 sieht vor, Eigenversorgung mit Stromerzeugungsanlagen die nicht als Bestandsanlage im Sinne des § 61 Absatz 3 gelten und deren Leistung größer 10 kW ist, mit Ausnahme einiger Regelungen, auch mit der EEG-Umlage zu belasten. Für Strom, der nach dem 31. Juli 2014 zur Eigenversorgung selbst erzeugt wird, fällt die EEG-Umlage in Höhe von 30 % (weißer Balken) der nach § 60 Absatz 1 EEG-2014 ermittelten Umlage an.

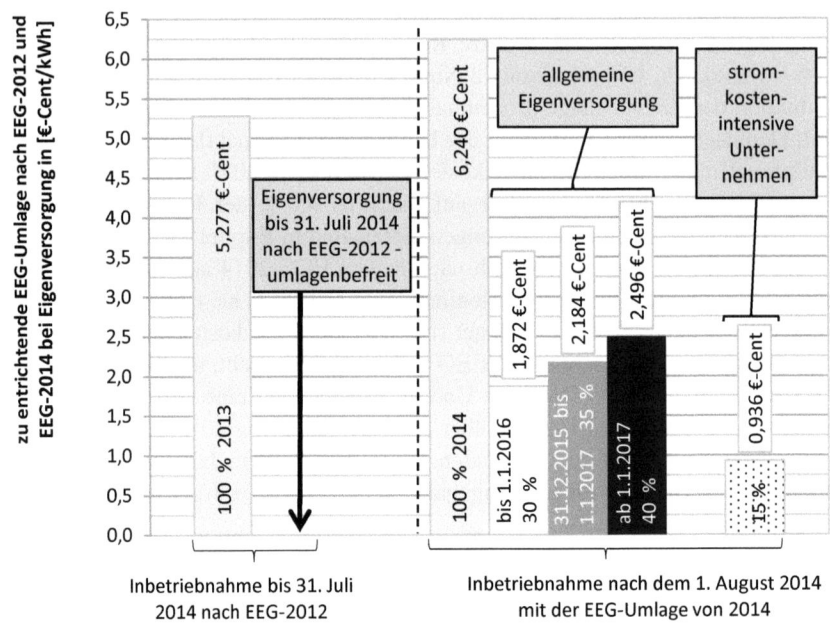

Abbildung 2-8: Höhe der Belastung der Unternehmen durch die EEG-Umlage bei Versorgung durch Eigenerzeugung

Nach dem 31. Dezember 2015 und dem vor dem 1. Januar 2017 sind es 35 % (dunkelgrauer Balken) der Umlage und ab dem 1. Januar 2017 werden 40 % (schwarzer Balken) der EEG-Umlage fällig. Eine Ausnahme zur allgemeinen Regelung des § 61 EEG-2014 gilt nach § 64 Absatz 6 Nummer 1 EEG-2014 für stromkostenintensive Unternehmen. Diese bekommen eine Reduktion der EEG-Umlage für alle Abnahmestellen einschließlich der Eigenerzeugungsanlagen auf 15 % (schwarz gepunkteter Balken) der nach § 60 Absatz 1 EEG-2014 ermittelten

Umlage. Welche Bedingungen erfüllt sein müssen, um als stromkostenintensives Unternehmen zu gelten, ist im § 64 Absatz 1 EEG-2014 geregelt.

Die Balken sollen eine Abschätzung der Belastung für das Jahr 2014 auf Basis der EEG-Umlage 2014 ermöglichen. Die tatsächliche finanzielle Belastung hängt von der errechneten Höhe der Umlage für die Jahre 2015 bis 2017 ab.

An dieser Stelle wird deutlich, welchen enormen Einfluss die Änderung der Gesetzgebung auf die Wirtschaftlichkeit der Anlagen hat. Bedingt durch die höhere Belastung und das für Unternehmen zusätzlich zu tragende unternehmerische Risiko bei Eigenversorgung wird zukünftig jedes Projekt sehr detailliert analysiert werden müssen, um zu ermitteln, ob sich Investitionen in eigene Stromerzeugungsanlagen rechnen und ein wirtschaftlicher Betrieb der Anlagen langfristig möglich ist.

2.3 Entwicklung der „begünstigten" Abnahmestellen

Der Wortlaut „produzierendes Gewerbe" fiel in den vorherigen Abschnitten bereits mehrfach, ohne genaue Klärung, wer diese begünstigten Unternehmen eigentlich sind. Um dieser Frage auf den Grund zu gehen, wurden Veröffentlichungen des Bundesamtes für Wirtschaft und Ausfuhrkontrolle zu den besonderen Ausgleichsregelungen analysiert. Diese Veröffentlichungen dokumentieren für die Jahre 2010 bis 2014 die Anzahl der Anträge, die privilegierten Unternehmen sowie die begünstigte Strommenge. Die Branchenzuordnung innerhalb der Veröffentlichung bezieht sich auf die Klassifikation der Wirtschaftszweige WZ 2008 des Statistischen Bundesamtes.

Zur besseren Darstellung wurden zur Erstellung der Abbildungen 2-9 und 2-10 die verschiedenen Branchen des Statistischen Bundesamtes in eine reduzierte Anzahl an Industriezweigen zusammengefasst. Beispielsweise wurden zum metallverarbeitenden Gewerbe auch alle Unternehmen der Erzgewinnung und Gießereien zusammengefasst.

Auf der linken Ordinate (schwarze und graue Linie) ist die Anzahl der begünstigten Unternehmen dargestellt. Die gestrichelte Linie, welche sich auf die rechte Ordinate bezieht, zeigt die Menge des begünstigten Stroms.

Trotz zahlreicher neuer Regularien, die das Ziel haben, den Strompreis durch breite Kostenverteilung konstant zu halten, kommt es jedes Jahr zu einer steigenden Anzahl der Unternehmen, die zum produzierenden Gewerbe zählen und als stromkostenintensiv eingestuft werden.

Die Anzahl der Unternehmen, deren Begünstigungsantrag genehmigt wurde, ist in den letzten Jahren stark gestiegen, was auch dazu führte, dass die begünstigte Strommenge weiter anstieg.

In Abbildung 2-10 sind die Unternehmen nach Branchen unterteilt dargestellt.

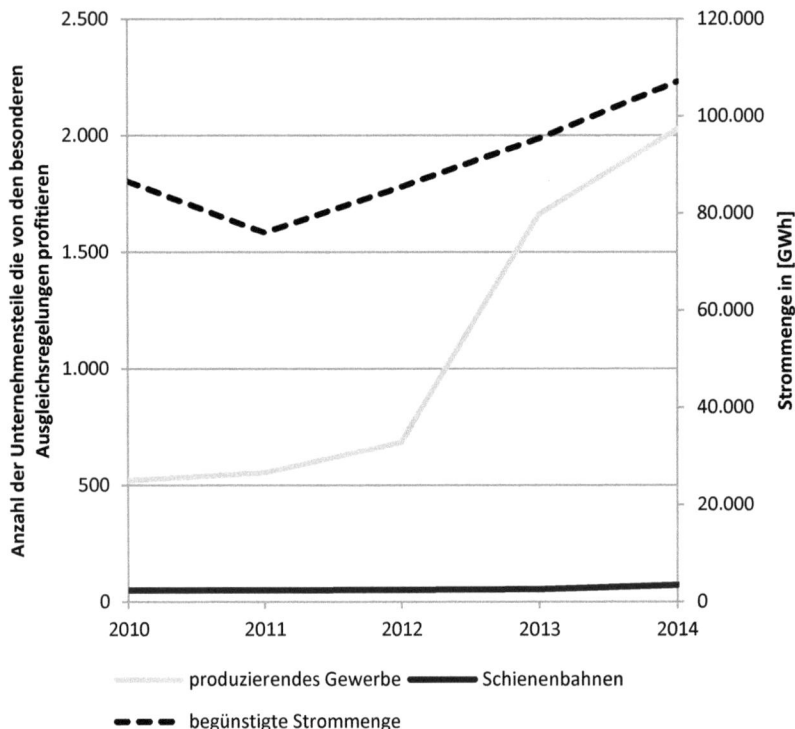

Abbildung 2-9: Veränderungen der Anzahl der Abnahmestellen die von den besonderen Ausgleichsregelungen profitieren (Datengrundlage [2.11])

Da viele Unternehmen über mehr als eine Abnahmestelle verfügen, ist die Anzahl der Abnahmestellen größer als die Anzahl der begünstigten Unternehmen. Wie es dem Sinne des Gesetzes entspricht, werden vor allem Industriezweige, die im internationalen Wettbewerb stehen, wie metallverarbeitende und nahrungs- und futtermittelherstellende Unternehmen sowie die Papier-, Holz-, Kunststoff-, Gummi-, Textil- und Maschinenbauindustrie maßgeblich von der EEG-Umlage entlastet.

2.3 Entwicklung der „begünstigten" Abnahmestellen   45

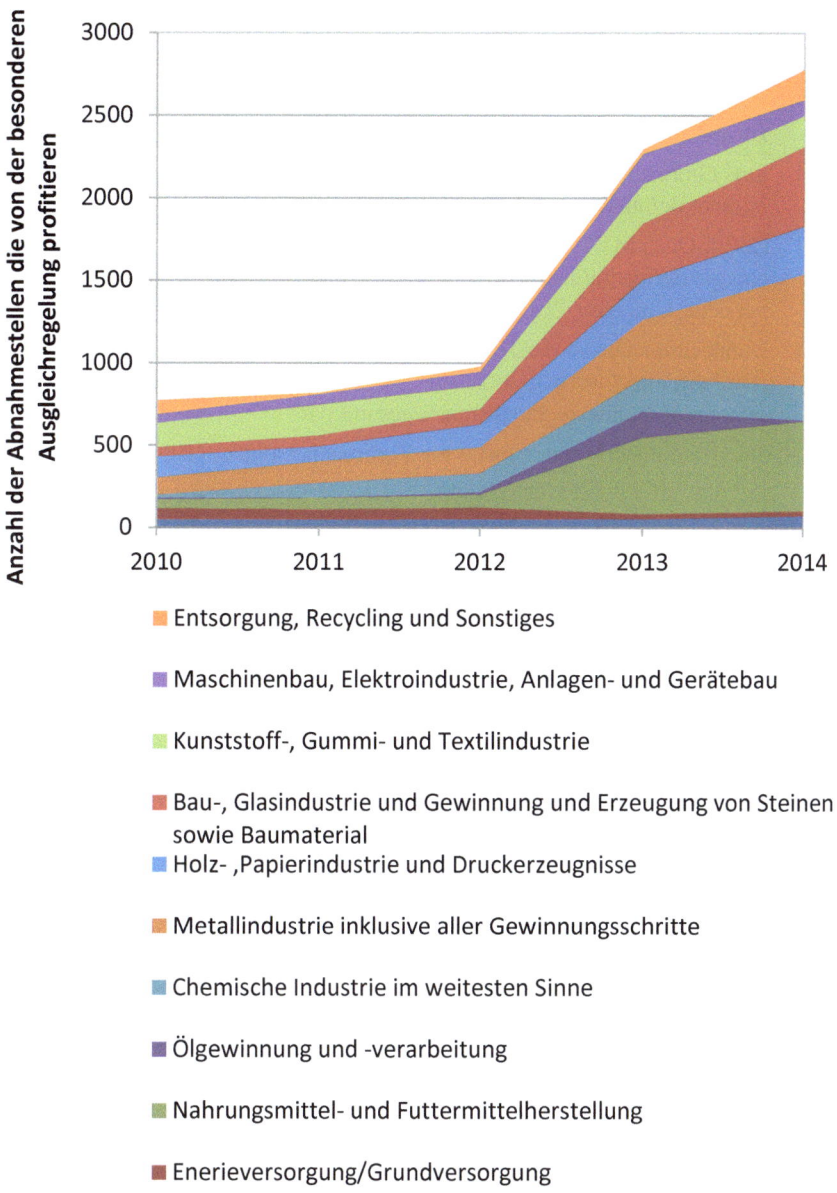

■ Entsorgung, Recycling und Sonstiges

■ Maschinenbau, Elektroindustrie, Anlagen- und Gerätebau

■ Kunststoff-, Gummi- und Textilindustrie

■ Bau-, Glasindustrie und Gewinnung und Erzeugung von Steinen sowie Baumaterial

■ Holz-, Papierindustrie und Druckerzeugnisse

■ Metallindustrie inklusive aller Gewinnungsschritte

■ Chemische Industrie im weitesten Sinne

■ Ölgewinnung und -verarbeitung

■ Nahrungsmittel- und Futtermittelherstellung

■ Enerieversorgung/Grundversorgung

Abbildung 2-10: Anzahl der Unternehmen die von den besonderen Ausgleichsregelungen profitieren; sortiert nach Branchen (Datengrundlage [2.11])

2.4 Literaturverzeichnis

[2.1] handelswissen.net. [Online]. http://www.handelswissen.net/data/handelslexikon/buchstabe_k/Kapitalverzinsung.php

[2.2] juris GmbH. (1992, Jan.) [Online]. http://www.gesetze-im-internet.de/bundesrecht/kav/gesamt.pdf

[2.3] (2014, Oct.) MVV Energie. [Online]. https://www.mvv-energie.de/media/media/downloads/geschaeftskunden_1/service/Gesamtuebersicht_Umlagen_2015_2014.pdf

[2.4] Bundesministerium der Justiz für Verbraucherschutz. (2005, July) juris. [Online]. http://www.gesetze-im-internet.de/bundesrecht/stromnev/gesamt.pdf

[2.5] Bundesministerium der Justiz für Verbraucherschutz. (1999, Mar.) juris. [Online]. http://www.gesetze-im-internet.de/stromstg/BJNR037810999.html

[2.6] Bundesministerium der Justiz und für Verbraucherschutz. (2005, July) juris. [Online]. http://www.gesetze-im-internet.de/bundesrecht/enwg_2005/gesamt.pdf

[2.7] Stadtwerke Ahlen GmbH. [Online]. http://www.stadtwerke-ahlen.de/privatkunden/strom/agb-und-strom-infos/steuern-und-abgaben-auf-netznutzung#faqnoanchor

[2.8] BDEW. (2013, May) Bundesverband der Energie- und Wasserwirtschaft. [Online]. http://www.bdew.de/internet.nsf/id/123176ABDD9ECE5DC1257AA20040E368/$file/13%2005%2027%20BDEW_Strompreisanalyse_Mai%202013.pdf

[2.9] BDEW. (2013, May) Bundesverband der Energie- und Wasserwirtschaft. [Online]. http://www.bdew.de/internet.nsf/id/123176ABDD9ECE5DC1257AA20040E368/$file/13%2005%2027%20BDEW_Strompreisanalyse_Mai%202013.pdf

[2.10] Verivox. [Online]. http://www.verivox.de/eeg-umlage-2014/

[2.11] Bundesamt für Wirtschaft und Ausfuhrkontrolle. [Online]. Bundesamt für Wirtschaft und Ausfuhrkontrolle

[2.12] Bundesministerium der Justiz für Verbraucherschutz. (1999, Mar.) juris. [Online]. http://www.gesetze-im-internet.de/stromstg/BJNR037810999.html

[2.13] BDEW. [Online]. http://www.bdew.de/internet.nsf/id/3234B9552AA5EA77C1257833003BF17F

[2.14] Statistisches Bundesamt. (2007) [Online].
http://www.bafa.de/bafa/de/energie/besondere_ausgleichsregelung_eeg/publikationen/stabua/energie_eeg_bruttowertschoepfung.pdf

3 Die Bedeutung der Energiekosten für die deutsche Industrie – Vergangenheit und Zukunft 50
   3.1 Entwicklung des Bruttoinlandsproduktes und der Energiepreise 50
   3.2 Bruttowertschöpfung und Erwerbstätige nach Wirtschaftszweigen 54
   3.3 Der Einfluss des Strompreises auf die Industrie 56
   3.4 Ausblick dezentrale Energieversorgung 62
      3.4.1 Reduzierung des Strompreises 63
      3.4.2 Kraft-Wärme-Kopplung (KWK) 64
      3.4.3 Steigerung der Verfügbarkeit und Versorgungssicherheit 64
      3.4.4 Netzunabhängige Selbstversorgung 65
      3.4.5 Steuer- und Finanzvorteile 66
      3.4.6 Teilnahme am Regelleistungsmarkt möglich 66
      3.4.7 Imagegewinn 66
   3.5 Literaturverzeichnis 67

3 Die Bedeutung der Energiekosten für die deutsche Industrie – Vergangenheit und Zukunft

Ziel des folgenden Kapitels ist die Untersuchung des Einflusses der Energiekosten auf industrielle Strukturen einer Nation. Dazu wurden verschiedenste Quellen zu Energie- und Strompreisen analysiert und in Bezug auf die Entwicklung der Industrieanteile analysiert. Zu den betrachteten Zusammenhängen gehören die Gegenüberstellung der Energiepreise und der Bruttoinlandsprodukte, die Betrachtung der Bruttowertschöpfung nach Wirtschaftszweigen und die daraus abgeleitete Ermittlung des Einflusses des Strompreises auf die Industrie. Nach der Untersuchung des Einflusses des Strompreises auf die Industriestrukturen unterschiedlicher Nationen folgt eine kurze Erläuterung der Möglichkeiten der Stromkostenreduzierung.

3.1 Entwicklung des Bruttoinlandsproduktes und der Energiepreise

Zur Beurteilung des Einflusses des Energiepreises auf die deutsche Wirtschaft wurden zahlreiche Quellen bezüglich Energie- und Rohstoffpreise sowie bezüglich des Bruttoinlandsproduktes und der Bruttowertschöpfung ausgewertet.

Die Grundlage der zusammenfassenden Abbildung 3-1 über den Verlauf des Bruttoinlandsproduktes von 1991 bis 2013 mit Prognosen für 2014 und 2015 in Bezug zu den aktuellen Energiepreisen bis Januar/Februar 2014 bilden die Tabellen 3-1 und 3-2.

Die Gas- und Strompreise sowie die Preise für leichtes Heizöl sind am Ende des betrachteten Zeitraumes für die Jahre 2011 bis 2013 aus Preisindextabellen [3.1], auf Grundlage des Preises von 2010, bestimmt worden. Der Preis für schweres Heizöl ist am Ende des Betrachtungszeitraumes ebenfalls aus Preisindextabellen [3.2] mit dem Basisjahr 2010 errechnet worden. Die Kennzeichnung für leichtes Heizöl bezieht sich auf einen Energiepreis bei einer Abnahme von 500 t.

Die in der Tabelle mit einem Stern gekennzeichneten Größen wurden mit Hilfe des spezifischen Heizwertes (leichtes Heizöl: 10 kWh/l und schweres Heizöl: 11 kWh/kg) in die einheitlich vergleichbare Größe €-Cent/kWh umgerechnet.

Zur Beurteilung der Leistungsfähigkeit einer Volkswirtschaft wird in der Regel das Bruttoinlandsprodukt (BIP) oder die Bruttowertschöpfung herangezogen. Unter Zuhilfenahme des Bruttoinlandsproduktes können Aussagen über das Wirtschaftswachstum einer Nation getätigt werden, indem die Änderungsrate des Bruttoinlandsproduktes bezüglich des Vorjahres berechnet wird. Eine Vergrößerung des Bruttoinlandsproduktes entspricht einem Wirtschaftswachstum – eine Reduzierung einem Verlust an Wirtschaftskraft.

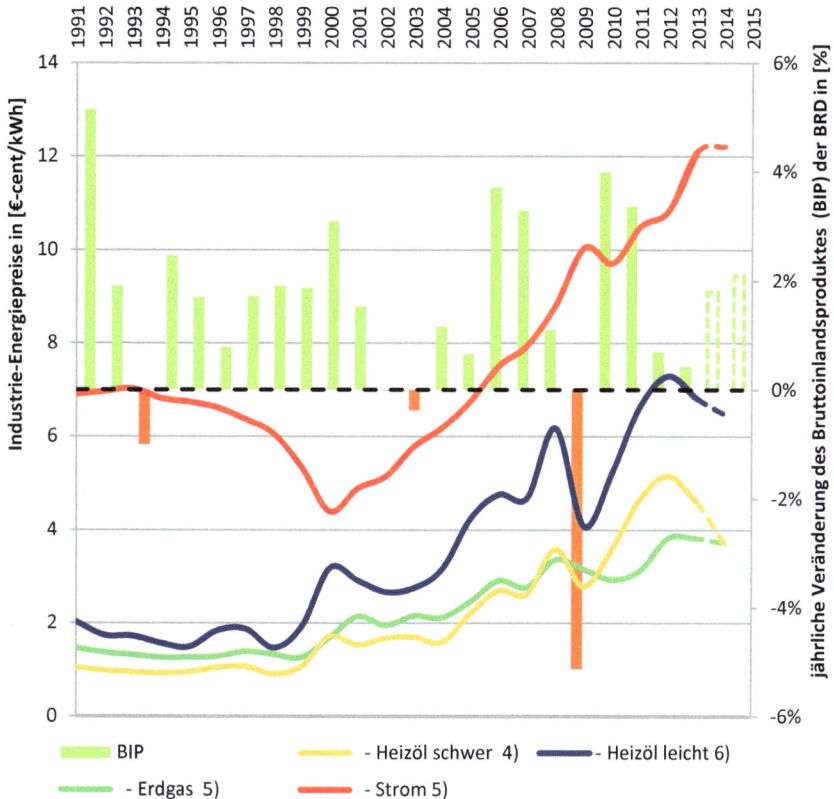

Abbildung 3-1: Entwicklung des deutschen Bruttoinlandsproduktes und der Energiepreise für Industriekunden für schweres Heizöl, leichtes Heizöl, Erdgas und Strom (Datengrundlage [3.3], [3.4], [3.5], [3.6], [3.7])

Die in Abbildung 3-1 dargestellte Änderung des Bruttoinlandsproduktes gegenüber dem jeweiligen Vorjahr von 1991 bis 2013 [3.8] wurde vom Statistischen Bundesamt ermittelt. Die Prognose für die Jahre 2014 und 2015 stammt vom Deutschen Institut für Wirtschaft [3.9]. Prognosen sind sowohl beim Bruttoinlandsprodukt als auch bei den Energiepreisen gestrichelt dargestellt.

Die Entwicklung des Bruttoinlandsproduktes der Bundesrepublik Deutschland ist im betrachteten Zeitraum von 1991, mit Ausnahme des Jahres 2009, in dem die globale Wirtschaftskrise begann, bis 2013 überwiegend positiv. Dieser positive Verlauf ist in der Abbildung 3-1 durch helle Balken dargestellt. Negatives Wirtschaftswachstum ist durch dunkle Balken hervorgehoben.

Tabelle 3-1: Energiepreisentwicklung für Industriekunden von leichtem und schwerem Heizöl sowie Erdgas und Strom von 1991-2002 (Datengrundlage [3.3], [3.4], [3.5], [3.6], [3.7])

	1991	1992	1993	1994	1995	1996	1997	1998	1999	2000	2001	2002
Industrie-Verbraucherpreise (ohne Mehrwertsteuer)												
Heizöl schwer [1] in Euro/Tonne	114,70	103,31	101,46	106,11	106,75	117,62	118,82	100,05	117,88	188,92	168,57	184,42
Heizöl schwer [1] in €-Cent/kWh	1,04*	0,94*	0,92*	0,96*	0,97*	1,07*	1,08*	0,91*	1,07*	1,72*	1,53*	1,68*
Heizöl leicht [2] in Euro/Tonne	20,32	17,43	17,27	15,73	14,94	18,48	18,76	14,72	19,28	31,79	29,13	26,65
Heizöl leicht [2] in €-Cent/kWh	2,03*	1,74*	1,73*	1,57*	1,49*	1,85*	1,88*	1,47*	1,93*	3,18*	2,91*	2,67*
Erdgas [3] in €-Cent/kWh	1,47	1,38	1,32	1,27	1,27	1,29	1,39	1,33	1,27	1,69	2,14	1,95
Strom [3] in €-Cent/kWh	6,91	6,96	7,03	6,82	6,74	6,62	6,37	6,05	5,34	4,40	4,89	5,15

Tabelle 3-2: Energiepreisentwicklung für Industriekunden von leichtem und schwerem Heizöl sowie Erdgas und Strom von 2003 bis heute (Datengrundlage [3.3], [3.4], [3.5], [3.6], [3.7])

	2003	2004	2005	2006	2007	2008	2009	2010	2011	2012	2013	2014 Jan,Feb
Heizöl schwer [1] in Euro/Tonne	187,34	175,03	242,64	296,13	288,64	394,46	305,65	395,50	512,68	567,33	506,2[4]	408,26[4]
Heizöl schwer [1] in €-Cent/kWh	1,70*	1,59*	2,21*	2,69*	2,62*	3,59*	2,78*	3,60*	4,66*	5,16*	4,60*	3,71*
Heizöl leicht [2] in Euro/Tonne	27,55	31,61	42,42	47,58	46,83	61,76	40,81	52,31	66,51	72,94	68,16*	64,76*
Heizöl leicht [2] in €-Cent/kWh	2,76*	3,16*	4,24*	4,76*	4,68*	6,18*	4,08*	5,23*	6,65*	7,29*	6,81[5]	6,47[5]
Erdgas [3] in €-Cent/kWh	2,16	2,12	2,46	2,91	2,77	3,36	3,15	2,93	3,12	3,82[5]	3,82[5]	3,71[5]
Strom [3] in €-Cent/kWh	5,79	6,19	6,76	7,51	7,95	8,82	10,04	9,71	10,50	10,83[5]	12,10[5]	12,21[5]

1) Durchschnittspreis bei Abnahme von 2001 t und mehr im Monat, ab 1993 bei Abnahme von 15 t und mehr im Monat und Schwefelgehalt von maximal 1%.
2) Lieferung von mindestens 500 t a. d. Großhandel, ab Lager. Werte bis 1998 alte Bundesländer
3) Durchschnittserlöse

Die Gründe für ein Auf und Ab des Bruttoinlandsproduktes sind vielfältig und von unterschiedlichsten nationalen und internationalen Größen abhängig. Diese sollen an dieser Stelle jedoch nicht genauer untersucht werden.

Über die wirtschaftliche Entwicklung der Bundesrepublik Deutschland ist die Veränderung der Energiepreise gelegt worden. Bei der Betrachtung der Abbildung 3-1 in Bezug auf die Entwicklung der Energiepreise im Zusammenhang mit dem Wirtschaftswachstum lässt sich feststellen, dass eine Kopplung zwischen dem Verlauf des Bruttoinlandsproduktes und der Energiepreise nur dahingehend besteht, dass bei nachlassender Wirtschaftskraft auch der Energiepreis sinkt. Dies lässt sich auf den Angebots- und Nachfrage-Effekt zurückführen. Floriert die Wirtschaft, ist die Nachfrage nach Energie größer, als wenn sie stagniert. Bedingt durch eine hohe Nachfrage ist der Preis bei konstantem Angebot höher.

Die Prognosen für die Energiepreise gehen von derzeit fallenden Preisen aus. Dieser Trend, welcher bereits Preise bis einschließlich Januar 2014 für Erdgas, Strom und leichtes Heizöl sowie bis März 2014 für schweres Heizöl berücksichtigt, ist jedoch auf kurzfristige Ereignisse und die milde Witterung im Frühjahr 2014 und den dadurch bedingten geringeren Verbrauch mit steigendem Angebot zurückzuführen. Insgesamt wird der Energiepreis durch knapper werdende Ressourcen voraussichtlich weiter steigen.

3.2 Bruttowertschöpfung und Erwerbstätige nach Wirtschaftszweigen

In der Abbildung 3-1 wurde das Bruttoinlandsprodukt im Zusammenhang mit den Energiepreisen dargestellt. Da im Bruttoinlandsprodukt jedoch auch Dienstleistungen nicht-industrieller Wirtschaftszweige enthalten sind, soll nun der Anteil der Industrie am Bruttoinlandsprodukt näher untersucht werden.

Um zu verdeutlichen, welcher Anteil des Bruttoinlandsproduktes durch die Industrie erzielt wurde und wie viele Erwerbstätige dabei beschäftigt sind, ist nachfolgend ein Vergleich (Abbildung 3-2) der verschiedenen Wirtschaftsbereiche aufgeführt. Die Datengrundlage bildet dabei für die Anzahl der Erwerbstätigen eine Statistik des Statistischen Bundesamtes [3.10]. Zur Analyse des jeweiligen Anteils der einzelnen Wirtschaftszweige wurde auf Tabellen des Sachverständigenrates zur Begutachtung der gesamtwirtschaftlichen Entwicklung [3.11] zurückgegriffen. Die Angaben für 2013 stammen vom Arbeitskreis für volkswirtschaftliche Gesamtrechnung der Länder mit dem vorläufigen Berechnungsstand vom Februar 2014 [3.12].

Deutlich erkennbar ist, dass der Anteil der Land-, Forstwirtschaft und der Fischerei an der Bruttowertschöpfung in Deutschland auf unter 1 % sank. Dem Rückgang entsprechend ist auch die Anzahl der Erwerbstätigen in diesem Wirtschaftssektor zurückgegangen. Den größten anteiligen Anstieg der Bruttowertschöpfung hat der Dienstleistungssektor erzielt.

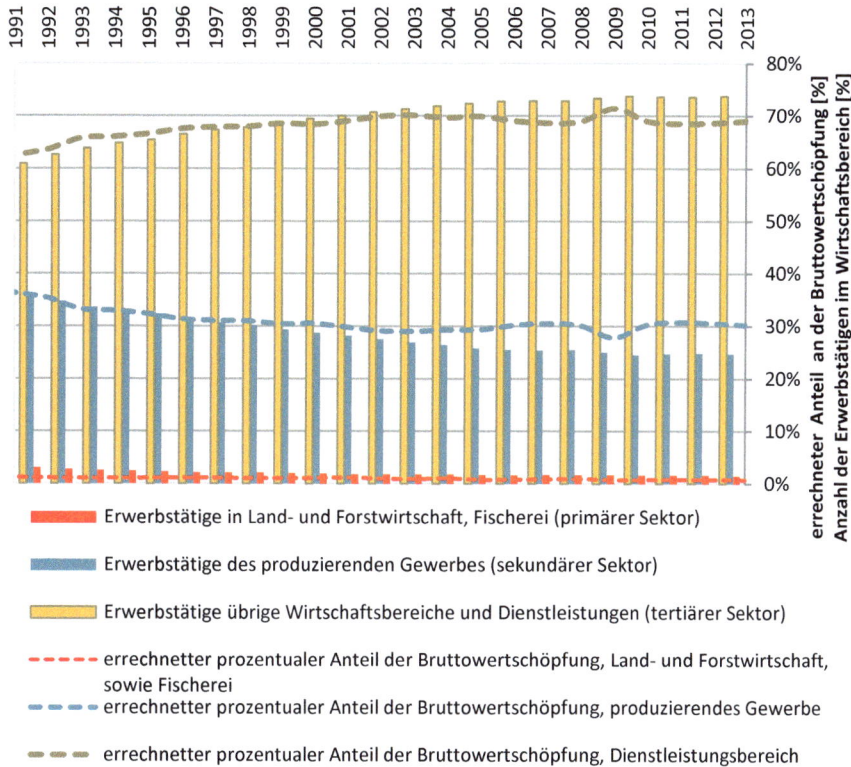

Abbildung 3-2: Bruttowertschöpfung und Erwerbstätige nach Wirtschaftsbereichen (Datengrundlage [3.13], [3.14], [3.15])

Begründet durch den enorm wachsenden Anteil des Wirtschaftsbereichs ist auch die Anzahl der Angestellten in diesem Gebiet deutlich gestiegen. Im Gegensatz dazu ist der Anteil des produzierenden Gewerbes an der Bruttowertschöpfung gesunken. Zu den großen Industriezweigen des produzierenden Gewerbes gehört die Rohstoffindustrie, die Herstellung von Waren sowie die Wasser- und Energieversorgung.

Obwohl die Anzahl der Erwerbstätigen im produzierenden Gewerbe[1] prozentual gesunken ist, ist der Anteil dieses Industriezweiges an der Bruttowertschöpfung,

---

[1] Im Allgemeinen ist das produzierende Gewerbe gleichbedeutend mit dem industriellen Sektor zu sehen (vgl. [3.23]). Der wichtigste Bestandteil des produzierenden Gewerbes ist das verarbeitende Gewerbe (vgl. [3.24]). Dies ist nach der Definition des Statistischen Bundesamtes: „Das verarbeitende Gewerbe umfasst die Herstellung von Waren, die nach ihrer Fertigung als Vorleistungsgüter, Investitionsgüter, Gebrauchs- oder Verbrauchsgüter verwendet werden. Dabei wird sowohl die industrielle als auch die handwerkliche Fertigung einbezogen sowie die Reparatur und Installation von Maschinen und Ausrüstungen." [3.22].

mit Ausnahme der Zeit der Wirtschaftskrise von 2009, auf einem nahezu konstanten Niveau.

3.3 Der Einfluss des Strompreises auf die Industrie

Der prozentuale Anteil des produzierenden Gewerbes, bestehend aus der Rohstoffindustrie, der Herstellung von Waren sowie der Energie- und Wasserversorgung, an der Bruttowertschöpfung im europäischen Vergleich ist in Abbildung 3-3 dargestellt.

Es wird ersichtlich, dass Deutschland zusammen mit der Tschechischen Republik, Österreich, Polen und Schweden zu den Nationen gehört, die im Vergleich zu anderen europäischen Ländern wie Frankreich, Spanien und das Vereinigte Königreich, einen hohen Anteil seiner Bruttowertschöpfung durch die Industrie erwirtschaften.

Der hohe industrielle Anteil an der Bruttowertschöpfung in Deutschland stellt ein solides Fundament für die deutsche Gesamtwirtschaft dar und macht Deutschland zu einer der führenden Industrienationen. Vorteil dieser soliden industriellen Struktur, die hohe Investitionen in Technologie und Forschung tätigt, ist eine flexible Anpassung an wirtschaftliche und marktspezifische Veränderungen. Dadurch können Wirtschaftskrisen schneller überwunden werden.

Um den Zusammenhang zwischen dem Strompreis und dem Anteil der Industrie am Bruttoinlandsprodukt zu ergründen wurde die Entwicklung des Gesamtstrompreises für Industriekunden für die Jahre 1995 bis 2013 mit Hilfe recherchierter Datentabellen („Internationaler Energiepreisvergleich für Industrie" [3.5]) untersucht.

In der verwendeten Statistik wurden zwei verschiedene Arten von Industriekunden berücksichtigt. Der erste Industriekunde (Abbildung 3-4) hat einen jährlichen Verbrauch von 2.000.000 kWh mit einer maximalen Abnahme von 500 kW und einer jährlichen Inanspruchnahme der Leistung von 4.000 h. Ab dem Jahr 2008 liegt abweichend nur noch ein Verbrauch von 500.000 kWh bis 2.000.000 kWh zu Grunde. Der zweite Industriekunde (Abbildung 3-5) hat einen höheren Verbrauch von 50.000.000 kWh, eine jährliche Abnahme von 5.000 h und eine maximale Leistung von 10.000 kW. Bei diesem liegt abweichend ab 2008 der jährliche Verbrauch zwischen 20.000.000 kWh und 70.000.000 kWh. In der jeweiligen Abbildung ist der Strompreis im Laufe der Zeit dargestellt.

Die gestrichelte Linie entspricht dem durchschnittlichen Preis in der Europäischen Union, bezogen auf die bis Mitte 2013 bestehende EU. Die rote Linie entspricht dem Verlauf des deutschen Strompreises. Es wird deutlich, dass der deutsche Strompreis immer über dem europäischen Durchschnitt liegt. Zu bemerken ist jedoch, dass der Strompreis in Italien noch höher ist als in Deutschland.

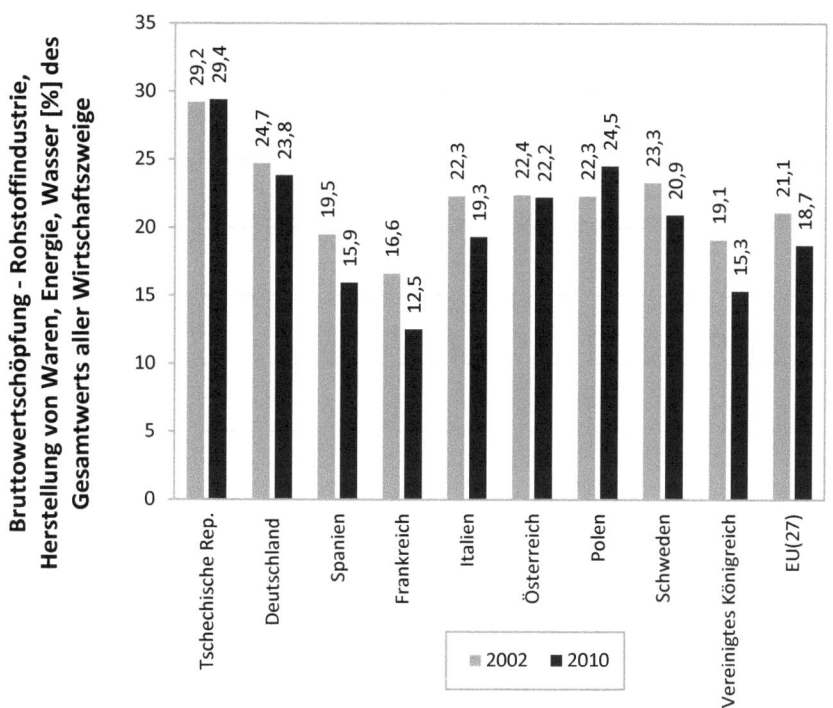

Abbildung 3-3: prozentualer Anteil des produzierenden Gewerbes (Rohstoffindustrie, Herstellung von Waren, Energie- und Wasserversorgung) am Gesamtwert der Bruttowertschöpfung aller Wirtschaftszweige [3.16]

Zur Beurteilung der Bedeutung des Strompreises für die Industrie einer Nation wurde die Bruttowertschöpfung des industriellen Sektors der Jahre 2002 und 2010 der jeweiligen Staaten mit der Änderung des Strompreises für Industriekunden verglichen. Abbildung 3-6 zeigt die Entwicklung des Strompreises (linke Ordinate) von 2002 bis 2010 im Vergleich zur Entwicklung der Industrie. Der Anteil der Industrie an der Bruttowertschöpfung ist für die Jahre 2002 und 2010 auf der rechten Ordinate veranschaulicht. Die dunkle Kurve bezieht sich auf einen Industriestromverbraucher (2.000 MWh, max. Abnahme 500 kW, jährliche Inanspruchnahme 4.000 h, ab 2008 von 500 MWh bis 2.000 MWh). Die helle Kurve stellt größere Industriekunden (50.000 MWh, max. Abnahme 10.000 kW, jährliche Inanspruchnahme 4.000 h, ab 2008 von 20.000 MWh bis 70.000 MWh) dar.

Diese Darstellung verdeutlicht erneut, wie groß die Unterschiede in den Strompreisen und der Industrieanteile der einzelnen Länder sind. Ferner wird deutlich, dass sich die Entwicklung der Industrie nicht in allen Staaten gleich vollzieht.

3 Die Bedeutung der Energiekosten für die deutsche Industrie
– Vergangenheit und Zukunft

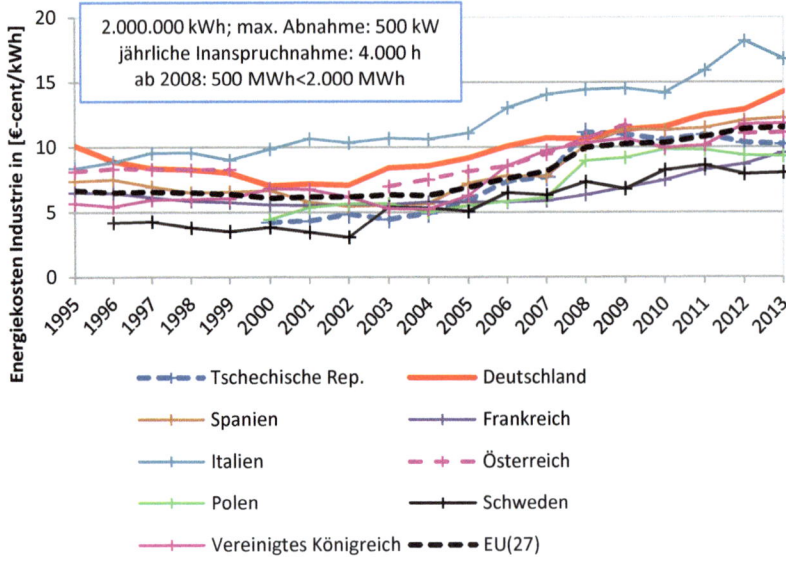

Abbildung 3-4: Strompreis für Industriekunden (2.000.000 kWh) in ausgewählten europäischen Ländern; eigene Darstellung, Datenquelle [3.5]

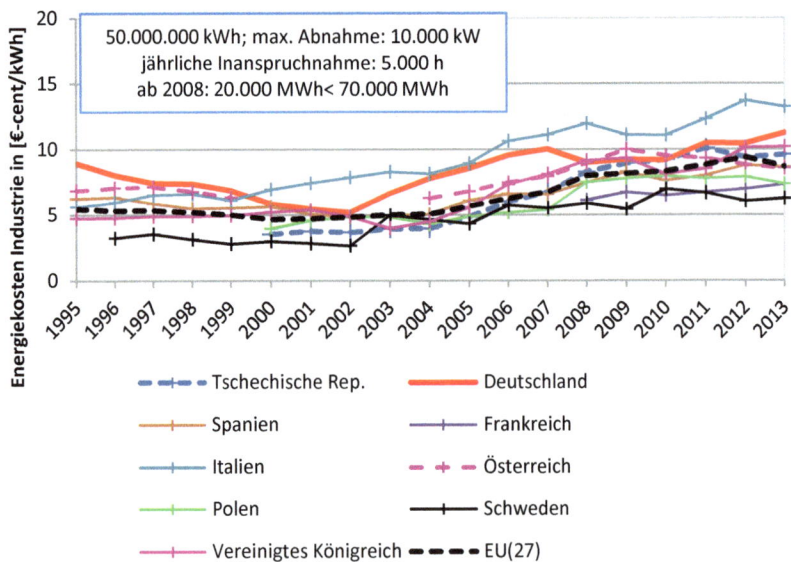

Abbildung 3-5: Strompreis für Industriekunden (50.000.000 kWh) in ausgewählten europäischen Ländern; eigene Darstellung, Datenquelle [3.5]

Während sich in Polen und der Tschechischen Republik ein Ausbau industrieller Strukturen, bei gleichzeitigem Anstieg des Strompreises ereignete, kam es beispielsweise in Frankreich bei einem nur geringen Anstieg des Strompreises zu einem starken Abbau des Industrieanteils. Auch in Ländern wie Deutschland und Österreich kam es trotz großem Anstieg des Strompreises nur zu einem geringfügigen Abbau des industriellen Sektors.

Infolge dessen kann festgehalten werden, dass die Entwicklung der Industrie in der Regel nur im geringen Umfang an die Energiepreise gekoppelt ist. Das heißt, dass von einem hohen Strompreis nicht automatisch auf wenig Industrie geschlussfolgert werden kann. Nicht auszuschließen ist dennoch, dass ein hoher prozentualer Anteil des produzierenden Gewerbes an der Bruttowertschöpfung wie beispielsweise der Tschechischen Republik oder Polen, bedingt durch die hohe Nachfrage nach Strom, zu steigenden Strompreisen führen kann. Auf diesen möglicherweise vorhandenen Effekt wird aus Gründen mangelnder Daten nicht näher eingegangen.

Im Zusammenhang zum Strompreis ist weiterhin noch zu erwähnen, dass gerade Frankreich eine nur sehr geringe Strompreissteigerung erfahren hat. Dies könnte beispielsweise auf den hohen Anteil an günstigem Atomstrom im französischen Strommix zurückgeführt werden. Trotz des geringen Strompreisanstieges kam es in Frankreich zu einem starken Abbau des prozentualen Anteils der Industrie an der Bruttowertschöpfung.

Die Gründe für die Steigerung des Strompreises, neben den bereits in vorangegangenen Kapiteln erwähnten neu eingeführten Belastungen durch Abgaben und steigende Umlagen, liegen zusätzlich auch in der globalen Entwicklung des Energierohstoffmarktes und sollen an dieser Stelle nicht genauer untersucht werden.

Die Ursachen für die Verschiebung von einer Wirtschaft mit industrieller Struktur hin zu einer Dienstleistungsgesellschaft sind verschieden und sowohl von gesellschaftlichen, politischen als auch wirtschaftlichen Veränderung geprägt. Auch die globale Wirtschaftskrise im Jahr 2009 kann als mögliche Ursache für den Abbau von Industrie in verschiedenen Nationen gesehen werden.

Zusammenfassend lässt sich festhalten, dass sich die tschechische, polnische und auch die deutsche Industrie trotz steigender Energiepreise im betrachteten Zeitraum zwischen 2002 und 2010 sehr gut entwickelt hat und kein direkter Zusammenhang zwischen hohen Energiepreisen und geringerer wirtschaftlicher Aktivität der Industrie besteht. Es ist lediglich eine einseitige Abhängigkeit feststellbar. Das heißt, mit rückläufiger Wirtschaft fallen die Energiepreise (vgl. Abbildung 3-1).

Da die Stromkosten zwar einen großen Anteil der Kosten eines Unternehmens erzeugen, jedoch nicht der primäre Grund für einen Abbau von industriellen Strukturen sind, müssen die Gründe für eine Abwanderung ins Ausland an anderer Stelle zu finden sein.

60 3 Die Bedeutung der Energiekosten für die deutsche Industrie
    – Vergangenheit und Zukunft

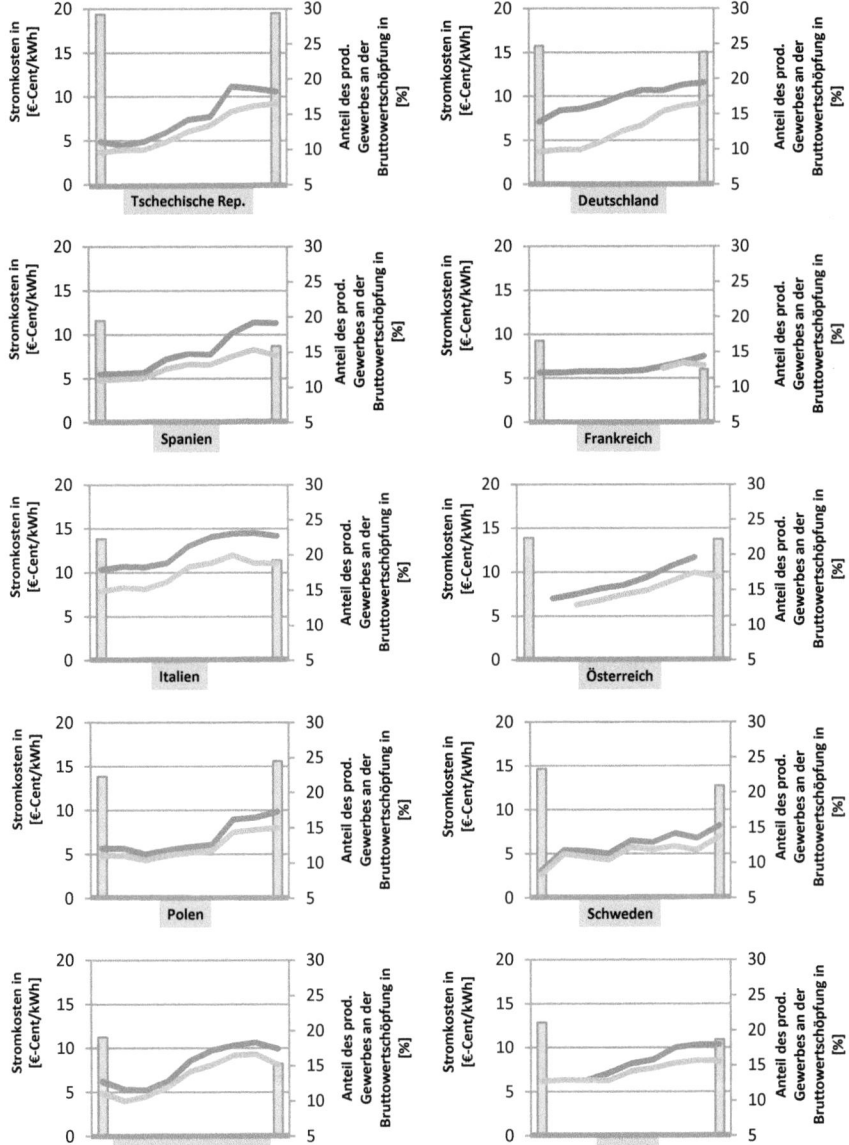

Abbildung 3-6: Vergleich der Entwicklung (2002 bis 2010) des Strompreises und des Industrieanteils in ausgewählten europäischen Ländern (dunkel: 2.000 MWh, max. Abnahme 500 kW, jährliche Inanspruchnahme 4.000 h, ab 2008: 500 bis 2.000 MWh; hell: 50.000 MWh, max. Abnahme 10.000 kW, jährliche Inanspruchnahme 4.000 h, ab 2008: 20.000 bis 70.000 MWh; eigene Darstellung, Datengrundlage [3.5] und [3.16])

3.3 Der Einfluss des Strompreises auf die Industrie 61

Zu den Motiven, die für einen Verbleib in Deutschland zählen gehören laut einer Studie zur Standortqualität in Deutschland [3.17] des Institutes der deutschen Wirtschaft in Köln vor allem die „[…] Energie- und Rohstoffverfügbarkeit, der Ordnungsrahmen, die Infrastruktur, der Bereich Markt und Kunden, das Innovationsumfeld und die Wertschöpfungsketten". Zu den Gründen, die Produktion ins Ausland zu verlegen, zählen „[…] die Kosten, die Bürokratie, die Verfügbarkeit von Fachkräften sowie die Arbeitsbeziehungen".

Um die Frage zu beantworten, inwieweit die Energiepreise an den Gesamtkosten eines Unternehmens beteiligt sind, ist, basierend auf dem vom Statistischen Bundesamt alle vier Jahre veröffentlichten Bericht zur Material- und Wareneingangserhebung, ein Vergleich des Anteils der Energiekosten an den Gesamtkosten für Material und Wareneingang am Umsatz erstellt worden (vgl. Abbildung 3-7).

Dargestellt ist aus Gründen des Datenmangels nur die Entwicklung ab 1998. Zahlen für das aktuelle Jahr 2014 werden frühestens nächstes Jahr durch das Statistische Bundesamt bekannt gegeben.

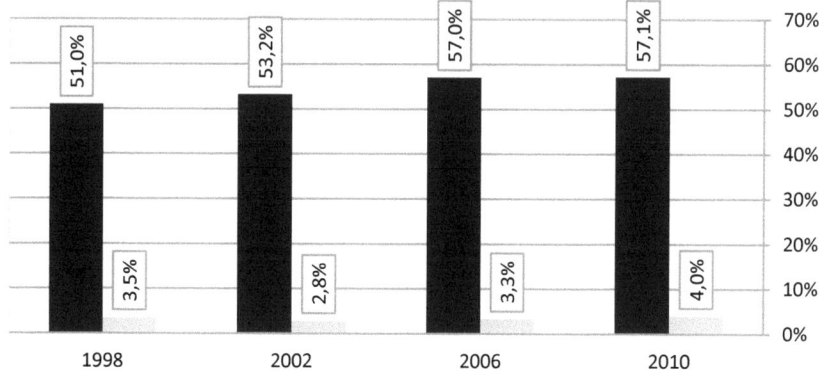

Anteil der Kosten durch Brenn- und Treibstoffe sowie Energie am gesamten Material- und Wareneingang

Anteil des Material und Wareneingangs am Umsatz insgesamt

Abbildung 3-7: Anteil der Material- und Warenkosten, sowie anteilige Energiekosten am Material und Wareneingang von 1998 bis 2010 (Datengrundlage [3.18], [3.19])

Der Vergleich zeigt, dass sich der Anteil der Energiekosten am Gesamtumsatz der Unternehmen (bis 2008 WZ 2003[2], dann WZ 2008[3]) nicht dramatisch geändert

---

[2] Klassifizierung der deutschen Wirtschaftszweige Ausgabe 2003

[3] Klassifizierung der deutschen Wirtschaftszweige Ausgabe 2008, baut auf WZ 2003 auf; deutliche Vergrößerung der Anzahl der Gruppen; reduziert jedoch die Unterkategorien der Wirtschaftszweige

hat. Daher kann alleine mit den Energiekosten die Entscheidung, Deutschland als Produktionsstandort aufzugeben, in der Regel nicht sinnvoll begründet werden.

Die Entwicklung des Industriestandortes Deutschland ist für die nächsten Jahre schwer vorauszusehen. Jedoch zeigt die Studie des Deutschen Institutes für Wirtschaft in Köln auch, dass das Motiv, den Standort Deutschland zu verlassen, seltener durch die Kostenreduzierung im Ausland begründet ist. Die Entwicklung der drei wichtigsten Motive zur Auslandsinvestition können anhand dieser Studie in Abbildung 3-8 nachvollzogen werden. Generell ist die Einsparung von Kosten für die Industrie in Deutschland zwar wichtig, aber nicht mehr das ausschlaggebende Kriterium den Standort ins Ausland zu verlegen, wie Abbildung 3-8 belegt.

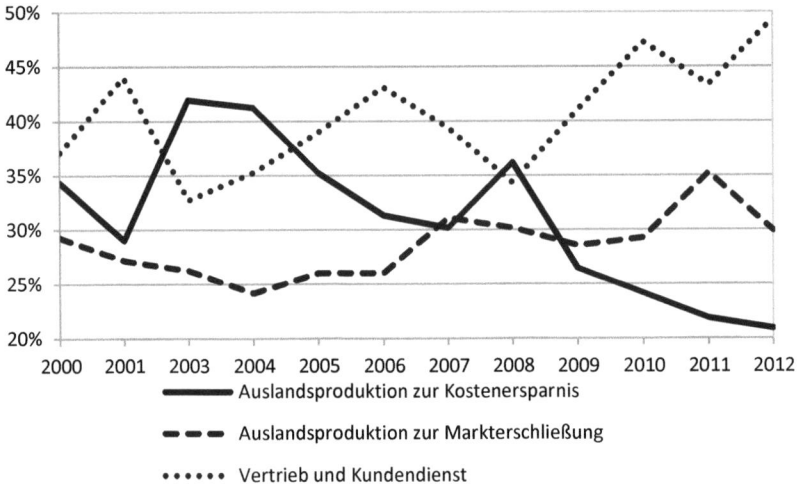

Abbildung 3-8: Motive der Auslandsinvestitionen deutscher Industrieunternehmen in Prozent; 2002 keine Befragung zu den Auslandsinvestitionsplänen [3.20]

3.4 Ausblick dezentrale Energieversorgung

Steigen für ein Unternehmen die Kosten, wird in der Regel versucht Wege zu finden, die Kosten zu reduzieren um somit die Wettbewerbsfähigkeit zu erhalten oder den Gewinn zu maximieren. Als Möglichkeit Energiekosten einzusparen können Unternehmen ihren Strom in Eigenregie erzeugen und verbrauchen. Dies ist im Allgemeinen besonders für Unternehmen des produzierenden Gewerbes von hoher Relevanz, da diese Unternehmen einen überdurchschnittlich hohen Stromverbrauch haben. Besonders lukrativ und damit sehr empfehlenswert ist die Eigenstromversorgung für viele Unternehmen, die an keinen Ermäßigungen partizipieren, wie beispielsweise eine verminderter EEG-Umlage oder einen verringerten

KWK-Aufschlag. Eine genaue projektspezifische Betrachtung der Machbarkeit und Wirtschaftlichkeit sollte in jedem Fall unter Berücksichtigung der örtlichen und gesetzlichen Rahmenbedingungen am Ort der zu errichtenden Energieerzeugungsanlage durchgeführt werden.

Zu den allgemeinen Gründen für den Bau einer eigenen Stromerzeugungsanlage können die folgenden Vorteile gezählt werden:

- Reduzierung der Strompreise
- Gleichzeitige Erzeugung von Wärme/Kälte und Strom (KWK – Kraft-Wärme-Kopplung / KWKK – Kraft-Wärme-Kälte-Kopplung)
- Steigerung der Verfügbarkeit und Versorgungssicherheit
- Netzunabhängige Selbstversorgung
- Steuervorteile
- Teilnahme am Regelleistungsmarkt möglich
- Imagegewinn

Nicht alle diese Vorteile müssen für jedes Unternehmen an jedem Standort gelten. Um die Bedeutung der genannten Argumente genauer zu klären, werden diese im weiteren Verlauf erläutert.

3.4.1 Reduzierung des Strompreises

Da der Strompreis innerhalb der letzten Jahre kontinuierlich gestiegen ist, kam es in der Industrie vermehrt zu Investitionen in dezentrale Eigenstromversorgungsanlagen. Für die Eigenversorgung mit Strom bestehen grundsätzlich zahlreiche Möglichkeiten. Zu den am häufigsten umgesetzten Techniken gehört die Photovoltaik und Blockheizkraftwerke auf Basis von Gasmotoren- oder Gasturbinen. Kommen Photovoltaikanlagen zum Einsatz, kann nur ein bestimmter Anteil des Energiebedarfs fluktuierend gedeckt werden. Der größte Teil des Strombedarfs wird auch nach Installation der Photovoltaikanlage vom Energieversorgungsunternehmen gedeckt. Werden Blockheizkraftwerke verwendet, sind grundsätzlich zwei verschiedene Fahrweisen möglich. Zum einen die stromgeführte Fahrweise, in der dem Stromlastgang gefolgt wird. Hierbei kann es dazu kommen, dass die Wärme, die von Verbrauchern nicht abgenommen werden kann, vernichtet werden muss und somit ungenutzt an die Umgebung abgegeben wird. Zum anderen kann wärmegeführt gefahren werden. Diese Fahrweise hat zur Folge, dass kein Strom produziert wird, wenn kein Wärmebedarf vorhanden ist. Hierbei wird die fehlende Stromproduktion durch den Netzbetreiber gedeckt. Gemischte oder wechselnde Fahrweisen sind ebenfalls möglich.

3.4.2 Kraft-Wärme-Kopplung (KWK)

Auf Basis von Lastgängen für Strom und Wärme können Aussagen über die erwartete Rentabilität getätigt werden um somit das Einsparpotential zu ermitteln. Neben dem Einsparpotential für Strom ist ein weiterer positiver Effekt bei der Erzeugung von Strom mit Hilfe von Blockheizkraftwerken die gleichzeitige Bereitstellung von Wärme durch das Blockheizkraftwerk, wodurch zusätzliche Spareffekte bei der Wärmeversorgung entstehen.

Je nachdem in welchem Unternehmen, bzw. für welche Branche ein Blockheizkraftwerk ausgelegt werden soll, spielt das erforderliche Wärmeniveau eine wichtige Rolle. Wird nur niedrigkalorische Wärme benötigt kann ein Gasmotor zum Einsatz kommen. Die Einbindung des Gasmotors erfolgt im Allgemeinen durch ein Warm- oder Heißwassernetz, welches Wärme zum Heizen von Gebäuden bereitstellt. Eine andere Möglichkeit zur Nutzung der Motorwärme ist die direkte Nutzung von Abgas zur Beheizung von Treibhäusern. Ein weiterer Effekt dieser Variante ist die gleichzeitige Düngung der Pflanzen im Treibhaus durch das Abgas, welches jedoch zuvor durch die selektive katalytische Reduktion (SCR) von NO_x befreit werden muss.

Ist eine große Menge hochkalorischer Dampf erforderlich, kommt in der Regel nur eine Gasturbine in Frage. Diese deckt dann meist über eine Zusatzfeuerung und einen Abhitzekessel, der einem Economizer[4] vorgeschaltet ist, einen Teil des Dampfbedarfs des Unternehmens ab. Gasturbinen eignen sich besser für eine wärmegeführte Fahrweise, da ein höherer Anteil an hochkalorischer Wärme für die Produktion von Dampf erzeugt wird, als beim Gasmotor. Der Dampf kann dann direkt in der Produktion verwendet werden oder wird entsprechend der Nutzung der Wärme des Gasmotors zum Heizen von Hallen und Werkstätten verwendet.

In der Regel gilt, dass beide Stromerzeugungsaggregate für das Unternehmen wirtschaftlich betreibbar sind, wenn eine ausreichende Nutzung der Wärme in Form einer KWK-Anlage sichergestellt ist. Eine genaue wirtschaftliche Betrachtung innerhalb der Planung ist dennoch durchzuführen, um das benötigte Aggregat auswählen zu können und eine maximale Ausnutzung zu gewährleisten.

3.4.3 Steigerung der Verfügbarkeit und Versorgungssicherheit

Neben den Gründen der reinen Einsparung von Strom- und Wärmekosten ist ein weiterer Grund für die Stromversorgung in Eigenregie die Steigerung der Verfügbarkeit und Versorgungssicherheit. Das heißt, dass mögliche Schwankungen in der Stromversorgung durch die Eigenstromversorgung abgepuffert werden können

---

[4] Der Economizer ist ein Wärmetauscher der dem Abhitzekessel nachgeschaltet ist, um einen weiteren Teil der Abgasenthalpie nutzbar zu machen. Er wird verwendet um das Speisewasser des Kessels vorzuwärmen.

wodurch Störungen durch beispielsweise Stromausfälle vermieden werden können.

3.4.4 Netzunabhängige Selbstversorgung

Ein weiteres bedeutendes Argument für die Erzeugung von Strom auf dem eigenen Unternehmensgelände ist die Sicherstellung der Versorgung auch im Falle eines kurzfristigen Netzzusammenbruchs. Gemäß § 1 EnWG (Energiewirtschaftsgesetz) muss alle zwei Jahre ein Monitoring-Bericht erstellt werden, der die aktuelle Situation der Kraftwerkskapazitäten und den Stand der Versorgungssicherheit bewertet. In der Abbildung 3-9 sind, basierend auf diesem Monitoring-Bericht der Bundesnetzagentur [3.21], die mittleren Minuten der Nichtverfügbarkeit für Netzkunden dargestellt.

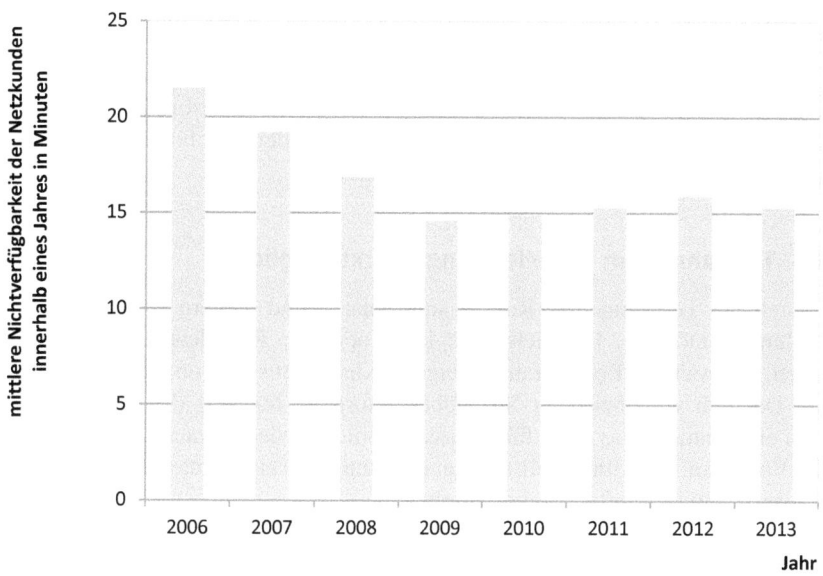

Abbildung 3-9: Übersicht zur mittleren Nichtverfügbarkeit des Netzes für Netzkunden innerhalb eines Jahres in Minuten (SAIDI-Wert[5]) [3.21]

Der Abbildung 3-9 kann entnommen werden, dass die durchschnittliche Nichtverfügbarkeit seit 2009 bei ungefähr 15 Minuten pro Jahr und Netzverbraucher liegt. Das scheint im ersten Augenblick kein langer Zeitraum zu sein, kann aber

---

[5] Der SAIDI-Wert (englisch: System Average Interruption Duration Index, deutsch: mittlere Systemunterbrechungsdauer) ist gemäß der Bundesnetzagentur die Dauer der ungeplanten Netzunterbrechung von mindestens drei Minuten Länge. Nicht mitgerechnet werden geplante Unterbrechungen und solche, die durch Naturkatastrophen verursacht wurden (vgl. [3.21]).

einen sehr kostenintensiven Produktionsausfall zur Folge haben. Insbesondere für Rechenzentren ist dies nicht akzeptabel. Um diesem Betriebsausfall entgegen zu wirken, kann zur Vermeidung von Stillstandzeiten während der Produktion ein Blockheizkraftwerk zum Einsatz kommen. Dieses kann in aller Regel nicht den gesamten Werksbedarf decken, aber dafür sorgen, dass betriebsrelevante Unternehmensbereiche im Inselbetrieb weiterhin mit Strom versorgt werden.

3.4.5 Steuer- und Finanzvorteile

Bei der Erzeugung von Strom und Wärme in begünstigten Anlagen nach den §§ 3 und 3a EnergieStG wird das zur Stromerzeugung verwendete Erdgas steuerlich begünstigt. Der Steuersatz für Erdgas reduziert sich dabei von 31,80 €/MWh auf 5,50 €/MWh. Da das Gas dann nicht nur zur Stromerzeugung dient, sondern gleichzeitig auch Wärme bereitstellt, verringert sich auch der Wärmeerzeugungspreis erheblich. Zusätzlich ist auf eigenerzeugten Strom keine Stromsteuer zu entrichten, wodurch sich der Strompreis des Unternehmens weiter reduziert. Des Weiteren sind zusätzliche steuerliche Entlastungen durch die Abschreibung der Anlage möglich. Ferner kann die Investition in eine eigene Stromerzeugungsanlage sinnvoll sein da die erzielbare Kapitalverzinsung deutlich höher sein kann als eine Kapitalanlage bei einem Finanzdienstleister.

3.4.6 Teilnahme am Regelleistungsmarkt möglich

Durch die Teilnahme am Regelleistungsmarkt sind weitere gewinnbringende Handlungen möglich. Beispielsweise kann negative Regelleistung vorgehalten werden, wodurch im Bedarfsfall das eigene Kleinkraftwerk vom Netz genommen wird. Dadurch wird bei einer Stromüberversorgung im Netz des Netzbetreibers Strom entnommen, was dazu führt, dass sich dieses wieder stabilisiert. Ein derartiges Vorgehen wird finanziell am Regelleistungsmarkt vergütet. Randbedingungen hierzu sind in Kapitel 6.2. beschrieben.

Weitere Möglichkeiten Strom zu vermarkten sind der Börsenhandel an der EEX bzw. EPEX, die Teilnahme am Regelleistungsmarkt wie dem Minutenreservemarkt und dem Primär- und Sekundärenergiemarkt und der außerbörsliche Handel (OTC-Handel) mit Strom, der jedoch eher für Großabnehmer und Großlieferanten infrage kommt. Der sogenannte Kapazitätsmarkt wird diskutiert, ist aber noch nicht in die Praxis eingeführt. Näheres hierzu kann dem Kapitel 6 entnommen werden.

3.4.7 Imagegewinn

Ein weiterhin sehr positiver Effekt einer eigenen selbstgenutzten Stromerzeugungsanlage kann eine sich zum Vorteil auswirkende Änderung der öffentlichen Darstellung gegenüber potentiellen Kunden sein. Wird beispielsweise ein Blockheizkraftwerk auf Basis erneuerbarer Energien oder Grubengas betrieben kann damit geworben werden, dass zur Herstellung der Produkte nachhaltig erzeugter Strom verwendet wird. Dies kann umweltbewusste Kunden anlocken oder unentschlossene Interessenten von ökologisch hergestelltem Produkt überzeugen. Kommt als Kraftstoff für das Stromerzeugungsaggregat Erdgas zum Einsatz und wird gleichzeitig die Wärme im Sinne des KWKG und EnergieStG verwendet kann propagiert werden, dass bedingt durch die Kraft-Wärme-Kopplung eine hocheffiziente Nutzung der Primärenergie bei der Produktion von Gütern stattfindet, wodurch Primärenergieeinsparungen von mindestens 10 % erzielt werden kann. Auch dadurch können das Ansehen bei potentiellen Kunden verbessert und neue Kunden akquiriert werden.

Zusammenfassend gibt es zahlreiche gute Argumente für eine Investition in eigene Energieerzeugungsanlagen, die jedoch im Einzelfall genau geprüft werden müssen, um genaue Aussagen zur Wirtschaftlichkeit der Investition tätigen zu können. Bei einem Projekt muss genau geprüft und geplant werden, um auch bei der Größe der erforderlichen Investition und der zukünftigen Entwicklung, im Zusammenhang mit der langen Nutzungsdauer der Anlage, einen wirtschaftlichen und rentablen Betrieb für den potentiellen Selbstversorger sicherstellen zu können.

Welche Randbedingungen dabei existieren und wie wirtschaftlich eine Energieerzeugungsanlage sein kann, soll im weiteren Verlauf des Buches genauer analysiert werden.

3.5 Literaturverzeichnis

[3.1] Destatis. (2014, Mar.) Statistisches Bundesamt.

[3.2] Statistisches Bundesamt. (2014, Apr.) Destatis. [Online].
https://www.google.de/url?sa=t&rct=j&q=&esrc=s&source=web&cd=2&cad=rja&uact=8&ved=0CDYQFjAB&url=https%3A%2F%2Fwww.destatis.de%2FDE%2FPublikationen%2FThematisch%2FPreise%2FErzeugerpreise%2FErzeugerpreisePreisreiheHeizoelPDF_5612402.pdf%3F__blob%3Dpublicati

[3.3] Statistisches Bundesamt. (2014, Feb.) Statistisches Bundesamt, Wiesbaden. [Online].
https://www.destatis.de/DE/ZahlenFakten/GesamtwirtschaftUmwelt/VGR/VolkswirtschaftlicheGesamtrechnungen.html

[3.4] DIW Berlin. (2014) statista - Das Statistik-Portal. [Online].
http://de.statista.com/statistik/daten/studie/74644/umfrage/prognose-zur-entwicklung-des-bip-in-deutschland/

[3.5] (2013, Nov.) Bundesministerium für Wirtschaft und Energie. [Online].
http://www.bmwi.de/DE/Themen/Energie/Energiedaten-und-analysen/Energiedaten/energiepreise-energiekosten.html

[3.6] Destatis. (2014, Mar.) Statistisches Bundesamt.

[3.7] Statistisches Bundesamt. (2014, Apr.) Destatis. [Online]. https://www.google.de/url?sa=t&rct=j&q=&esrc=s&source=web&cd=2&cad=rja&uact=8&ved=0CDYQFjAB&url=https%3A%2F%2Fwww.destatis.de%2FDE%2FPublikationen%2FThematisch%2FPreise%2FErzeugerpreise%2FErzeugerpreisePreisreiheHeizoelPDF_5612402.pdf%3F__blob%3Dpublicati

[3.8] Statistisches Bundesamt. (2014, Feb.) Statistisches Bundesamt, Wiesbaden. [Online]. https://www.destatis.de/DE/ZahlenFakten/GesamtwirtschaftUmwelt/VGR/VolkswirtschaftlicheGesamtrechnungen.html

[3.9] DIW Berlin. (2014) statista - Das Statistik-Portal. [Online]. http://de.statista.com/statistik/daten/studie/74644/umfrage/prognose-zur-entwicklung-des-bip-in-deutschland/

[3.10] Statistisches Bundesamt. (2014, Jan.) [Online]. https://www.destatis.de/DE/ZahlenFakten/Indikatoren/LangeReihen/Arbeitsmarkt/lrerw013.html

[3.11] Sachverständigenrat zur Begutachtung der gesamtwirtschaftlichen Entwicklung. (2013, Oct.) [Online]. http://www.sachverstaendigenrat-wirtschaft.de/zr_deutschland.html

[3.12] Statistische Ämter des Bundes und der Länder. (2014, Feb.) [Online]. http://www.statistik-portal.de/statistik-portal/de_jb27_jahrtab66.asp

[3.13] (2014, Jan.) Statistisches Bundesamt. [Online]. https://www.destatis.de/DE/ZahlenFakten/Indikatoren/LangeReihen/Arbeitsmarkt/lrerw013.html

[3.14] (2013, Oct.) Sachverständigenrates zur Begutachtung der gesamtwirtschaftlichen Entwicklung. [Online]. http://www.sachverstaendigenrat-wirtschaft.de/zr_deutschland.html

[3.15] (2014, Feb.) Statistische Ämter des Bundes und der Länder. [Online]. http://www.statistik-portal.de/statistik-portal/de_jb27_jahrtab66.asp

[3.16] Eurostat. (2014, Sep.) Eurostat. [Online]. http://epp.eurostat.ec.europa.eu/tgm/table.do?tab=table&init=1&plugin=1&language=de&pcode=tec00004

[3.17] Institut der deutschen Wirtschaft Köln. [Online]. http://www.iwkoeln.de/de/presse/veranstaltungen/beitrag/pressekonferenz-deutschlands-weg-zum-top-standort-94829

[3.18] Dipl. Volkswirt Peter Kraßnig. (2005) Statistisches Bundesamt. [Online]. https://www.destatis.de/DE/Publikationen/Thematisch/IndustrieVerarbeitendesGewerbe/AlteAusgaben/MaterialundWareneingangserhebungAlt.html

3.5 Literaturverzeichnis

[3.19] Dipl. Betriebswirt (FH) Ottmar Hennchen. (2009) Statistisches Bundesamt. [Online].
https://www.destatis.de/DE/Publikationen/Thematisch/IndustrieVerarbeitendesGewerbe/AlteAusgaben/MaterialundWareneingangserhebungAlt.html

[3.20] Institut der deutschen Wirtschaft Köln. [Online].
http://www.iwkoeln.de/de/presse/veranstaltungen/beitrag/pressekonferenz-deutschlands-weg-zum-top-standort-94829

[3.21] (2013, Sep.) Bundesnetzagentur. [Online].
http://www.bundesnetzagentur.de/DE/Sachgebiete/ElektrizitaetundGas/Unternehmen_Institutionen/Versorgungssicherheit/Stromnetze/Versorgungsqualit%C3%A4t/Versorgungsqualit%C3%A4t-node.html

[3.22] Destatis. [Online].
https://www.destatis.de/DE/ZahlenFakten/Wirtschaftsbereiche/IndustrieVerarbeitendesGewerbe/IndustrieVerarbeitendesGewerbe.html

[3.23] (2013) Bundeszentrale für politische Bildung. [Online].
http://www.bpb.de/nachschlagen/lexika/lexikon-der-wirtschaft/20377/produzierendes-gewerbe

[3.24] (2013) Bundeszentrale für politische Bildung. [Online].
http://www.bpb.de/nachschlagen/lexika/lexikon-der-wirtschaft/21094/verarbeitendes-gewerbe

4	**Vergleich der gesetzlichen Randbedingungen nach EEG-2012 und EEG-2014 (Energiewende)**	**72**
4.1	Allgemeine Vorschriften/Bestimmungen	74
4.2	Anschluss, Abnahme, Übertragung und Verteilung	75
4.3	Finanzielle Förderung nach EEG-2012 und EEG-2014	75
4.4	Ausgleichsmechanismus	80
4.4.1	Bundesweiter Ausgleich	80
4.4.2	Besondere Ausgleichsregelungen für stromintensive Unternehmen und Schienenbahnen	83
4.5	Transparenz	89
4.6	Rechtsschutz und behördliche Verfahren	89
4.7	Verordnungsermächtigung, Erfahrungsbericht, Übergangsbestimmungen	89
4.8	Literaturverzeichnis	89

4 Vergleich der gesetzlichen Randbedingungen nach EEG-2012 und EEG-2014 (Energiewende)

Um die Energiewende zu koordinieren und gleichzeitig die im Protokoll von Kyoto festgelegten Ziele bezüglich der Reduzierung des klimaschädlichen Kohlendioxid-Ausstoßes (CO_2) zu erreichen, ist in Deutschland zum 1. September 2009 das Erneuerbare Energien-Gesetz (EEG) (Ausfertigung 25.Oktober 2008 BGBl. I S. 2074) in Kraft getreten. Dieses basiert auf den Erneuerbaren-Energien-Gesetzen von 2004 und 2000 und nicht zuletzt auf dem Stromeinspeisungsgesetz von 1990. Die letzte große Änderung des EEG wurde zum 20. Dezember 2012 (BGBl. I S. 2730) eingepflegt. Nun ist das Gesetz zum 1. August 2014 erneut wegweisend reformiert worden.

Im Wesentlichen regelt das EEG zum einen den Ausbau der aktuellen Energieversorgung hin zu einer nachhaltigen, umwelt- und klimafreundlichen Energieversorgung und zum anderen eine vorrangige Einspeisung der erneuerbaren Energien gegenüber anderen Energieressourcen. Gesamtziel der Gesetzesregelung ist es, eine Versorgung, die zu mindestens 80 % aus regenerativ erzeugtem Strom besteht.

Nachfolgend werden die unterschiedlichen Randbedingungen des EEG-2012 [4.1] mit denen des EEG-2014 vom 1. August 2014 [4.2] im Hinblick auf den Einfluss der Gesetzeslage insbesondere auf die Wirtschaftlichkeit von Gasheizkraftwerken, basierend auf Gasturbinen- und Gasmotorenanlagen, verglichen.

Da sich alle nachfolgenden Angaben auf die genannten Quellen ([4.1], [4.2]) des zuständigen Bundesministeriums für Wirtschaft und Energie beziehen, wird der Übersichtlichkeit halber und zur besseren Lesbarkeit beim nachfolgenden Vergleich auf Einzelquellenangaben verzichtet.

Eine der grundlegendsten Änderungen in Bezug auf das EEG-2012 ist die Reduzierung der Förderung für den erzeugten Strom aus Biogas, Deponiegas, Klärgas, Grubengas und Photovoltaik. Lediglich für die Einspeisung erneuerbarer Energien aus Wasserkraft mit Anlagenleistungen größer 5 MW und für Windenergieanlagen, bezogen auf die Grundvergütung, erhöht sich die Förderung geringfügig.

Eine weitere wesentliche Änderung besteht in der Entrichtung der EEG-Umlage. Diese muss seit dem 1. August 2014 ebenfalls für selbsterzeugten und selbstverbrauchten Strom (Eigenverbrauch) entrichtet werden. Dies gilt ebenfalls für fossile Eigenstromerzeugung (Erdgas, Öl, etc.). Hierin besteht der entscheidende Einfluss des EEG auf nichtregenerativ erzeugten Strom. Hiervon ausgenommen sind lediglich Kleinstanlagen mit bis zu 10 kW Leistung. In diesem Zusammenhang entfällt ebenfalls das sogenannte „Grünstromprivileg" nach § 39 EEG-2012, welches Elektrizitätsversorgungsunternehmen eine Reduzierung der EEG-Umlage einräumte, wenn gewisse Randbedingungen zu den anteiligen Zusammensetzungen des vermarkteten Stroms eingehalten worden sind.

Am wesentlichen Ziel, dem Ausbau der erneuerbaren Energien hin zu einer Energieversorgung mit 80 % Anteil „grüner" Energie bis 2050, hat sich nichts geändert. Der Weg ist jedoch detaillierter definiert worden. Für jede Energiequelle ist in Form eines „Ausbaupfades" zusätzlich ein jährlicher Kapazitätszuwachs festgelegt worden. Demnach soll die installierte Leistung aus Windenergieanlagen an Land um 2.500 MW pro Jahr (netto) und die installierte Leistung der Windenergieanlagen auf See auf insgesamt 6.500 MW im Jahr 2020 und 15.000 MW im Jahr 2030 steigen. Der Ausbau der Stromerzeugung aus solarer Strahlungsenergie soll jährlich um 2.500 MW (brutto) und der von Biomasse um bis zu 100 MW (brutto) pro Jahr steigen. Mit dem Inkrafttreten des neuen Gesetzes zum 1. August 2014 trat das alte EEG-2012 und die Managementprämienverordnung[1] vom 2. November 2012 (BGBl. I S. 2278) außer Kraft.

Um einen Überblick über besonders wichtige Änderungen zu erhalten, sind diese nachfolgend kurz zusammengefasst (vgl. Tabelle 4-1).

Tabelle 4-1: Zusammenfassung der wichtigsten Änderung

1. EEG-Umlagen auch für eigenverbrauchten und -erzeugten Strom zu entrichten. Dies ist der entscheidende Einfluss auch auf nicht regenerativ erzeugten Strom (Erdgas, Öl, etc.)
2. Kleinstanlagen bis 10 kW Anlagenleistung und bis zu einem Verbrauch von 10 GWh sind nicht umlagepflichtig
3. geringere finanzielle Förderung von Strom aus Biomasse, Biogas, Deponiegas, Klärgas, Grubengas und Photovoltaik
4. höhere Förderung für Wasserkraftanlagen ab 5 MW Bemessungsleistung
5. geringere Anfangsvergütung und höhere Grundvergütung von Windkraftanlagen
6. Zubau von Windenergieanlagen an Land beschränkt auf 2.500 MW (netto) pro Jahr
7. Ausbau von Windenergieanlagen auf See auf insgesamt 6.500 MW bis 2020 und 15.000 MW bis 2030
8. Anstieg der Photovoltaik-Stromerzeugung um 2.500 MW (brutto) pro Jahr
9. Ausbau der Biomasse um bis zu 100 MW (brutto) pro Jahr

Der folgende direkte Vergleich soll die für die Projektierung von gasbetriebenen Heizkraftwerken auf Basis von Gasturbinen- und Gasmotorenanlagen relevan-

---

[1] Die Managementprämie wurde mit der Managementprämienverordnung (MaPrV) am 2. November 2012 für Windkraftanlagen- und Photovoltaikanlagenbetreiber eingeführt, um einen größeren Anreiz zur Direktvermarktung an der Strombörse zu schaffen.

74 4 Vergleich der gesetzlichen Randbedingungen nach EEG-2012
und EEG-2014 (Energiewende)

ten Änderungen beinhalten. Eine Zusammenfassung des Vergleichs ist in tabellarischer Form im Anhang C beigefügt.

Die Gesetze sind im alten und aktuellen EEG in sieben Teile untergliedert, die im Folgenden, in Anlehnung an die Gliederung der Gesetzestexte, einzeln Berücksichtigung finden sollen. Zur besseren Übersicht sind diese vorab in Tabelle 4-2 gegenübergestellt.

Tabelle 4-2: Gegenüberstellung der Gesetzesteile des EEG-2012 und EEG-2014

Teil	Einteilung der Gesetzestexte	
	EEG-2012	**EEG-2014**
1	Allgemeine Vorschriften	Allgemeine Bestimmungen
2	Anschluss, Abnahme, Übertragung und Verteilung	Anschluss, Abnahme, Übertragung und Verteilung
3	Einspeisevergütungen	Finanzielle Förderung
4	Ausgleichsmechanismus	Ausgleichsmechanismus
5	Transparenz	Transparenz
6	Rechtsschutz und behördliches Verfahren	Rechtsschutz und behördliches Verfahren
7	Verordnungsermächtigung, Erfahrungsbericht, Übergangsbestimmungen	Verordnungsermächtigung, Berichte, Übergangsbestimmungen

4.1 Allgemeine Vorschriften/Bestimmungen

Während im § 20a EEG-2012 nur ein „Zubaukorridor" für geförderte Anlagen zur Erzeugung von Strom aus solarer Strahlungsenergie existierte, ist im § 3 des EEG-2014 ein „Ausbaupfad" für Windkraftanlagen an Land, Windkraftanlagen auf See, Photovoltaikanlagen und Biomasse-Stromerzeugungsanlagen bestimmt. Nach dem EEG-2012 sollte der Zubau der Anlagen zur Erzeugung von Strom aus solarer Strahlungsenergie nicht mehr als 2.500 MW/a bis 3.500 MW/a betragen. Anlagen zur Erzeugung von Strom aus solarer Strahlungsenergie waren bisher nur bis zu einer Anlagengröße von 10 MW förderfähig. Die darüber hinausgehende Leistung wurde nicht gefördert. Wichtig in diesem Zusammenhang war der § 19 Absatz 1a EEG-2012 („Vergütung von Strom aus mehreren Anlagen"). Dieser diente zur Unterscheidung von Einzel- und Gesamtanlagen und legte fest, ab wann und unter welchen Voraussetzungen mehrere Einzelanlagen als eine Gesamtanlage zu bewerten waren.

§ 3 des neuen EEG-2014 sieht dagegen eine Beschränkung des Ausbaus in Form eines Ausbaukorridors vor. Die Windkraftanlagen (WKA) an Land sollen um 2.500 MW (netto) pro Jahr steigen und die auf See auf insgesamt 6.500 MW im Jahr 2020 und 15.000 MW im Jahr 2030. Anlagen, die Strom aus solarer Strahlungsenergie produzieren, sollen um 2.500 MW pro Jahr steigen und Anlagen, die

Biomasse nutzen, um 100 MW/a (brutto). Der Unterscheidung in brutto und netto liegt folgender Gedanke zu Grunde: Wird eine bestehende Anlage erneuert und steigt dadurch ihre Leistung, das sogenannte Repowering, wird nur der Leistungsanteil der Anlage, der größer ist als die Leistung der Altanlage, angerechnet. Diese Art der Berechnung wird als Nettorechnung bezeichnet. Bei der Bruttoberechnung hingegen wird jede neu errichtete Anlage mitgezählt, das heißt, fällt eine Anlage aus dem Bestand und wird diese vollständig ersetzt, wird die neue Anlage vollständig in den Ausbaukorridor hinein gerechnet.

Ferner werden im ersten Teil der Erneuerbaren-Energien-Gesetze allgemeine Begriffe definiert und der Anwendungsbereich festgelegt.

Besonders hervorzuheben ist eine Änderung der jeweiligen Paragraphen bezüglich der Begriffsbestimmungen. Im EEG-2014 sind zahlreiche neue Begriffe aufgenommen worden, um mehr Transparenz bezüglich der im Gesetz verwendeten Begriffe zu schaffen. Eine bedeutende Änderung in diesem Zusammenhang ist die veränderte Definition des Begriffes „Inbetriebnahme". Nach § 3 EEG-2012 (Begriffsbestimmungen) geschieht die Inbetriebnahme einer Anlage zum Zeitpunkt der ersten Produktion von Strom, unabhängig davon, mit welchem Brennstoff die Anlage in Funktion gebracht wurde. Nach dem § 5 EEG-2014 (Begriffsbestimmungen) ist die Inbetriebnahme erst dann erfolgt, wenn die Anlage erstmals Strom mit erneuerbarer Energie oder Grubengas produziert hat.

4.2 Anschluss, Abnahme, Übertragung und Verteilung

In beiden Gesetzestexten werden in zahlreichen Paragraphen unter anderem Anschlussbedingungen, technische Vorgaben, die Ausführung und Nutzung des Anschlusses sowie die Abnahme, Übertragung und Verteilung geregelt. Relevante inhaltliche Änderungen konnten in Bezug auf die Erzeugung von Strom auf Basis von nicht regenerativen Energiequellen (Gasturbinen, Gasmotoren etc.) nicht ermittelt werden.

4.3 Finanzielle Förderung nach EEG-2012 und EEG-2014

Im EEG-2012 beschäftigten sich die §§ 16-33i mit der finanziellen Förderung der Erneuerbaren-Energien-Anlagen. Nunmehr wird dies in den §§ 19-55 EEG-2014 geregelt.

Die rechtliche Situation nach dem EEG-2012 wird in acht Paragraphen geregelt, welche im Folgenden kurz beschrieben werden sollen. Alternativ zum folgenden Text kann die Zusammenfassung der Tabelle „Zusammenfassung des Vergleichs EEG-2012 und EEG-2014" im Anhang entnommen werden. Die Änderung der Höhe des finanziellen Ausgleichs ist in Tabelle 4-3 zusammengefasst.

Tabelle 4-3: Änderung der Vergütungssätze von EEG-2012 auf EEG-2014

Strom aus ...	Bemessungsleistung (bis einschließlich)	EEG-2012 in €-Cent/kWh	EEG-2014 in €-Cent/kWh	Änderung in Bezug zum EEG-2012
Wasserkraft	500 kW	12,70	12,52	- 1,417 %
	2 MW	8,30	8,25	- 0,602 %
	5 MW	6,30	6,31	+ 0,159 %
	10 MW	5,50	5,54	+ 0,727 %
	20 MW	5,30	5,34	+ 0,755 %
	50 MW	4,20	4,28	+ 1,905 %
	über 50 MW	3,40	3,50	+ 2,941 %
Deponiegas	500 kW	8,60	8,42	- 2,093 %
	5 MW	5,89	5,83	- 1,019 %
Klärgas	500 kW	6,79	6,69	- 1,473 %
	5 MW	5,89	5,83	- 1,019 %
Grubengas	1 MW	6,84	6,74	- 1,462 %
	5 MW	4,93	4,30	- 12,779 %
	über 5 MW	3,98	3,80	- 4,523 %
Biomasse	150 kW	14,3	13,66	- 4,476 %
	500 kW	12,3	11,78	- 4,228 %
	5 MW	11,0	10,55	- 4,091 %
	20 MW	6,00	5,85	- 2,500 %
Biogas	500 kW	16,0	15,26	- 4,625 %
	20 MW	14,0	13,38	- 4,429 %
Geothermie		25,00[2]	25,20	+ 0,800 %
Windenergie (Land)	Grundwert	4,87	4,95	+ 1,643 %
	Anfangswert[3]	8,94	8,90	- 0,447 %
Windenergie (See)	Grundwert	3,50	3,90	+ 11,429 %
	Anfangswert[4]	15,00	15,40	+ 2,667 %

---

[2] Für petrothermale Techniken erhöht sich die Vergütung auf 30,00 €-Cent/kWh. Ein petrothermales Reservoir ist eine heiße Gesteinsschicht in die kaltes Wasser eingebracht wird um dieses dann erhitzt wieder zu entnehmen (vgl. [4.3]).

[3] Für Windenergieanlagen an Land wird der Anfangswert mindestens 5 Jahre entrichtet. Bei Abweichung vom Referenzertrag ist eine Verlängerung möglich.

[4] Für Windenergieanlagen auf See wird der Anfangswert mindestens 12 Jahre entrichtet. Der Zeitraum verlängert sich mit steigender Wassertiefe und Küstenentfernung.

Fortsetzung Tabelle 4-3: Änderung der Vergütungssätze von EEG-2012 auf EEG-2014

Strom aus ...	Bemessungs-leistung (bis einschließlich)	EEG-2012 in €-Cent/kWh	EEG-2014 in €-Cent/kWh	Änderung in Bezug zum EEG-2012 in %
Solare Strahlungsenergie	Auf Freiflächen, Konversionsflächen, Gebäuden die nicht vorrangig zur Stromerzeugung genutzt werden, ... (bezogen auf die installierte Leistung)			
	bis 10 MW	13,50	9,23[5]	- 31,630 %
	Anlage auf Gebäuden oder Lärmschutzwänden (bezogen auf die installierte Leistung)			
	bis 10 kW	19,50	13,15[5]	- 32,564 %
	bis 40 kW	18,50	12,80[5]	- 30,811 %
	bis 1 MW	16,50	11,49[5]	- 30,364 %
	bis 10 MW	13,50	9,23[5]	- 31,630 %

Im § 20 EEG-2012 (Absenkung von Vergütungen und Boni) wurde geregelt, dass Anlagen, die bis zum 31. Dezember 2012 in Betrieb genommen wurden, Vergütungen nach den §§ 24-27c EEG-2012 erhielten. Für Anlagen, die nach dem 1. Januar 2013 in Betrieb genommen wurden, verringerte sich die Vergütung für eingespeisten Strom aus Deponiegas, Klärgas und Grubengas um 1,5 % und aus Biomasse um 2,0 % jährlich jeweils zum 1. Januar eines Jahres. Die Vergütung von Strom aus Deponiegas (§ 24 EEG-2012 Deponiegas) betrug bis zu einer Bemessungsleistung von einschließlich 500 kW 8,6 €-Cent/kWh und bis einschließlich 5 MW 5,89 €-Cent/kWh. Nach dem EEG-2012 ist die Bemessungsleistung der Quotient aus der erzeugten Gesamtleistung der Anlage und den jährlichen Gesamtstunden innerhalb der Zeit des Jahres von Inbetriebnahme bis Stilllegung. Strom aus Klärgas (§ 25 EEG-2012 Klärgas) wurde bis einschließlich 500 kW mit 6,79 €-Cent/kWh und bis einschließlich 5 MW mit 5,89 €-Cent/kWh gefördert. Ist Grubengas (§ 26 EEG-2012 Grubengas) zum Einsatz gekommen, wurde bis zu einer Bemessungsleistung von einschließlich 1 MW mit 6,84 €-Cent/kWh, bis einschließlich 5 MW mit 4,93 €-Cent/kWh und über 5 MW mit 3,98 €-Cent/kWh saldiert. Dies galt jedoch nur, wenn das Grubengas aus Bergwerken des aktiven oder stillgelegten Bergbaus stammte. Bei Erzeugung von Strom aus Biomasse (§ 27 EEG-2012 Biomasse) nach der Biomasseverordnung betrug die grundsätzliche Vergütung bei Anlagen mit einer Bemessungsleistung bis einschließlich 150 kW 14,3 €-Cent/kWh, bis einschließlich 500 kW 12,3 €-Cent/kWh, bis ein-

---

[5] § 31 EEG-2014 (Absenkung der Förderung für Strom aus solarer Strahlungsenergie) muss dringend beachtet werden. Dieser führt in aller Regel zu einer Verringerung der tatsächlichen Vergütung.

schließlich 5 MW 11,0 €-Cent/kWh und bis einschließlich 20 MW 6,0 €-Cent/kWh. Bei Anlagen, die Biogas durch Vergärung von mindestens 90 % Bioabfällen nach der Bioabfallverordnung - Schlüsselnummer 20 02 01 (biologisch abbaubare Abfälle), 20 03 01 (gemischte Siedlungsabfälle) und 20 03 02 (Marktabfälle) - zur Produktion von Strom einsetzten (§ 27a EEG-2012 Vergärung von Bioabfällen), lag die Vergütung des Stromes bei 16,0 €-Cent/kWh und 14,0 €-Cent/kWh für Bemessungsleistungen bis einschließlich 500 kW und 20 MW. Diese Vergütung war jedoch an weitere Bedingungen geknüpft. Es musste zusätzlich zur vorgeschriebenen Vergärung von mindestens 90 % Bioabfällen eine Anlage zur Nachverrottung der Gärrückstände vorhanden sein und die nachverrotteten Materialen mussten stofflich sinnvoll verwertet werden. Für Anlagen zur Stromerzeugung aus Biogas, deren Inbetriebnahme nach dem 31. Dezember 2013 erfolgte, galten diese Vergütungssätze nur, wenn die installierte Leistung der Anlage kleiner als 750 kW war.

Eine alternative Herstellung von Biogas ist die Erzeugung von Biogas über anaerobe Vergärung von Biomasse. Wurde das Brenngas mit einem Mindestanteil von 80 % Gülle, nach Nummer 9 und 11 bis 15 der Anlage 3 der Biomasseverordnung erzeugt und war die installierte Leistung der Anlage kleiner oder gleich 75 kW, wurde der Strom mit 25,0 €-Cent/kWh entlohnt (§ 27b EEG-2012 Vergärung von Gülle). Für gasförmige Energieträger gab es zusätzlich einen eigenen Paragraphen (§ 27c EEG-2012 Gemeinsame Vorschriften für gasförmige Energieträger), welcher die kurzfristige Entnahme von Erdgas aus dem Versorgungsnetz regelte. Aus dieser Vorschrift ergab sich, dass Erdgas, welches aus dem Netz entnommen wurde, als Deponiegas, Klärgas, Grubengas, Biomethan oder Speichergas deklariert werden konnte, wenn die entnommene Menge des Erdgases unter Berücksichtigung der Wärmeäquivalenz durch die oben genannten Gassorten an anderer Stelle wieder ins Erdgasnetz eingespeist wurde. Zusätzlich galt jedoch, dass „[…] für den gesamten Transport und Vertrieb des Gases von seiner Herstellung oder Gewinnung, seiner Einspeisung in das Erdgasnetz und seinen Transport im Erdgasnetz bis zu seiner Entnahme aus dem Erdgasnetz Massenbilanzsysteme verwendet […]" werden mussten. Die Vergütung konnte sich durch den Gasaufbereitungsbonus erhöhen. Für Anlagen, deren Inbetriebnahme nach dem 31. Dezember 2013 lag, galt dies nur bis zu einer installierten Leistung von 750 kW.

Die rechtlichen Regelungen gemäß dem neuen EEG-2014 sollen nachfolgend bezogen auf den Anwendungsfall für eine nach dem Erneuerbaren-Energien-Gesetz geförderte, mit gasförmigem Brennstoff wie zum Beispiel Biomethan betriebene Stromerzeugungsanlage beschrieben werden. Die diesbezügliche Gesetzgebung umfasst insgesamt neun Paragraphen.

Der Paragraph § 27 EEG-2014 (Absenkung der Förderung für Strom aus Wasserkraft, Deponiegas, Klärgas, Grubengas und Geothermie) regelt unter anderem die jährliche Reduzierung der Förderung für Strom aus Deponiegas, Klärgas und Grubengas ab dem 1. Januar 2016. Die Degression wird dann jährlich 1,5 % betragen. Für Strom aus Geothermie-Kraftwerken reduziert sich die Förderung ab 2018 jährlich um 5 %, ausgehend von den Werten des § 48 EEG-2014. Des Weiteren wird auch die Förderung von Strom aus Biomasse nach § 28 EEG-2014 (Absenkung der Förderung für Strom aus Biomasse) verringert. Ab dem 1. Januar 2016 reduzieren sich die in den §§ 44 bis 46 EEG-2014 genannten Vergütungen um 0,5 % jeweils zum 1. Januar, 1. April, 1. Juli und 1. Oktober, bezogen auf die in den vorangegangen Kalendermonaten anzulegenden Werte. Zusätzlich ist eine weitere Verringerung für den Fall einer Überschreitung des Ausbauziels nach § 3 EEG-2014 (Ausbaupfad) um 1,27 % im gesamten Bezugszeitraum vorgesehen. Als Bezugszeitraum gilt nach § 28 Absatz 4 EEG-2014 „[...] der Zeitraum nach dem letzten Kalendertag des 18. Monats und vor dem ersten Kalendertag des fünften Monats [...]", jeweils vor dem in § 28 Absatz 2 EEG-2014 genannten Zeitpunkt.

Bezogen auf das EEG-2012 ist die Vergütung von Strom aus Deponiegas, Grubengas und Klärgas reduziert worden. Bei Deponiegas (§ 41 EEG-2014) liegt diese bis zu einer Bemessungsleistung von 500 kW bei 8,42 €-Cent/kWh und bis einschließlich 5 MW bei 5,83 €-Cent/kWh. Für klärgasbetriebene (§ 42 EEG-2014 Klärgas) Anlagen werden bis zur Bemessungsleistung von einschließlich 500 KW 6,69 €-Cent/kWh und bis einschließlich 5 MW 5,83 €-Cent/kWh vergütet. Kommt Grubengas aus aktiven oder stillgelegten Bergwerken zur Produktion von Strom zum Einsatz, wird der Strom mit 6,74 €-Cent/kWh vergütet, wenn die Anlage eine Bemessungsleistung bis einschließlich 1 MW aufweist. Liegt sie unterhalb 5 MW, beträgt der Wert 4,30 €-Cent/kWh. Liegt sie oberhalb von 5 MW, sinkt der Wert auf 3,80 €-Cent/kWh.

Bei Stromerzeugung aus Biomasse nach der Biomasseverordnung beläuft sich die Vergütung bei Anlagen mit einer Bemessungsleistung bis einschließlich 150 kW auf 13,66 €-Cent/kWh, bis einschließlich 500 kW auf 11,78 €-Cent/kWh, bis einschließlich 5 MW auf 10,55 €-Cent/kWh und bis einschließlich 20 MW auf 5,85 €-Cent/kWh. Die Randbedingungen für den Einsatz von vergorenen Bioabfällen (§ 45 EEG-2014) sind die gleichen wie im EEG-2012, aber auch hier sind die Vergütungen reduziert worden. Bis zu einer Bemessungsleistung von 500 kW liegt der Wert bei 15,26 €-Cent/kWh und bis einschließlich 20 MW bei 13,38 €-Cent/kWh.

Auch die Bestimmungen zur Vergärung von Gülle (§ 46 EEG-2014) haben sich kaum geändert. Nach neuem EEG muss ein Mindestanteil von 80 % Gülle (Massenprozent), mit Ausnahme von Geflügelmist und Geflügelkot, zum Einsatz kommen.

Wichtige Randbedingungen für die Produktion von Strom aus Biomasse und Gasen werden im gemeinsamen § 47 EEG-2014 geregelt. So ist die finanzielle Förderung für Anlagen auf Biogasbasis größer 100 kW nur für den Anteil der im Kalenderjahr erzeugten Strommenge, der einer Bemessungsleistung der Anlage von 50 % des Wertes der installierten Leistung entspricht, möglich. Für den Rest entfällt die Förderung nach § 20 Absatz 1 Nummer 1 EEG-2014 (geförderte Direktvermarktung). Für den nach § 20 Absatz 1 Nummer 3 EEG-2014, Einspeisevergütung nach dem § 37 EEG-2014 (Einspeisevergütung für kleine Anlagen) und Nummer 4 EEG-2014 nach dem § 38 EEG-2014 (Einspeisevergütung in Ausnahmefällen) vermarkteten Strom reduziert sich die Förderung auf den Monatsmarktwert[6]. Eine Förderung ist ferner nur möglich bei Führung eines Einsatzstoff-Tagebuches; bei Erzeugung durch Biomethan nur in KWK-Anlagen und bei Erzeugung durch flüssige Biomasse (Brennraumeintritt) nur für den Stromanteil aus flüssiger Biomasse, der zur Anfahr-, Zünd-, und Stützfeuerung verwendet wird.

Für die Erzeugung von Strom aus Biomasse und Gasen gilt ferner auch: Wird Erdgas aus dem Netz entnommen, kann dieses als Deponiegas, Klärgas, Grubengas, Biomethan oder Speichergas deklariert werden, wenn für die Menge des entnommenen Gases, unter Berücksichtigung des Wärmeäquivalentes, an einer anderen Stelle des Netzes zum Ende des Jahres Deponiegas, Klärgas, Grubengas, Biomethan oder Speichergas eingespeist wird und wenn „[…] für den gesamten Transport und Vertrieb des Gases von seiner Herstellung oder Gewinnung, seiner Einspeisung in das Erdgasnetz und seinem Transport im Erdgasnetz bis zur Entnahme Massenbilanzsysteme verwendet worden sind […]" (vgl. § 47 Absatz 6 Nummer 2 EEG-2014).

Da die Vergütung von zahlreichen Faktoren abhängt und der Überblick schwierig zu behalten ist, soll an dieser Stelle auf die Internetseite www.netztransparenz.de verwiesen werden. Auf dieser Seite ist eine Tabelle mit dem Namen „EEG-Vergütungskategorien" veröffentlicht, die für jede erdenkliche Möglichkeit und für jeden Kraftstoff die Vergütungen tabellarisch darstellt.

4.4 Ausgleichsmechanismus

Die Ausgleichsmechanismen des aktuellen EEG 2014 unterscheiden sich wesentlich vom EEG 2012 und haben den größten Einfluss auf die Wirtschaftlichkeit von regenerativ und nicht regenerativ erzeugtem Strom (Gasmotoren, Gasturbinen etc.).

4.4.1 Bundesweiter Ausgleich

Der § 37 EEG-2012 (Vermarktung der EEG-Umlage) regelte, dass die Kosten, die während der Vermarktung des Stroms entstehen, vom Letztverbraucher getragen werden müssen. § 37 Absatz 3 EEG-2012 beschäftigte sich mit dem Eigenverbrauch.

Wenn Letztverbraucher Strom verbrauchten, den sie mittels eigener Stromerzeugungsanlage bereitstellten, entfiel für diesen Strom die Zahlung der EEG-

---

[6] Nach § 5 EEG-2014 ist der „'Monatsmarktwert' der nach Anlage 1 rückwirkend berechnete tatsächliche Monatsmittelwert des energiespezifischen Marktwerts von Strom aus erneuerbaren Energien oder aus Grubengas am Spotmarkt der Strombörse EPEX Spot SE in Paris für die Preiszone Deutschland/Österreich in Cent pro Kilowattstunde […]". Anlage 1 bezieht sich auf die erste Anlage des EEG-2014.

Umlage vollständig, wenn dieser nicht durch ein Netz[7] geleitet und im räumlichen Zusammenhang zu der Erzeugungsanlage verbraucht wurde.

Im EEG-2014 ist die grundsätzliche Befreiung der EEG-Umlage für die Eigenstromversorgung gänzlich geändert worden. § 61 EEG-2014 regelt allgemeingültig für alle Eigenversorger, analog des alten § 37 EEG-2012, dass grundsätzlich die während der Vermarktung des Stroms anfallenden Kosten von allen Endverbrauchern zu tragen sind. Ausnahmen dieser Regelung und Umstände der Minderung der Umlage sind in § 61 EEG-2014 (EEG-Umlage für Letztverbraucher und Eigenversorger) und § 64 EEG-2014 (Stromkostenintensive Unternehmen) definiert. Tabelle 4-4 gibt eine zusammenfassende Übersicht der zeitlichen Entwicklung dieses Mechanismus wieder.

Tabelle 4-4: Änderung der Vergütungssätze von EEG-2012 auf EEG-2014

EEG-2012	EEG-2014		
vor dem 1. August 2014	vom 1. August 2014 bis 31. Dezember 2015	vom 1. Januar 2016 bis 31. Dezember 2016	ab dem 1. Januar 2017
Es fiel keine EEG-Umlage auf eigenerzeugten und eigenverbrauchten Strom an.	Es fallen auf eigenerzeugten und eigenverbrauchten Strom 30 % der EEG-Umlage an.	Es fallen auf eigenerzeugten und eigenverbrauchten Strom 35 % der EEG-Umlage an.	Es fallen auf eigenerzeugten und eigenverbrauchten Strom 40 % der EEG-Umlage an.

Grundsätzlich fällt die EEG-Umlage nach § 61 EEG-2014 auch für Strom an, der nicht vom Energieversorgungsunternehmen geliefert, sondern in Eigenregie produziert wird. Dabei wird die Beaufschlagung des Stroms mit der EEG-Umlage gestaffelt nach dem Verbrauchsjahr bis 2017 an den Zielwert von 40 % der EEG-Umlage angepasst. Für den Eigenverbrauch vom 1. August 2014 bis 31. Dezember 2015 sind es nur 30 % der nach Absatz 60 Absatz 1 ermittelten Umlage. Im Zeitraum vom 1. Januar 2016 bis 31. Dezember 2016 sind es 35 %. Ab dem 1. Januar 2017 fallen 40 % der EEG- Umlage auf eigenerzeugten und eigenverbrauchten Strom an (vgl. Abbildung 2-8 Kapitel 2). Die genannten Begrenzungen sind jedoch an weitere Randbedingungen nach § 61 Absatz 1 Satz 2 EEG-2014 geknüpft. So erhöht sich die Umlage auf den vollen Betrag, wenn der Eigenversorger keine Stromerzeugungsanlage nach § 5 Nummer 1 EEG-2014 (Begriffsbestimmungen)

---

[7] Der Begriff „Netz" ist im EEG-2012 in § 3 (Begriffsbestimmung) und dem § 5 EEG-2014 in gleicher Weise definiert. Demnach ist das „[…] ‚Netz' die Gesamtheit der miteinander verbundenen technischen Einrichtungen zur Abnahme, Übertragung und Verteilung von Elektrizität für die allgemeine Versorgung, […]"

verwendet. Das heißt, die Umlage wird nur auf die genannten Prozentangaben reduziert, wenn die Stromerzeugungsanlage eine „Anlage" im Sinne des EEG-2014 ist. Demnach muss es sich um eine „ [...] Einrichtung zur Erzeugung von Strom aus erneuerbaren Energien oder Grubengas [...]" handeln oder es ist eine „ [...] Einrichtung, die zwischengespeicherte Energie, die ausschließlich aus erneuerbaren Energien oder Grubengas stammt, aufnehmen und in elektrische Energie umwandeln [...]" kann. Eine weitere Möglichkeit zur Reduzierung der EEG-Umlage ist der Betrieb einer KWK-Anlage, die hocheffizient nach § 53a Absatz 1 Satz 3 EnergieStG ist und einen Monats- oder Jahresnutzungsgrad[8] von 70 % nach § 53a Absatz 1 Satz 2 Nummer 2 EnergieStG erreicht. Zusätzlich ist die Begrenzung an die Einhaltung der Meldepflicht nach § 74 EEG-2014 (Elektrizitätsversorgungsunternehmen) bis zum 31. Mai des Folgejahres geknüpft.

Eine Ausnahme zur grundsätzlich anfallenden Umlage bilden verschiedene nach § 61 Absatz 2 EEG-2014 benannte Eigenversorgungsformen. Demnach fällt keine EEG-Umlage an für...

1) den Kraftwerkseigenverbrauch, der von der Stromerzeugungsanlage zur Stromproduktion benötigt wird. Darunter fällt beispielsweise der Verbrauch für Neben-und Hilfsanlagen wie Pumpen und Lüfter.
2) Strom von Eigenversorgern, die weder mittelbar noch unmittelbar an ein Netz angeschlossen sind.
3) Strom von Eigenversorgern, die sich vollständig selbst mit ihrer Anlage versorgen und für den nichtverbrauchten Strom keine Förderung nach Teil 3 des EEG-2014 in Anspruch nehmen.
4) Strom aus Kleinstanlagen mit einer Leistung bis maximal 10 kW. Die EEG-Umlage entfällt bis zu einem maximalen Verbrauch von 10 MWh.

Für Bestandsanlagen nach § 61 Absatz 3 EEG-2014 gelten mit wenigen Ausnahmen die Regelungen des EEG-2012. Die Umlage entfällt für Bestandsanlagen nach EEG-2014, wenn der Letztverbraucher die Stromerzeugungsanlage als Eigenerzeuger betreibt, den erzeugten Strom selbst verbraucht und der Strom nicht durch ein Netz geleitet oder der Strom im räumlichen Zusammenhang zu der Anlage verbraucht wird. Als Bestandsanlage gilt hierbei eine Anlage, die vor dem 1. August 2014 zur Eigenversorgung verwendet wurde oder vor dem 23. Januar 2014 nach dem Bundesimmissionsschutzgesetz oder nach einer anderen Bestimmung des Bundesrechts zugelassen wurde und vor dem 1. Januar 2015 genutzt worden ist. Ferner bleibt eine Bestandsanlage auch erhalten, wenn diese am Standort erneuert, erweitert oder ersetzt wird und dabei ihre Leistung nicht um mehr als 30 % zunimmt.

---

[8] Der Jahresnutzungsgrad ist gemäß § 3 Absatz 3 EnergieStG (Energiesteuergesetz) definiert als „[...] Quotient aus der Summe der genutzten erzeugten mechanischen und thermischen Energie in einem Kalenderjahr und der Summe der zugeführten Energie aus Energieerzeugnissen in derselben Berichtszeitspanne." Die Berechnung des Monatsnutzungsgrad erfolgt in gleicher Weise bezogen auf die Zeitspanne von einem Monat.

Was die Erneuerung, Ersetzung und Erweiterung von älteren Bestandsanlagen, die vor dem 1. September 2011 in Betrieb genommen worden sind, angeht, gelten Sonderregelungen bezüglich der Netzdurchleitung nach § 61 Absatz 4 EEG-2014. Für die angesprochene technische Änderung der Anlage ist maßgeblich entscheidend, zu welchem Zeitpunkt das Eigentum an der Anlage übergegangen ist. War die Anlage vor dem 1. Januar 2011 im Eigentum des Betreibers, der diese zur Eigenerzeugung für den Selbstverbrauch betrieb, darf dieser Strom durch das Netz geleitet werden und eine Erneuerung, Ersetzung und Erweiterung der Anlage stattfinden, wenn sich diese auf dem Betriebsgelände des Eigenversorgers befindet. Ist der Eigenversorger erst nach dem 1. Januar 2011 Eigentümer der Anlage geworden und erzeugt er Strom zur Selbstversorgung in Eigenregie, ist eine Änderung in oben genannter Form nur möglich, wenn der Strom nicht durch das Netz geleitet wird.

Ist der Eigenversorger ein Unternehmen der Anlage 4 des EEG-2014 und erreicht es den Status „Stromkostenintensives Unternehmen" nach § 64 EEG-2014, ist eine Reduzierung der EEG-Umlage auf 15 % der nach § 60 Absatz 1 EEG-2014 ermittelten EEG-Umlage möglich. Die hierfür einzuhaltenden Regularien werden im folgenden Kapitel „Besondere Ausgleichsregelungen für stromkostenintensive Unternehmen und Schienenbahnen" beschrieben.

4.4.2 Besondere Ausgleichsregelungen für stromintensive Unternehmen und Schienenbahnen

Im Folgenden werden mögliche Begrenzungen der EEG-Umlage für stromintensive Unternehmen und Schienenbahnen dargestellt. Bisher war der § 40 EEG-2012 (Grundsatz) Grundlage der Reduzierung. Dieser wurde nach neuer Gesetzgebung durch den § 63 EEG-2014 ersetzt. In beiden Paragraphen wurde festgelegt, dass das zuständige Bundesamt auf Antrag für den Letztverbraucher die Höhe der EEG-Umlage für stromintensive Unternehmen und Schienenbahnbetreiber reduziert, um die internationale Wettbewerbsfähigkeit zu erhalten.

Die Definition des Begriffes Bruttowertschöpfung eines Unternehmens bezieht sich in diesem Abschnitt sowohl für das EEG-2012 als auch für das EEG-2014 auf die Definition des statistischen Bundesamtes, Fachserie 4, Reihe 4.3, Wiesbaden 2007. Demnach umfasst die Bruttowertschöpfung „[…] nach Abzug sämtlicher Vorleistungen – die insgesamt produzierten Güter und Dienstleistungen zu dem am Markt erzielten Preisen und ist somit der Wert, der den Vorleistungen durch Bearbeitung hinzugefügt worden ist."

Die Höhe der Reduzierung war in § 41 EEG-2012 (Unternehmen des produzierenden Gewerbes) geregelt. Demnach mussten verschiedene Nachweise erbracht werden, um eine Reduzierung der Umlage zu erhalten.

Die erste Grundbedingung war ein Mindestverbrauch von 1 GWh/a Strom. Zusätzlich musste der Anteil der Stromkosten des Unternehmens bezogen auf dessen Bruttowertschöpfung mindestens 14 % betragen. Weiterhin musste die Umlage auch an das Unternehmen weitergeleitet worden sein. Das bedeutet, dass ein Unternehmen nur eine Reduzierung erhalten konnte, wenn es auch die EEG-Umlage in Rechnung gestellt bekommen hatte. Für Unternehmen mit einem Stromverbrauch von mehr als 10 GWh war zusätzlich eine Zertifizierung des Energieverbrauchs sowie die Erhebung und Bewertung des Potentials zur Verminderung des Verbrauchs erforderlich. Für Unternehmen, die alle Randbedingungen erfüllten, wurde die Umlage nach folgendem Schlüssel reduziert (s. Tabelle 4-5):

Tabelle 4-5: Reduzierungsschlüssel nach EEG-2012

Reduzierungsschlüssel nach dem EEG-2012 für begünstigte Unternehmen			
Verbrauch bis 1 GWh	Verbrauch 1 bis 10 GWh	Verbrauch 10 bis 100 GWh	Verbrauch über 100 GWh
keine Reduzierung der EEG-Umlage	Reduzierung der EEG-Umlage auf 10 % des zu zahlenden Betrages	Reduzierung der EEG-Umlage auf 1 % des zu zahlenden Betrages	Pauschale Belastung mit 0,05 €-Cent/kWh

Es wurde keine Begrenzung gewährt für den Stromanteil bis zu einer GWh. Für den Anteil von einer GWh bis 10 GWh erfolgte eine Reduzierung auf 10 % und für den Anteil von 10 GWh bis 100 GWh auf 1 %. Der Verbrauch über 100 GWh wurde pauschal auf eine Umlage von 0,05 €-Cent/kWh reduziert. Eine weitere Reduzierung der Umlage war für Unternehmen mit einem Verbrauch von mindestens 100 GWh und einem Verhältnis von Stromkosten zur Bruttowertschöpfung von mehr als 20 % möglich. Derartige Unternehmen zahlten nur 0,05 €-Cent/kWh EEG-Umlage.

Im neuen EEG-2014 (§ 63 EEG-2014 Grundsatz) ist genau wie im EEG-2012 eine Möglichkeit zur Entlastung stromkostenintensiver Unternehmen durch Reduzierung der EEG-Umlage für selbstverbrauchten Strom geschaffen worden. Die Minderung der Kosten für stromkostenintensive Unternehmen ist in § 64 EEG-2014 geregelt.

Welche Unternehmen für die Minderung der EEG-Umlage in Betracht kommen, ist in der Anlage 4 des Gesetzes festgelegt. Diese Anlage ist zur Verbesserung der Übersichtlichkeit als Anhang 2 dieser Arbeit beigefügt.

Handelt es sich also um ein Unternehmen der in Anlage 4 benannten Branchen, kann die EEG-Umlage reduziert werden, wenn der umlagepflichtige Stromverbrauch im abgeschlossenen Geschäftsjahr mindestens 1 GWh betragen hat. Dabei gilt zusätzlich folgende Regelung: Unternehmen, die in Anlage 4, Liste 1 angeführt sind, müssen mindestens eine Stromkostenintensität von 16 % für das Kalenderjahr 2015 und 17 % für das Kalenderjahr 2016 nachweisen. Für die in der Anlage 4, Liste 2 geführten Branchen müssen es mindestens 20 % sein. Dabei ist nach § 64 Absatz 6 Nummer 1 EEG-2014 die „'Stromkostenintensität' das Verhältnis der maßgeblichen Stromkosten einschließlich der Stromkosten für nach § 61 EEG-2014 umlagepflichtige selbst verbrauchte Strommengen zum arithmetischen Mittel der Bruttowertschöpfung in den letzten drei abgeschlossenen Geschäftsjahren des Unternehmens [...]" definiert. Des Weiteren gilt die Voraussetzung, dass begünstigte Unternehmen ein zertifiziertes Energie- oder Umweltmanagementsystem betreiben müssen, es sei denn, der Verbrauch des Unternehmens liegt unterhalb von 5 GWh. In diesem Fall genügt ein alternatives System zur Verbesserung der Energieeffizienz nach § 3 SpaEfV[9] in der aktuellen Fassung. Die Höhe der Begrenzung ist im EEG-2014 in nur zwei Stufen gestaffelt (Tabelle 4-6).

Tabelle 4-6: Reduzierungsschlüssel nach EEG-2014

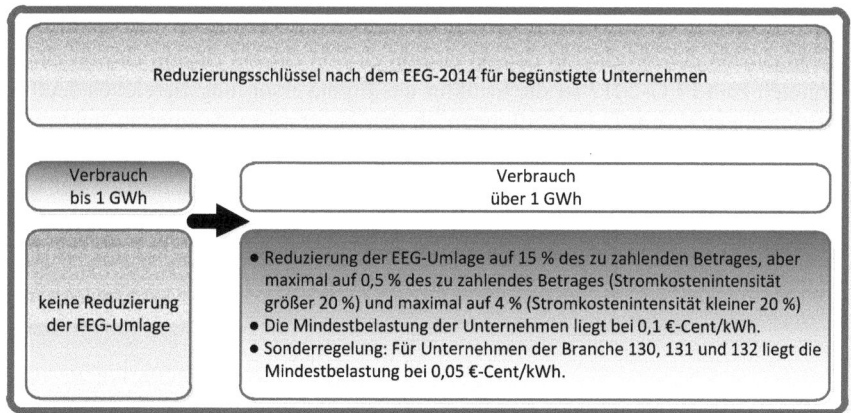

Für die erste Gigawattstunde gibt es, genau wie im EEG-2012, keinerlei Reduzierung der Umlage. Ab der ersten GWh beträgt die Reduzierung 85 % der anfallenden EEG-Umlage. Dabei ist zu berücksichtigen, dass eine Begrenzung der Umlage auf höchstens 0,5 % der Bruttowertschöpfung möglich ist, sofern die Stromkostenintensität mindestens 20 % beträgt. Liegt diese unterhalb von 20 %, ist die maximale Begrenzung der Belastung auf 4,0 % der Bruttowertschöpfung möglich. Alle Kürzungen für den Stromanteil größer einer GWh erfolgen jedoch nur, sofern das Unternehmen eine zu zahlende EEG-Umlage von 0,1 €-Cent/kWh nicht unterschreitet.

Eine besondere Stellung nehmen die Unternehmen mit der laufenden Nummer 130 (Erzeugung und erste Bearbeitung von Aluminium), 131 (Erzeugung und ers-

---

[9] Die Verordnung über Systeme zur Verbesserung der Energieeffizienz im Zusammenhang mit der Entlastung von der Energie- und der Stromsteuer in Sonderfällen (Spitzenausgleichsverordnung – SpaEfV) regelt unter anderem die Anforderungen an alternative Systeme zur Verbesserung der Energieeffizienz, als Alternative zum Energie- oder Umweltmanagementsystem, für kleine und mittlere Unternehmen.

te Bearbeitung von Blei, Zink und Zinn) und 132 (Erzeugung und erste Bearbeitung von Kupfer) der Anlage 4 des EEG-2014 ein. Für diese Unternehmen ist die Mindestbelastung zusätzlich auf den Wert 0,05 €-Cent/kWh verringert worden.

Die Erfüllung der Voraussetzungen zur Begrenzung der EEG-Umlage müssen in vorgeschriebener Art und Weise entsprechend dem § 64 Absatz 3 EEG-2014 nachgewiesen werden. Für neu gegründete Unternehmen sind gesonderte Regelungen zur Ermittlung des Wertes der zugrunde liegenden Bruttowertschöpfung nach § 64 Absatz 4 EEG-2014 anzuwenden.

Im Zusammenhang mit der Reduzierung der Umlage nach § 64 EEG-2014 für stromkostenintensive Unternehmen ist besonders hervorzuheben, dass die Verringerung der EEG-Umlage für alle Abnahmestellen des privilegierten Unternehmens gilt. Nach § 64 Absatz 6 EEG-2014 gilt dies auch für Eigenversorgungsanlagen.

Die besonderen Ausgleichsregelungen nach dem EEG-2012 und EEG-2014 sind schematisch betrachtet in den Abbildungen 4-1 und 4-2 zusammengefasst. Im Vergleich zum EEG-2012 ist die Struktur des Eigenversorgungsbereiches deutlich komplexer geworden. Die Regelungen zu den besonderen Ausgleichsregelungen sind ähnlich umfassend geblieben wie im alten EEG. Der Umstand, dass nach dem EEG-2014 nur noch gelistete Branchen eine Chance auf die Reduzierung der Umlage haben, schafft zusätzliche Klarheit für die Unternehmen und Planungssicherheit. Der Vergleich bezieht sich dabei auf die Eigenversorgung und auf die Versorgung durch ein Energieversorgungsunternehmen (EVU).

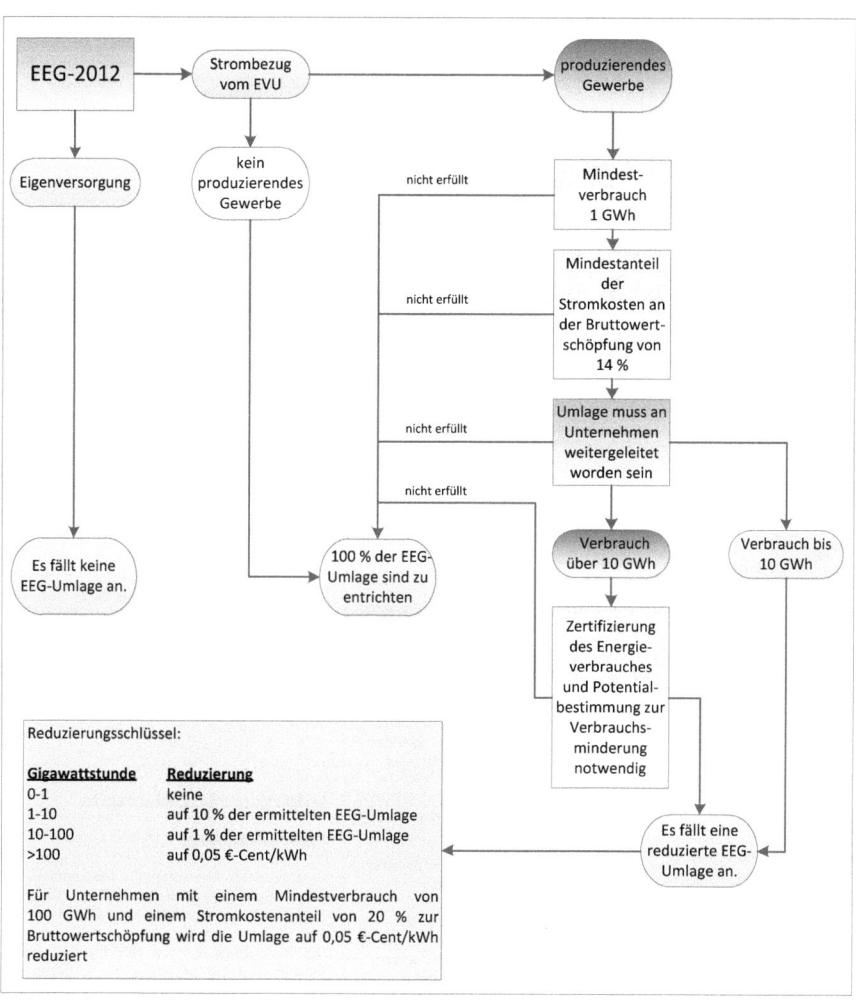

Abbildung 4-1: Zusammenfassung der besonderen Ausgleichsregelungen nach EEG-2012 (eigene Darstellung)

88   4 Vergleich der gesetzlichen Randbedingungen nach EEG-2012
und EEG-2014 (Energiewende)

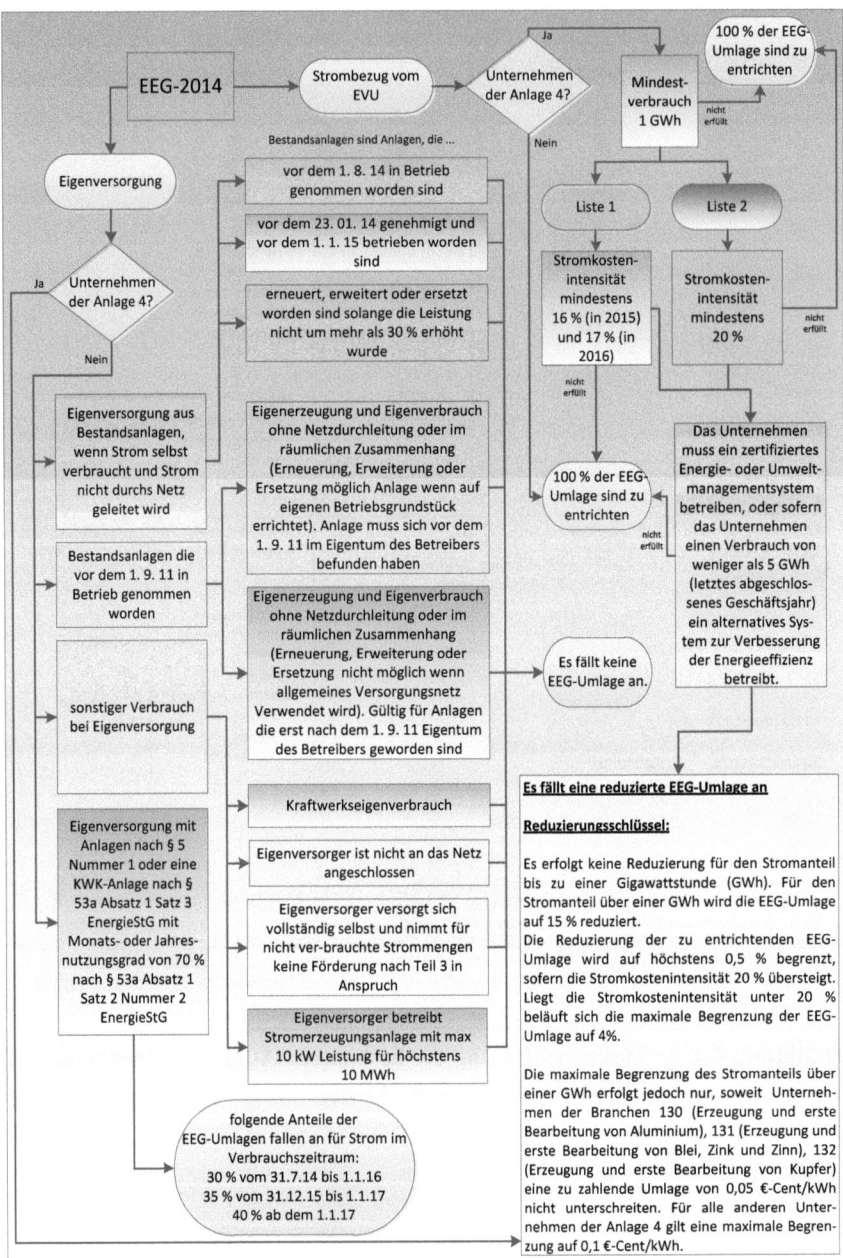

Abbildung 4-2: Zusammenfassung der besonderen Ausgleichsregelungen nach EEG-2014 (eigene Darstellung)

4.5 Transparenz

Es gibt keine relevanten Änderungen in Bezug auf das EEG-2012. Lediglich für Elektrizitätsversorgungsunternehmen ist in § 74 EEG-2014 die Regelung der EEG-Umlage für den Eigenverbrauch mit den entsprechenden Ausnahmeregelungen für Kleinstanlagenbetreiber angepasst worden.

4.6 Rechtsschutz und behördliche Verfahren

In diesem Abschnitt der Gesetzestexte gibt es keine gravierenden Änderungen in Bezug auf das EEG-2012, welche insbesondere auch den Betrieb von Stromerzeugungsanlagen auf Basis von nicht regenerativ erzeugtem Strom (Gasturbinen- und Gasmotorenanlagen etc.) beeinflussen würden.

4.7 Verordnungsermächtigung, Erfahrungsbericht, Übergangsbestimmungen

Für die Gültigkeit des Gesetzes und dessen Anwendung sind in diesem Abschnitt die allgemeinen Übergangsbestimmungen zum Übergang vom EEG-2012 auf das EEG-2014 besonders hervorzuheben. Von hoher Bedeutung sind in diesem Zusammenhang die Übergangsbestimmungen, die grundsätzlich festlegen, dass das neue Recht auch für Bestandsanlagen anzuwenden ist, wodurch der Vollzug des Gesetzes erheblich vereinfacht wird. In vielen Punkten, speziell im Bereich der Vergütungen, gelten für Bestandsanlagen jedoch weiterhin die Regelungen des EEG-2012.

4.8 Literaturverzeichnis

[4.1] Bundesministerium für Wirtschaft und Energie. [Online].
http://www.bmwi.de/DE/Service/gesetze,did=21940.html

[4.2] Bundesanzeiger Verlag. (2014, July) [Online].
http://www.bgbl.de/banzxaver/bgbl/start.xav?startbk=Bundesanzeiger_BGBl&start=%252F%252F*%255B%2540attr_id=%27bgbl114s1066.pdf%27%255D#__bgbl__%2F%2F*%5B%40attr_id%3D%27bgbl114s1066.pdf%27%5D__1406553429034

[4.3] GtV Bundesverband Geothermie. [Online].
http://www.geothermie.de/wissenswelt/geothermie/einstieg-in-die-geothermie/einteilung-der-geothermiequellen.html

5 Haupteinflussfaktoren der Energiewende auf ausgewählte Technik und Wirtschaftlichkeit von Energieerzeugungsanlagen 92
    5.1   Windenergie 93
    5.2   Biomasse 96
        5.2.1   Biogasanlagen 96
        5.2.2   Biomasse-Heizkraftwerke 98
        5.2.3   Zusammenfassung Stromerzeugungsanlagen auf Basis nachwachsender Rohstoffe 101
    5.3   Photovoltaik 101
    5.4   Heizkraftwerke auf Basis von Gasturbinen (5-10 MW_{el}) 103
    5.5   Heizkraftwerke auf Basis von Gasmotoren (5-10 MWel) 110
    5.6   Zusammenfassung 115
    5.7   Literaturverzeichnis 117

5 Haupteinflussfaktoren der Energiewende auf ausgewählte Technik und Wirtschaftlichkeit von Energieerzeugungsanlagen

Die Wirtschaftlichkeit unterschiedlicher Energieerzeugungsanlagen ist von zahlreichen Faktoren abhängig. Dazu gehören u.a. neben regelmäßig schwankenden Kosten für Brennstoffe auch Änderungen der gesetzlichen Rahmenbedingungen. Aus diesen geänderten Bedingungen können höhere spezifische Stromgestehungs- und Wartungskosten resultieren. Das kann unter anderem auf die vermehrte Anzahl von Starts, verbunden mit geringer werdenden Betriebszeiten, zurückgeführt werden. Zusätzlich führen anfallende Umlagen und finanzielle Belastungen zu einem Anstieg der Stromkosten.

Im folgenden Kapitel werden die Stromgestehungskosten unterschiedlicher Energieerzeugungsanlagen untersucht. Maßgeblich berücksichtig wird hierbei die Änderung des Erneuerbaren-Energien-Gesetzes. Die in diesem Zusammenhang bedeutendste Änderung ist, dass seit 1. August 2014 für Eigenversorger mit Anlagen größer 10 kW ebenfalls die EEG-Umlage zu entrichten ist (*siehe Kapitel4*).

In allen Abbildungen des Kapitels wird zwischen dem EEG-2012 und dem EEG-2014 verglichen. Der Strombezugspreis für Eigenversorger nach EEG-2012 entsprach den Stromgestehungskosten, weil auf eigenerzeugten und -verbrauchten Strom, der nicht vom Energieversorger bezogen wurde, keine EEG-Umlage angefallen ist.

Der angegebene Strombezugspreis für Industriekunden wurde einer BDEW-Statistik entnommen und bezieht sich auf das Jahr 2014. Der Strombezugspreis beinhaltet die Stromsteuer und gilt für einen Jahresverbrauch von 160 MWh bis 20.000 MWh (mittelspannungsseitige Versorgung[1]) (vgl. [5.1]). Für die Berechnung des Einflusses der Änderung der Gesetzgebung hinsichtlich der EEG-Umlage in Bezug auf eigenerzeugten Strom wurde mit der EEG-Umlage für das Jahr 2015 in Höhe von 0,0617 €/kWh gerechnet. Dieser Wert wurde von den Übertragungsnetzbetreibern am 15. Oktober 2014 veröffentlicht. Da private Eigenversorger in der Regel Anlagen mit maximal 10 kW Leistung zur Eigenbedarfsdeckung nutzen, werden diese im Vergleich nicht berücksichtigt. Die Gegenüberstellung bezieht sich daher ausschließlich auf Industriekunden, die eine Eigenversorgung planen oder Strom ins Netz einspeisen wollen. Für Unternehmen, die sich bereits selbst versorgen (Bestandsanlagen), ändert sich durch die Re-

---

[1] Auf der Mittelspannungsebene werden beispielsweise Stadtteile untereinander oder Großabnehmer direkt mit dem öffentlichen Stromversorgungsnetz verbunden. Die Spannung liegt in der Regel zwischen 1 kV und 60 kV.

form weitestgehend nichts, da Altanlagen nach § 61 Absatz 3 und 4 EEG-2014 unter Bestandsschutz stehen.

Die Gegenüberstellung des Einflusses der unterschiedlichen gesetzlichen Rahmenbedingungen ist in Form von Säulendiagrammen dargestellt. Der erste Datenbalken stellt den recherchierten oder errechneten Stromgestehungspreis der betrachteten Technologie dar. Auf Basis dieser Stromgestehungskosten werden dann zwei mögliche Szenarien miteinander verglichen. Die erste Möglichkeit stellt die Einspeisung des erzeugten Stroms in das Netz des Netzbetreibers unter Inanspruchnahme der festgeschriebenen Vergütung nach dem jeweils gültigen EEG dar. Im Gegensatz dazu ist die Verwendung des erzeugten Stroms zur Eigenversorgung als zweite mögliche Variante der Stromnutzung aufgezeigt. In diesem Falle würde der Strom komplett vom Erzeuger, beispielsweise zur Werkteilbedarfsdeckung, verbraucht.

Zur Analyse der unterschiedlichen Ansätze zur Verwendung des erzeugten Stroms werden die jeweiligen Stromgestehungskosten direkt mit den Einnahmen durch die Vergütung, einmal nach EEG-2012 und das andere Mal nach EEG-2014, verglichen. Dabei wurden unterschiedliche gesetzlich geregelte Bemessungsleistungen mit berücksichtigt. Ist der Vergütungssatz höher als die Stromgestehungskosten, resultiert dies in einem Gewinn für den Anlagenbetreiber.

Im Falle der Eigenversorgung fällt nach dem EEG-2014 die EEG-Umlage an. Dieser Sachverhalt ist in den Abbildungen in der Weise dargestellt, dass jeweils ein Datenbalken für die entsprechende Gesetzeslage vorgesehen ist. Der erste Balken steht dabei für den oben definierten Strombezugspreis nach EEG-2012, welcher den Stromgestehungskosten entspricht, denn die EEG-Umlage ist für diesen Strom nicht angefallen. Nach EEG-2014 fällt für Eigenverbraucher, die nicht als stromkostenintensiv gelten, eine über den Zeitraum vom 1. August 2014 bis 31. Dezember 2016 gestaffelter Anteil der EEG-Umlage an. Ab dem 1. Januar 2017 werden dann 40 % der EEG-Umlage fällig. Für stromkostenintensive Unternehmen liegt die zu zahlende Umlage bei 15 % *(siehe hierzu auch Kapitel 4.4.2)*.

Die nunmehr zusätzlich anfallende EEG-Umlage wurde derart berücksichtigt, dass auf die dargestellten Stromgestehungskosten entweder 30 % (Verbrauch vom 1. August 2014 bis 31. Dezember 2015), 35 % (Verbrauch vom 1. Januar 2016 bis 31. Dezember 2016), 40 % (Verbrauch ab 1. Januar 2017) oder 15 % (stromkostenintensive Unternehmen) der Umlage addiert wurden. Liegt der errechnete Wert dann unterhalb des Strombezugspreises für Industriekunden, ist es günstiger, sich selbst mit Strom zu versorgen als Strom vom Energieversorgungsunternehmen zu beziehen.

5.1 Windenergie

Ungeachtet der Tatsache, dass Windenergieanlagen in On- und Offshore-Anlagen unterschieden werden, sollen hier nur Onshore-Anlagen betrachtet werden, da nur diese zur Eigenstromversorgung auf Firmengeländen in Frage kommen.

Der für Windenergieanlagen verwendete Stromgestehungspreis basiert auf einer eigens erstellten Berechnung. Dieser liegen durchschnittliche spezifische Investitionskosten von 1.200 €/kW und ein Standort, der mindestens 4.000 Volllastbetriebsstunden erzielen kann, zu Grunde. Weiterhin wurden ein Kapitalzinssatz von 5 % und eine Darlehenstilgung innerhalb von 10 Jahren angenommen. Der so ermittelte Stromgestehungspreis beläuft sich für eine Anlage mit 3 MW_{el} und einer Anlagennutzungsdauer von 20 Jahren auf 4,08 €-Cent/kWh. Die nach dem bisherigen und aktuellen EEG einsetzende Degression der Vergütung, von der Anfangsvergütung[2] auf die Grundvergütung, ist auf Grund der nötigen Volllaststunden und dem daraus resultierenden sehr guten Standort mit 5 Jahren angenommen worden. Dies entspricht damit der Voraussetzung, dass der Referenzertrag der Windkraftanlage erreicht wurde. Wird der Referenzertrag nicht erreicht, verringert sich zwar der Energieertrag der Anlage, es kommt aber auch zu einer Verlängerung des Zeitraums, in dem die Anfangsvergütung entrichtet wird (vgl. § 29 EEG-2012 und § 49 EEG-2014).

In Abbildung 5-1 wird deutlich, dass Windenergieanlagen sehr wirtschaftlich betreibbar sind, wenn der Standort entsprechend geeignet ist. Sowohl die Vergütung nach EEG-2012 als auch die nach EEG-2014 ermöglichen einen kostendeckenden und gleichzeitig gewinnbringenden Betrieb. Die im Zusammenhang mit der Stromeigenversorgung stehende zusätzliche Belastung mit der im EEG-2014 anfallenden EEG-Umlage hat einen erheblichen kostensteigernden Effekt.

Der Strompreis für den Eigenverbrauch steigt von 4,08 €-Cent/kWh (EEG-2012 ohne Umlage) um 45 % auf 5,93 €-Cent/kWh für die Jahre 2014/15 und um 53 % auf 6,24 €-Cent/kWh für das Jahr 2016. Ab dem 1. Januar 2017 liegt, nach aktueller Gesetzeslage, der Strompreisanstieg bei ca. 60% auf 6,55 €-Cent/kWh. Für stromkostenintensive Unternehmen liegt der Anstieg ab dem 1. August 2014 jedoch lediglich bei 23 % auf 5,01 €-Cent/kWh.

Festzuhalten ist, dass die Stromgestehungskosten im Falle der Eigenversorgung trotz der anfallenden EEG-Umlage deutlich geringer sind als die Strombezugskosten für Industriekunden. Die EEG-Umlage führt daher nicht zur Unwirtschaftlichkeit von Windenergieanlagen.

Der Einfluss der Beaufschlagung mit der EEG-Umlage ist in der folgenden Tabelle 5-1 zusammengefasst.

---

[2] Die Anfangsvergütung ist die von der Grundvergütung abweichende Vergütung, die mindestens die ersten fünf Jahre nach Inbetriebnahme vergütet wird. Der Zeitraum verlängert sich in Abhängigkeit des Referenzertrages. Dieser wird in entsprechend des Inbetriebnahmedatums der Windenergieanlage mit Hilfe der Anlagen des EEG-2012 oder EEG-2014 errechnet.

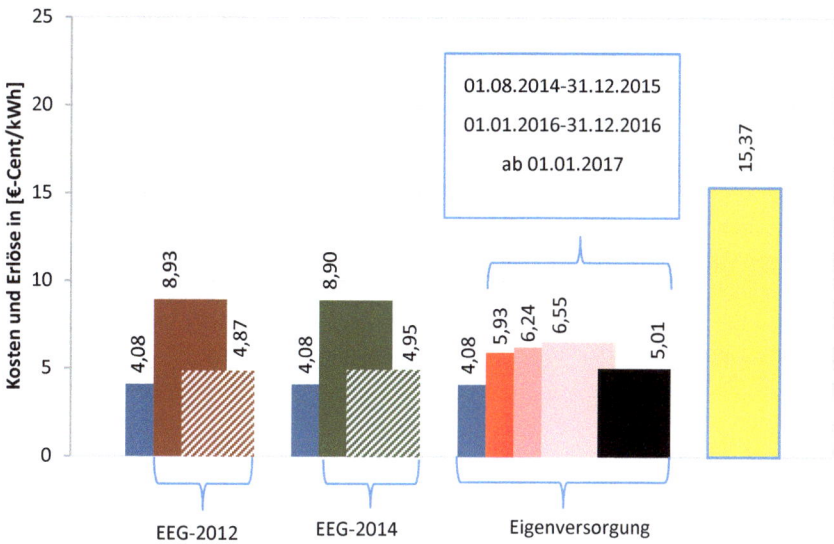

- Stromgestehungskosten (≙ Strombezugskosten für Eigenversorger nach EEG-2012)
- EEG -2012 Vergütung (Anfangsvergütung)
- EEG -2012 Vergütung (Grundvergütung)
- EEG-2014 Vergütung (Anfangsvergütung)
- EEG-2014 Vergütung (Grundvergütung)
- EEG-2014 (Eigenversorgung vom 01. 08. 2014 bis 31. 12. 2015 nicht-stromkostenintensive Unternehmen mit 30 % EEG-Umlage)
- EEG-2014 (Eigenversorgung vom 01. 01. 2016 bis 31. 12. 2016 nicht-stromkostenintensive Unternehmen mit 35 % EEG-Umlage)
- EEG-2014 (Eigenversorgung ab 01. 01. 2017 nicht-stromkostenintensive Unternehmen mit 40 % EEG-Umlage)
- EEG-2014 (Eigenversorgung stromkostenintensive Unternehmen mit 15 % der EEG-Umlage)
- Referenz: Industriestrompreis 2014 inklusive Stromsteuer

Abbildung 5-1: Stromkosten für Industriekunden im Jahr 2013 nach BDEW im Vergleich zur Nutzung einer Windenergieanlage und der Effekt der Gesetzesänderung vom EEG-2012 auf EEG-2014 (Datengrundlage Industriestrompreis [5.1], Stromgestehungskosten eigene Berechnung)

Tabelle 5-1: Zusammenfassung des Einflusses der EEG-Gesetzesänderung

Eigenversorger	Stromgestehungskosten in €-Cent/kWh gemäß ...		Anstieg
	EEG-2012	EEG-2014	
nicht-produzierendes Gewerbe (EEG-2012) entspricht nichtstromkostenintensives Unternehmen (EEG-2014)	4,08	5,93 (30 % Umlage) 6,24 (35 % Umlage) 6,55 (40 % Umlage)	45 % (01.08.14 – 31.12.15) 53 % (01.01.16 – 31.12.16) 60 % (ab 01.01.2017)
produzierendes Gewerbe (EEG-2012) entspricht stromkostenintensives Unternehmen (EEG-2014)	4,08	5,01 (15 % Umlage)	23 % (ab 01.08.14)

5.2 Biomasse

Die Betrachtung der Stromerzeugung aus Biomasse wird in zwei verschiedene Technologien unterteilt, zum einen in die Generierung von Strom auf Basis von Biogasanlagen und zum anderen in die Erzeugung von Strom in Biomasseheizkraftwerken. Bei Biogasanlagen wird durch Vergärung von organischen Abfällen Biogas erzeugt, welches in Verbrennungskraftmaschinen verbrannt wird, um Generatoren anzutreiben. Bei der direkten Nutzung von Biomasse in Biomasseheizkraftwerken wird der Brennstoff, wie beispielsweise Holz oder Stroh, direkt verbrannt, um beispielsweise Dampf für Dampfturbinen zu erzeugen.

5.2.1 Biogasanlagen

Die Grundlage der Untersuchung ist eine Studie des Fraunhofer Institutes für solare Energiesysteme ISE. Dieser kann ein Stromgestehungspreis zwischen 0,135 €/kWh (Substratkosten 0,025 €/kWh$_{th}$ und 8.000 Volllaststunden) und 0,215 €/kWh (Substratkosten 0,040 €/kWh$_{th}$ und 6.000 Volllaststunden) entnommen werden. Dabei wurde mit spezifischen Investitionskosten zwischen 3.000 €/kW und 5.000 €/kW gerechnet (vgl. [5.2]). Die Auskopplung von Wärme und die daraus resultierende Verwendung der thermischen Energie sowie die entsprechend erzielbaren Verkaufserlöse wurde bei der Berechnung nicht berücksichtigt. Die in der Studie betrachteten Biogasanlagen dienen ausschließlich der Produktion von Strom.

In Abbildung 5-2 ist der Stromgestehungspreis in Relation zum Strombezugspreis für Industriekunden dargestellt. Zusätzlich zum Stromgestehungspreis sind die Vergütungssätze entsprechend dem EEG-2012 und EEG-2014 aufgezeigt. Auffällig ist, dass die Vergütung sowohl nach EEG-2012 als auch nach EEG-2014 nicht zu einer Deckung der Kosten führt, wodurch ein wirtschaftlicher Betrieb bei Einspeisung ins Netz, ohne die Nutzung der Wärme, nicht möglich ist.

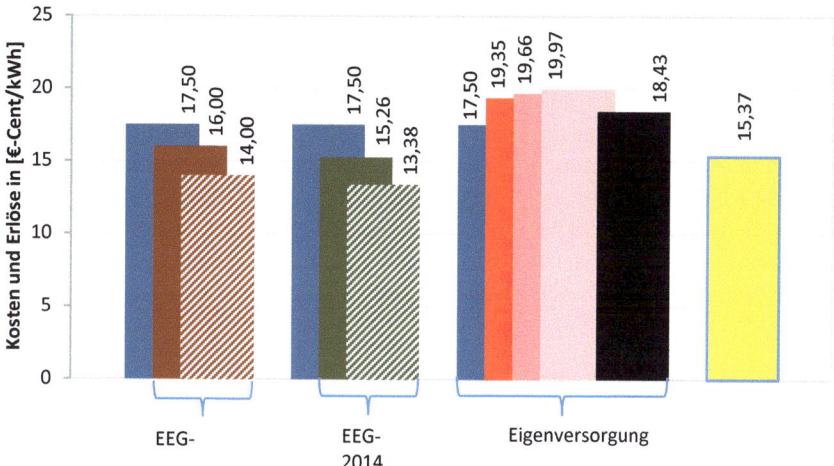

Abbildung 5-2: Stromkosten für Industriekunden im Jahr 2013 nach BDEW im Vergleich zur Nutzung einer Biogas-Stromerzeugungsanlage <u>ohne Abwärmenutzung</u> und der Effekt der Gesetzesänderung vom EEG-2012 auf EEG-2014 (Datengrundlage Industriestrompreis [5.1], Stromgestehungskosten [5.2])

Dementsprechend führt eine Beaufschlagung mit der EEG-Umlage, unabhängig vom prozentualen Anteil der EEG-Umlage, zu einer weiteren Verschlechterung der finanziellen Situation. Infolgedessen erzielt die Anlage ihren Gewinn aus dem Verkauf der Abwärme. Diese hier dargestellte schlechte wirtschaftliche Stellung der betrachteten Biogasanlagen ist dadurch zu begründen, dass die Anlagen allein zur Erzeugung von

Strom genutzt werden. Erlöse für die entstehende Wärme fallen dadurch weg und machen heutzutage keinen profitablen Betrieb mehr möglich.

In der heutigen Zeit werden Biogasanlagen ausschließlich mit der Auskopplung und dem Verkauf oder der Eigennutzung von Wärme betrieben. Da die Wirtschaftlichkeit erheblich von den Betriebsstunden und den Rohstoffkosten der eingesetzten Energiepflanzen und sonstiger Inputstoffe abhängig ist, sind allgemein gültige Feststellungen über den finanziellen Erfolg von Biogasanlagen nicht möglich. Um genaue Aussagen treffen zu können, müssen projektspezifische Analysen über beispielsweise den zu erwartenden Wärmebedarf oder -absatz sowie die lokal stark variierenden Rohstoffkosten erstellt werden. Sollte es möglich sein, den Wärmepreis an den Preis der Inputstoffe zu koppeln, ist dies eine optimale Grundlage für den langfristig wirtschaftlichen Betrieb.

5.2.2 Biomasse-Heizkraftwerke

Vor der Betrachtung der Stromgestehungskosten auf Basis von Biomasse (hier Holz) wird vorab auf die gesetzlichen Rahmenbedingungen hingewiesen. Zusammenfassend lässt sich feststellen, dass die gesetzlichen Regelungen in Bezug auf die Biomasse vereinfacht wurden. Innerhalb der Biomasseverordnungen sind die als Biomasse anerkannten und nicht-anerkannten Stoffe gleich geblieben. Die Vergütungssätze haben sich wie folgt entwickelt.

Tabelle 5-2: Zusammenfassung des Einflusses der EEG-Gesetzesänderung auf die Vergütung

§ 27 EEG-2012 (Biomasse)	§ 44 EEG-2014 (Biomasse)
Auswertung in Bezug auf die Nutzung von Holz als Biomasse	
Für Strom aus Biomasse nach der Biomasseverordnung liegt die Vergütung bis zu einer Bemessungsleistung von: → 150 kW bei 14,3 €-Cent/kWh → 500 kW bei 12,3 €-Cent/kWh → 5 MW bei 11,0 €-Cent/kWh → 20 MW bei 6,0 €-Cent/kWh	Für Strom aus Biomasse nach der Biomasseverordnung liegt die Vergütung bis zu einer Bemessungsleistung von: → 150 kW bei 13,66 €-Cent/kWh → 500 kW bei 11,78 €-Cent/kWh → 5 MW bei 10,55 €-Cent/kWh → 20 MW bei 5,85 €-Cent/kWh

Fortsetzung Tabelle 5-2: Zusammenfassung des Einflusses der EEG-Gesetzesänderung auf die Vergütung

Diese Vergütung erhöht sich entsprechend dem jeweiligen Einsatzstoff-Energieertrag für die Einsatzstoffvergütungsklasse I bis zu einer Bemessungsleistung von: ➔ 500 kW um 6,0 €-Cent/kWh ➔ 750 kW um 5,0 €-Cent/kWh ➔ 5 MW um 4,0 €-Cent/kWh ➔ Im Falle von Strom aus Rinde und Waldrestholz gilt abweichend bis zu einer Bemessungsleistung von 5 MW eine Erhöhung um 2,5 €-Cent/kWh Diese Vergütung erhöht sich entsprechend dem jeweiligen Einsatzstoff-Energieertrag für die Einsatzstoffvergütungsklasse II bis zu einer Bemessungsleistung von: ➔ 5 MW um 8,0 €-Cent/kWh	Die Einsatzstoffvergütungsklassen sind weggefallen.

Zur Prüfung der Wirtschaftlichkeit von Biomasse-Heizkraftwerken wurden zahlreiche Recherchen durchgeführt. Auf Datengrundlage der Einsatztagebücher, Betriebskosten und Betriebsstunden bereits existierender Biomasse-Heizkraftwerke wurde versucht, einen zu den anderen Stromerzeugungstechnologien vergleichbaren Stromgestehungspreis zu ermitteln. Dies ist jedoch bei Biomasse-Heizkraftwerken auf Grund zahlreicher Faktoren nicht möglich. Der wichtigste Grund hierfür ist die direkte Kopplung der errechneten Kosten an den angenommenen Brennstoffpreis. Eine geringe Veränderung der Brennstoffkosten führt zur sofortigen Änderung der Situation in Bezug auf Rentabilität. Dies ist zusätzlich von enormer Relevanz für die Anlagen, da sie häufig für eine Nutzungsdauer von ca. 20 Jahren ausgelegt werden. Für diesen Zeitraum kann nicht von einer Konstanz der Brennstoffpreise ausgegangen werden. In Abbildung 5-3 ist die Verteilung der Betriebskosten eines Biomasse-Heizkraftwerkes dargestellt. Anhand dieser Abbildung wird ersichtlich, dass die Betriebskosten sich zu fast drei Viertel aus Aufwendungen für Brennstoffe zusammensetzen. Bei unterschiedlichen Annahmen über die Höhe der Ausgaben führt dies zu erheblichen Abweichungen in der Wirtschaftlichkeitsbetrachtung.

100 5 Haupteinflussfaktoren der Energiewende auf ausgewählte Technik und Wirtschaftlichkeit von Energieerzeugungsanlagen

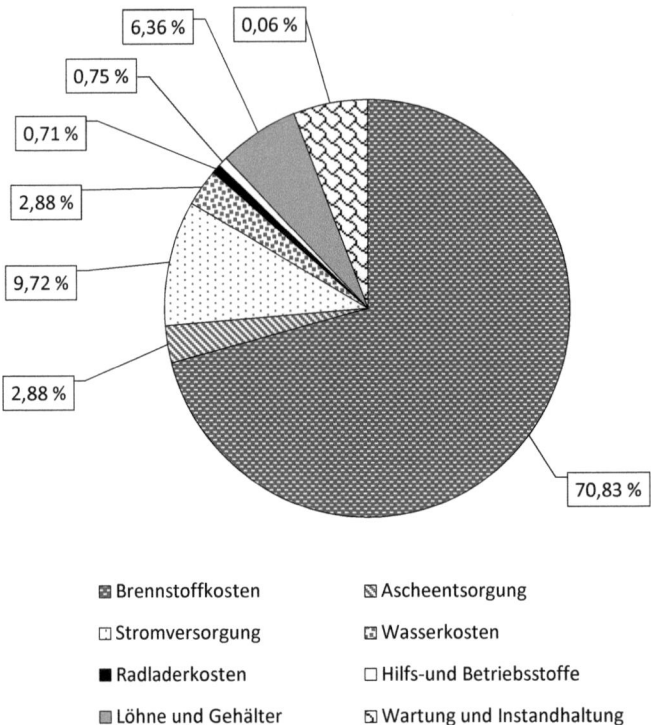

- ▨ Brennstoffkosten
- ▧ Ascheentsorgung
- ▢ Stromversorgung
- ▨ Wasserkosten
- ■ Radladerkosten
- ▢ Hilfs- und Betriebsstoffe
- ▨ Löhne und Gehälter
- ▨ Wartung und Instandhaltung

Abbildung 5-3: Verteilung der Betriebskosten eines Biomasse-Heizkraftwerkes (eigenes Bsp.)

Die Berechnung bezieht sich auf ein Kraftwerk mit ca. 5 MW elektrischer und 20 MW thermischer Leistung sowie einem spezifischen Invest von rund 3.600 €/kW$_{el}$. Für die Anzahl der Betriebsstunden wurde mit der Annahme einer stromgeführten Fahrweise mit 8.000 Volllastbetriebsstunden gerechnet.

Als Ergebnis kann festgehalten werden, dass diese Form der Stromerzeugung wirtschaftlich nur in Verbindung mit der Verwendung von Wärme betreibbar ist, da die reinen Stromgestehungskosten ohne Einsatz der Wärme oberhalb der Vergütungssätze und des Strombezugspreises für Industriekunden liegen. Daher sollte bereits bei der Auslegung der Schwerpunkt auf den Wärmebedarf gelegt werden. Auf Grund der enormen Menge an Wärme ist eine Kopplung eines Biomasse-Heizkraftwerkes an Industriezweige mit erhöhtem Wärmedarf als Grundlast anzustreben. Solche Industriezweige sind zum Beispiel die Papier-, Nahrungsmittel- und Kraftfahrzeugindustrie. Ebenso haben lackverarbeitende Betriebe mit Tauchbädern sowie Reinigungsmittel- und Kosmetikhersteller einen sehr hohen Wärmebedarf (Grundlast) und kommen als potentielle Abnehmer der Wärme in Frage.

Im Falle der Eigenversorgung mit Strom ist eine zusätzliche Belastung dieser Kraftwerke mit der EEG-Umlage kritisch einzuschätzen, da bei reiner stromgeführter Fahrweise jetzt schon kein wirtschaftlicher Betrieb möglich ist. Wie für Biogasanlagen gilt auch für Biomasseheizkraftwerke, dass erst dann optimale Bedingungen vorliegen, wenn der Wärmepreis an den Brennstoffpreis gekoppelt werden kann. In der Praxis ist dies jedoch kaum durchsetzbar.

5.2.3 Zusammenfassung Stromerzeugungsanlagen auf Basis nachwachsender Rohstoffe

Für beide Technologien gilt, dass sich die errechneten Kosten stark proportional zu den Rohstoffkosten verhalten. Im Gegensatz zu den erneuerbaren Energien Sonne und Wind besteht der erhebliche Nachteil darin, dass die Energie-Rohstoffe nicht kostenlos beziehbar sind. Dadurch sind ökonomische Betrachtungen nur eingeschränkt möglich, da die Brennstoffpreise schwierig vorhersehbar sind. So verschiebt sich der Fokus der Betrachtung von den Investitions- und Kapitalkosten sowie der Anlagennutzungsdauer auf die zusätzlich anfallenden Brennstoffkosten.

Ein wirtschaftlicher Betrieb der Anlagen ist derzeit lediglich denkbar für Anlagen, die eine Nutzung der Abwärme realisieren, da ein rein stromgeführter Betrieb Stromgestehungskosten erzeugt, die deutlich über den Strombezugspreisen für Industriebetriebe und der entsprechenden EEG-Vergütung liegen.

5.3 Photovoltaik

Für die Erzeugung von Strom mit Photovoltaik-Anlagen gibt die Studie des Fraunhofer Institutes Stromentstehungskosten in Höhe von 0,078 €/kWh bis 0,142 €/kWh für Freiflächen- und kleine Dachanlagen an. Dabei wurden mittlere Einstrahlungswerte von 1.000 kWh/m²a bis 1.200 kWh/m²a und ein spezifischer Invest von 1.000 €/kWp bis 1.800 €/kWp ermittelt (vgl. [5.2]). Die gemittelten Kosten liegen demnach bei 11,00 €-Cent/kWh.

Die Stromgestehungskosten sind zusammen mit den Vergütungen in Abbildung 5-4 dargestellt. Wurde der Strom nach EEG-2012 eingespeist, war sowohl für kleine als auch für große Anlagen ein profitabler Betrieb möglich. Bei der Vergütung nach dem EEG-2014 ist ein wirtschaftlicher Betrieb, basierend auf dem durchschnittlichen Stromgestehungspreis der Studie, nur für kleinere Anlagen realisierbar. Für größere Anlagen reicht die Vergütung auf Basis der genannten Stromgestehungskosten nicht aus, um mit Hilfe dieser die Kosten der Erzeugung zu decken. Wird berücksichtigt, dass mit steigender Anlagengröße der spezifische Invest sinkt, kann für Großanlagen der niedrigere Stromgestehungspreis gemäß der Studie in Höhe von 7,8 €-Cent/kWh angenommen werden (in Abbildung 5-4 gestrichelt dargestellte Stromgestehungskosten). Diese Betrachtung führt zu einem kostendeckenden und gewinnerzielenden Betrieb auch von Photovoltaik-Großanlagen und scheint der Realität zu entsprechen, da ein zunehmender Ausbau von Photovoltaik-Großanlagen beobachtet werden kann. Wird zu den Stromgestehungskosten die EEG-Umlage anteilig addiert, erhöht sich der Preis für jede selbsterzeugte und -genutzte Kilowattstunde Strom von durchschnittlich 11,00 €-Cent/kWh (EEG-2012 ohne Umlage) um ca. 17 % auf 12,85 €-Cent/kWh für die Jahre 2014/15 und um 20 % auf 13,16 €-Cent/kWh für das Jahr 2016. Ab dem 1. Januar 2017 liegt, nach aktueller Gesetzeslage, der Strompreisanstieg bei ca. 22 % auf 13,47 €-Cent/kWh. Für stromkostenintensive Unternehmen liegt er bei 8 % auf 11,93 €-Cent/kWh.

Die Änderung des Strombezugspreises in Folge der Erhebung der anteiligen EEG-Umlage auf eigenerzeugten Strom ist in der Tabelle 5-3 zusammengefasst.

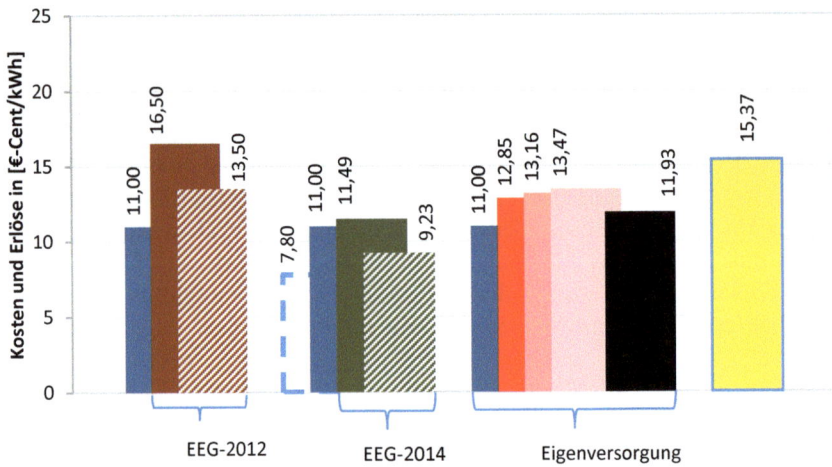

Abbildung 5-4: Stromkosten für Industriekunden im Jahr 2013 nach BDEW im Vergleich zur Nutzung einer Photovoltaik-Stromerzeugungsanlage und der Effekt der Gesetzesänderung vom EEG-2012 auf EEG-2014 (Datengrundlage Industriestrompreis [5.1], Stromgestehungskosten [5.2])

Tabelle 5-3: Zusammenfassung der Preissteigerung in Folge der Beaufschlagung der EEG-Umlage (bezogen auf den durchschnittlichen Stromgestehungspreis der Studie von 11,00 €-Cent/kWh)

Eigenversorger	Stromgestehungskosten in €-Cent/kWh gemäß ...		Anstieg
	EEG-2012	EEG-2014	
nicht-produzierendes Gewerbe (EEG-2012) entspricht nichtstromkostenintensives Unternehmen (EEG-2014)	11,00	12,85 (30 % Umlage) 13,16 (35 % Umlage) 13,47 (40 % Umlage)	17 % (01.08.14 – 31.12.15) 20 % (01.01.16 – 31.12.16) 22 % (ab 01.01.2017)
produzierendes Gewerbe (EEG-2012) entspricht stromkostenintensives Unternehmen (EEG-2014)	11,00	11,93 (15 % Umlage)	8 % (ab 01.08.14)

Zusammenfassend kann festgehalten werden, dass die Eigenversorgung mit Photovoltaik-Anlagen wirtschaftlich ist, wenn die Dach- oder Freilandflächen den Anforderungen des Systems entsprechen. Zu diesen Anforderungen gehört systembedingt ein geeigneter sonnenreicher Standort mit entsprechender, zur Sonne ausgerichteter Neigung.

5.4 Heizkraftwerke auf Basis von Gasturbinen (5-10 MW$_{el}$)

Die durch das EEG-2014 geregelte EEG-Umlage betrifft ebenfalls nicht regenerativ betriebene Stromerzeugungsanlagen. So wurden viele Investitionsentscheidungen zurückgehalten, die beispielsweise Heizkraftwerke auf Basis von Erdgasturbinen oder -motoren betrafen, bis das neue EEG verabschiedet wurde. Erst ab diesem Zeitpunkt bestand Rechtssicherheit hinsichtlich der Höhe der EEG-Umlage mit der durch diese Anlagen erzeugter Strom belastet wird, was entsprechenden Einfluss auf die Wirtschaftlichkeit der Projekte hat. Bezüglich der Investitionskosten wurde davon ausgegangen, dass Bestandskessel ersetzt werden, die jedoch für die Redundanz sowie für Spitzen- und Niederlast noch verfügbar sind. Daher wurde die Kosten für Peripherie wie Wasseraufbereitung etc. nicht berücksichtigt.

In den Abbildungen 5-5 und 5-6 ist der Stromgestehungspreis von Blockheizkraftwerken auf Basis eines gasturbinenbetriebenen Generators im Leistungsbereich von 5 MW$_{el}$ bis 10 MW$_{el}$ auf Basis eigener Berechnungen dargestellt. Dabei ist in Abbildung 5-5 die Auskopplung der Wärme und die damit verbundene Wärmenutzung nicht mit berücksichtigt worden. In der Abbildung 5-6 ist die Auskopplung der Wärme auf zwei verschiedene Art und Weisen eingerechnet. Zum einen ist es möglich, mit der Gasturbine zusätzlich zum Strom Warm- bzw. Heißwasser zu erzeugen, zum anderen kann die Gasturbine auch zur Dampfproduktion verwendet werden. Beide Verwendungsmöglichkeiten wurden getrennt voneinander betrachtet. Die Gasturbine wird innerhalb der Berechnung der Stromgestehungskosten neben der Produktion von Strom also entweder zur Warm- bzw. Heißwasseraufbereitung oder zur Dampfproduktion verwendet.

Die errechneten Stromgestehungskosten basieren auf eigenen Berechnungen und beruhen auf der Annahme, dass das Heizkraftwerk jährlich 8.000 Vollastbetriebsstunden betrieben werden kann. Des Weiteren wurden Wartungs-, Instandhaltungskosten und Kapitalkosten mit berücksichtigt. Ferner liegen der Berechnung die in der folgenden Tabelle 5-4 hinterlegten Annahmen in entsprechenden Größenordnungen zugrunde. Für die Gasturbine und den Abhitzekessel wurde keine Zusatzfeuerung berücksichtigt.

Tabelle 5-4: Grundlagen der Stromgestehungskostenberechnung Gasturbinen (GT) mit und ohne Wärmeauskopplung

Bezeichnung	Zahlenwert	Einheit
Länge des Betrachtungszeitraumes	16	[Jahre]
Beginn des Betrachtungszeitraumes	2015	
Betriebsstunden des Aggregates	8.000	[h/a]
Elektrische Nennleistung der betrachteten GT	≈ 5,5	[MW_{el}]
Elektrischer Wirkungsgrad	30,9	[%]
Anzahl der Wartungen pro Jahr	2	
Thermischer Wirkungsgrad (Warm- bzw. Heißwasser)	53,2	[%]
Thermischer Wirkungsgrad (Dampfproduktion)	52,1	[%]
Zinssatz Fremdkapital	5	[%]
Laufzeit des Fremdkapitaldarlehens	15	[Jahre]
Eigenkapitalanteil	25	[%]
Minimaler ROI (Return On Invest)	6	[%]
Gaspreis ohne Steuern & Entgelt	38,50	[€/MWh]
Gaspreissteigerungsrate	1,5	[%/a]
Dampfverkaufspreis	40	[€/t]
Fernwärme: Warm-/Heißwasserverkaufspreis	40	[€/MWh]
Investitionen in Technik, Bau, Planung (Kraftwerksstandard)		
GT zur reinen Stromerzeugung	4.664.400	[€]
GT zur Strom- und Warm-/Heißwassererzeugung	5.404.200	[€]
GT zur Strom- und Dampfproduktion	5.620.200	[€]

5.4 Heizkraftwerke auf Basis von Gasturbinen (5-10 MWel)

Der wichtigste Parameter der Berechnung ist der angenommene Erdgaspreis, welcher sich auf 38,50 €/MWh beläuft. Die angenommene Erdgaspreissteigerungsrate soll nicht die wirkliche Preisänderung des Erdgases berücksichtigen sondern vielmehr genau wie die anderen festgelegten Preissteigerungen von beispielsweise Lohn- und Gemeinkosten in Höhe von 1,5 % eine Möglichkeit geben, gegen den inflationsbedingten Preisanstieg gegenzusteuern. Bei diesem ist bereits die Vergünstigung der Energiesteuer für Erdgas zum Antrieb von Verbrennungskraftmaschinen mit berücksichtigt, wodurch die Erdgassteuer von 13,90 auf 5,50 €/MWh reduziert wird. Wie der Tabelle 5-4 auch entnommen werden kann, sind unterschiedliche Investitionskosten für alle drei Varianten der Abwärmenutzung der Gasturbine berücksichtigt worden. Dies ist erforderlich, da durch den unterschiedlichen Ansatz an Investitionskosten berücksichtigt wird, dass beispielsweise eine Gasturbine, die nur Strom produziert, keine aufwendige Wärmeauskopplung mit einem Abhitzekessel (AHK), einer Zusatzfeuerung usw. benötigt.

In Abbildung 5-5 entspricht die blaue Säule den errechneten Stromgestehungskosten der Anlage bei reiner Stromproduktion. Diese sind deckungsgleich mit den Strombezugskosten für Eigenversorgung nach dem EEG-2012, weil keine EEG-Umlage angefallen ist. Zusätzlich zu diesen Kosten kommt seit dem 1. August 2014 die EEG-Umlage auf eigenerzeugten Strom hinzu. Daher steigen die Kosten für den eigenerzeugten und -verbrauchten Strom an. Die Vergütung nach dem Kraft-Wärme-Kopplungsgesetz bei Verwendung der Wärme wurde ebenfalls berücksichtigt.

Auf das Kraft-Wärme-Kopplungs-Gesetz (KWKG) wird kurz eingegangen. Dieses Gesetz soll Anlagen zur gemeinsamen Erzeugung und Verwendung von Strom und Wärme fördern um Energie einzusparen und das Klimaziel erreichen zu können. Des Weiteren werden auch Brennstoffzellen und der Aus- bzw. Neubau von Kälte- und Wärmenetzen gefördert. Die Förderung ist als Zuschlag zu sehen und wird unabhängig von der Verwendung des Stroms vom Netzbetreiber entrichtet. Dabei spielt es keine Rolle, ob der Strom in das Netz des Energieversorgers eingespeist wird oder selbst zur Eigenversorgung genutzt wird. Die KWK-Zulage wird, leistungsanteilig wie folgt vergütet:

- bis 50 kW$_{el}$:   5,41   €-Cent/kWh
- bis 250 kW$_{el}$:   4,00   €-Cent/kWh
- bis 2.000 kW$_{el}$:   2,41   €-Cent/kWh
- ab 2.000 kW$_{el}$:   1,80   €-Cent/kWh

Zusätzlich zum KWK-Zuschlag wird der übliche EEX-Strompreis vergütet und je nach Anwendungsfall die vermiedenen Netznutzungskosten sowie die Stromsteuer eingespart. An dieser Stelle sei jedoch erwähnt, dass der Zuschlag nach dem KWKG für derartige Anlagen nur bis maximal 30.000 Betriebsstunden oder 10 Jahre vergütet wird. Danach entfällt diese Förderung.

106   5 Haupteinflussfaktoren der Energiewende auf ausgewählte Technik und
      Wirtschaftlichkeit von Energieerzeugungsanlagen

Es wird ersichtlich, dass der KWK- Zuschlag in Höhe von durchschnittlich 2,11[3] €-Cent/kWh (Annahme 8.000 Volllastbetriebsstunden und eine Anlagenleistung von 5,5 MW$_{el}$) zu einer wirtschaftlicheren Situation führt.

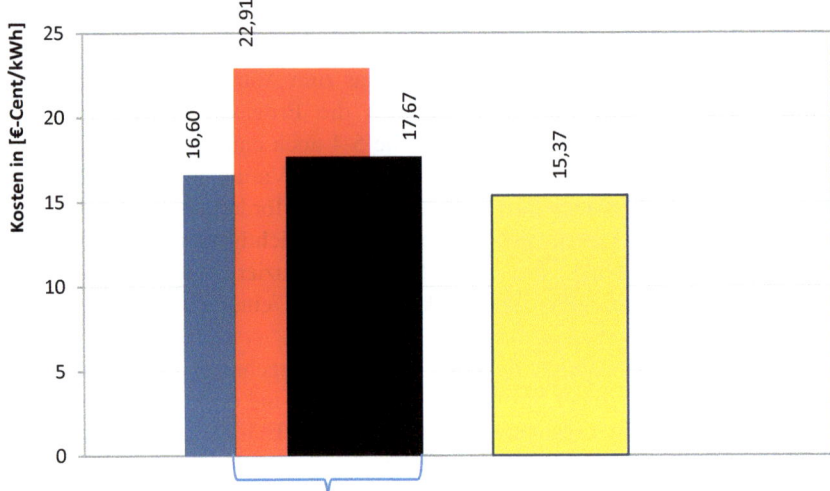

Abbildung 5-5:   Stromgestehungskosten für Heizkraftwerke auf Gasturbinenbasis **ohne** Verwendung der Wärmeenergie im Erdgasbetrieb der Leistungsklasse 5 bis 10 MW$_{el}$ und der Effekt der Gesetzesänderung vom EEG-2012 auf EEG-2014

In beiden Abbildungen (Abbildung 5-5 und 5-6) ist der Effekt der Novellierung des EEG grafisch dargestellt. Auf Grund der zu entrichtenden EEG-Umlage steigt der Preis für eine eigenerzeugte Kilowattstunde an. Im direkten Vergleich der beiden Abbildungen wird ersichtlich, dass ein wirtschaftlicher Betrieb nur unter Verwendung der Abwärme möglich ist. Eine Gasturbine, die nur Strom erzeugt

---

[3]   Der Berechnung liegt der oben aufgeführte Vergütungsschlüssel zugrunde. Die Berechnung für die genannte Gasturbine (5,5 MW$_{el}$) erfolgt anteilig nach den Leistungsstufen:
50 kW/5.500 kW·5,41 ct/kWh +200 kW/5.500 kW·4,00 ct/kWh
+1.750 kW/5.500 kW·2,41 ct/kWh +3.500 kW/5.500 kW·1,80 ct/kWh = 2,11 ct/kWh

und die Abgasenthalpie verwirft, kann unter derzeitigen politischen und wirtschaftlichen Randbedingungen nicht gewinnbringend betrieben werden, da der effektive Strompreis bei Eigenversorgung über den Kosten des Strombezugspreises für Industriekunden liegt. Zusätzlich wird ab dem 1. August 2014 auf den eigenerzeugten Strom die EEG-Umlage aufgeschlagen, wodurch der Eigenstromversorgungspreis weiter ansteigt. Dies gilt sowohl für nicht-stromkostenintensive als auch für stromkostenintensive Unternehmen nach EEG-2014.

Da Erdgas kein erneuerbarer Brennstoff nach § 5 EEG-2014 ist und bei Nichtnutzung der Abgaswärme das Hocheffizienzkriterium[4] nicht erfüllt wird, fällt nach § 61 EEG-2014 auch für eigenerzeugten und eigenverbrauchten Strom die volle EEG-Umlage an, wodurch für eine derartige Anlage kein wirtschaftlicher Betrieb möglich ist.

Es entsteht ein Kostenanstieg für eigenerzeugten Strom beginnend mit dem 1. August 2014 von 16,60 €-Cent/kWh um 38 % auf 22,91 €-Cent/kWh (Abbildung 5-5). Durch die Reduzierung der Umlage für stromkostenintensive Unternehmen auf 15 % ergibt sich für diese begünstigten Unternehmen lediglich ein Anstieg um 6 % auf 17,67 €-Cent/kWh.

Wird die Nutzung der Wärme mit berücksichtigt (Abbildung 5-6), kann die Anlage wirtschaftlich betrieben werden. Dies lässt sich zum einen durch die deutlich geringeren Stromgestehungskosten erkennen und zum anderen daran, dass selbst nach Beaufschlagung der anteiligen EEG-Umlage eine Differenz zum Strombezugspreis für Industriekunden erkennbar ist. Der KWK-Zuschlag wurde entsprechend den gesetzlichen Vorgaben berücksichtigt.

Die Wärmenutzung der Gasturbine wurde für den Fall Warm- bzw. Heißwasserauskopplung (40 €/MWh) und für den Fall Dampfproduktion (40 €/t Dampf entspricht etwa 58 €/MWh) berechnet. Die Nutzung der Abgasenthalpie zur Wassererwärmung ist im Diagramm als vollflächig farbige Säulen dargestellt, während die Stromgestehungskosten bei gleichzeitiger Produktion von Dampf als schraffierte Säulen dargestellt sind. Es wird ersichtlich, dass der Verkauf und der daraus resultierende erzielbare Gewinn einen erheblichen Einfluss auf die Wirtschaftlichkeit der Gasturbinenanlagen haben. Da Dampf als hochkalorische Wärme höherwertig zu verkaufen ist, ist die Rentabilität von dampferzeugenden Gasturbinenaggregaten deutlich besser. In beiden Fällen der Abgaswärmenutzung gilt jedoch für den errechneten Stromgestehungspreis, dass die ausgekoppelte Wärme über den gesamten Betriebszeitraum Verwendung finden muss.

Die Kosten für eigenerzeugten Strom auf Basis gasturbinenangetriebener Generatoren unter Berücksichtigung der Wärmenutzung durch Warm- bzw. Heißwassernutzung steigen im Jahr 2014/15 von 8,95 €-Cent/kWh um 21 % auf 10,84 €-Cent/kWh. Für das Jahr 2016 wurde ein Anstieg um 25 % auf 11,16 €-Cent/kWh und ab 1. Januar 2017 um 28 % auf 11,48 €-Cent/kWh berechnet. Für stromkos-

---

[4] Das Hocheffizienzkriterium ist in § 53a Absatz 1 Satz 3 EnergieStG definiert. Eine genaue Erklärung sowie die beispielhafte Berechnung anhand eines Beispiels ist in Kapitel 7 zu finden.

tenintensive Unternehmen fällt die Kostensteigerung deutlich geringer aus. Für diese liegt der Anstieg bei 12 % auf 10,02 €-Cent/kWh.

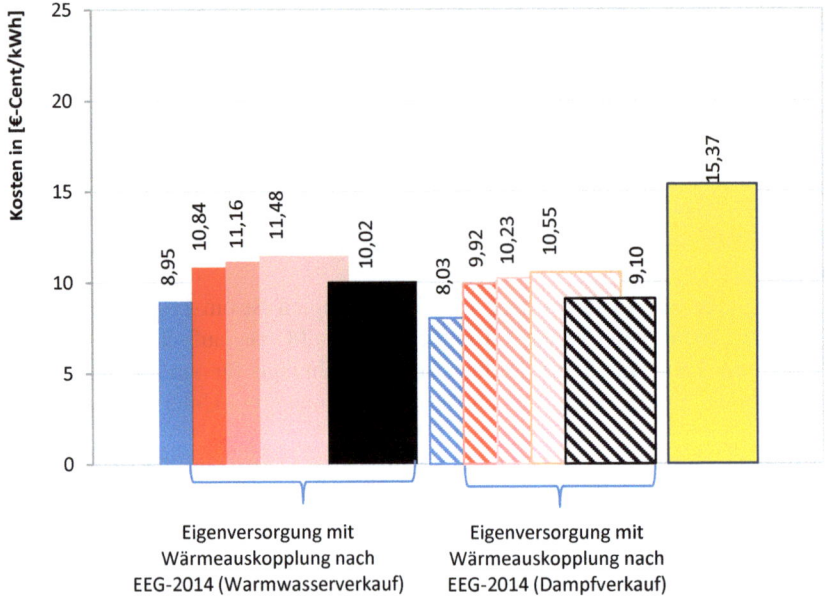

Abbildung 5-6: Stromgestehungskosten für Blockheizkraftwerke auf Gasturbinenbasis **mit** Verwendung der Wärmeenergie im Erdgasbetrieb der Leistungsklasse 5 bis 10 MW_{el} und der Effekt der Gesetzesänderung vom EEG-2012 auf EEG-2014

Wird die gleiche Rechnung zur Betrachtung der Preissteigerung für Anlagen mit Dampferzeugung durchgeführt ergeben sich, bedingt durch die geringeren Stromgestehungskosten, eine höhere prozentuale Steigerung, bezogen auf den errechneten Stromgestehungspreis vor der Novellierung des EEG im Jahr 2014. Bei diesen Anlagen erhöht sich der Stromgestehungspreis vom 1. August 2014 bis 31. Dezember 2015 von 8,03 €-Cent/kWh um 24 % auf 9,92 €-Cent/kWh. Im Jahr 2016 ist es ein Anstieg um 27 % auf 10,23 €-Cent/kWh und ab dem 1. Januar 2017 liegt der Anstieg, bezogen auf den Preis ohne Beaufschlagung mit der EEG-Umlage, bei 31 % auf 10,55 €-Cent/kWh. Für Unternehmen, die den Status „stromkostenintensiv" nach EEG-2014 erreichen, liegt der Anstieg bei nur ca. 13% auf einen Stromgestehungspreis in Höhe von 9,10 €-Cent/kWh.

Der Einfluss der Gesetzesänderung bedingt durch die Erhebung der EEG-Umlage ist zur Verbesserung der Übersichtlichkeit nachfolgend in der Tabelle 5-5 zusammengefasst.

Tabelle 5-5: Stromgestehungskosten nach EEG-2012 und EEG-2014 mit Berücksichtigung der EEG-Umlage für gasturbinenbasierte Anlagen

Eigenversorger	Stromgestehungskosten in €-Cent/kWh gemäß ...		Anstieg
	EEG-2012	EEG-2014	
gasturbinenbasierte BHKW **ohne** Wärmeverwendung			
nicht-produzierendes Gewerbe (EEG-2012) entspricht nicht-stromkostenintensives Unternehmen (EEG-2014)	16,60	22,91 (100 % Umlage)	38 % (ab 01.01.2017)
produzierendes Gewerbe (EEG-2012) entspricht stromkostenintensives Unternehmen (EEG-2014)	16,60	17,67 (15 % Umlage)	6 % (ab 01.08.2014)
gasturbinenbasierte BHKW **mit** Wärmeverwendung (Warmwasserverkauf)			
nicht-produzierendes Gewerbe (EEG-2012) entspricht nicht-stromkostenintensives Unternehmen (EEG-2014)	8,95	10,84 (30 % Umlage) 11,16 (35 % Umlage) 11,48 (40 % Umlage)	21 % (01.08.2014 bis 31.12.2015) 25 % (01.01.2016 bis 31.12.2016) 28 % (ab 01.01.2017)
produzierendes Gewerbe (EEG-2012) entspricht stromkostenintensives Unternehmen (EEG-2014)	8,95	10,02 (15 % Umlage)	12 % (ab 01.08.2014)

110 5 Haupteinflussfaktoren der Energiewende auf ausgewählte Technik und Wirtschaftlichkeit von Energieerzeugungsanlagen

Fortsetzung Tabelle 5-5: Stromgestehungskosten nach EEG-2012 und EEG-2014 mit Berücksichtigung der EEG-Umlage für gasturbinenbasierte Anlagen

Eigenversorger	Stromgestehungskosten in €-Cent/kWh gemäß ...		Anstieg
	EEG-2012	EEG-2014	
gasturbinenbasierte BHKW mit Wärmeverwendung (Dampfverkauf)			
nicht-produzierendes Gewerbe (EEG-2012) entspricht nicht-stromkostenintensives Unternehmen (EEG-2014)	8,03	9,92 (30 % Umlage) 10,23 (35 % Umlage) 10,55 (40 % Umlage)	24 % (01. 08. 2014 bis 31. 12. 2015) 27 % (01. 01. 2016 bis 31. 12. 2016) 31 % (ab 01. 01. 2017)
produzierendes Gewerbe (EEG-2012) entspricht stromkostenintensives Unternehmen (EEG-2014)	8,03	9,10 (15 % Umlage)	13 % (ab 01. 08. 2014)

Zusammenfassend lässt sich festhalten, dass bei Verwendung der Wärme des Heizkraftwerkes eine Investition in dezentrale Energieversorgungsanlagen eine rentable Kapitalanlage sein kann, die erheblich zur Stromkostenreduzierung eines Verbrauchers beiträgt. Durch den Aufschlag der EEG-Umlage ist der Einspareffekt geringer als zu Zeiten des EEG-2012. Lediglich für stromkostenintensive Unternehmen nach EEG-2014 sind die Auswirkungen der Gesetzesänderung spezifisch erheblich geringer.

5.5 Heizkraftwerke auf Basis von Gasmotoren (5-10 MW$_{el}$)

In dieser zweiten ebenfalls eigenen Berechnung wurden die Stromgestehungskosten auf Basis eines erdgasmotorenbetriebenen Generators im Leistungsbereich zwischen 5 MW$_{el}$ und 10 MW$_{el}$ mit und ohne Wärmeauskopplung nach EEG-2012 und 2014 kalkuliert.

Wie bei der Berechnung der Gasturbine beruhen die ermittelten Stromgestehungskosten auf einer eigenen Berechnung mit der Annahme von 8.000 Volllastbetriebsstunden. Die darüber hinaus zusätzlich verwendeten Grundlagen können der nachfolgenden Tabelle 5-6 entnommen werden.

Tabelle 5-6: Grundlagen der Stromgestehungskostenberechnung Gasmotoren (GM) mit und ohne Wärmeauskopplung

Bezeichnung	Zahlenwert	Einheit
Länge des Betrachtungszeitraumes	16	[Jahre]
Beginn des Betrachtungszeitraumes	2015	
Betriebsstunden des Aggregates	8.000	[h/a]
Elektrische Nennleistung des betrachteten GM	≈ 5,2	[MW$_{el}$]
Elektrischer Wirkungsgrad	45,5	[%]
Anzahl der Wartungen pro Jahr	1	
Thermischer Wirkungsgrad	40,0	[%]
Zinssatz Fremdkapital	5	[%]
Laufzeit des Fremdkapitaldarlehens	15	[Jahre]
Eigenkapitalanteil	25	[%]
Minimaler ROI (Return On Invest)	6	[%]
Gaspreis mit Steuern & Entgelt	38,50	[€/MWh]
Gaspreissteigerungsrate	1,5	[%/a]
Fernwärme: Warm-/Heißwasserverkaufspreis	40	[€/MWh]
Investitionen in Technik und Bau (Kraftwerksstandard)		
GM zur Stromerzeugung	4.025.000	[€]

Die Ergebnisse der Betrachtung sind in den Abbildungen 5-7 und 5-8 entsprechend dargestellt. Im Vergleich zu Heizkraftwerken auf Gasturbinenbasis wird ersichtlich, dass gasmotorenbasierte Anlagen ohne Nutzung der Abwärme unter den angegebenen Randbedingungen wirtschaftlich ggf. nur für stromkostenintensive Unternehmen nach EEG-2014 betrieben werden können. Allerdings ist der Vorteil derart gering, dass die Investition dadurch voraussichtlich nicht gerechtfertigt wird.

In Abbildung 5-7 wird die Auskopplung der Wärme nicht mit berücksichtigt, während in Abbildung 5-8 die Erlöse durch Warm- bzw. Heißwasserverkauf (40 €/MWh) entsprechend Berücksichtigung finden, wodurch eine erhebliche Kostensenkung erreicht werden kann.

Abbildung 5-7 zeigt neben den Stromgestehungskosten, den Effekt des neuen EEG-2014 bezüglich gasmotorenbasierter Blockheizkraftwerke ohne Berücksichtigung der anfallenden Wärmeenergiemenge, mit dem eine enorme Kostensteigerung auf eigenerzeugten Strom einhergeht. Der Abbildung kann entnommen werden, dass ein wirtschaftlicher Betrieb bezogen auf den Strombezugspreis für Industriekunden gemäß einer Studie des BDEW nach dem EEG-2014 für nichtstromkostenintensive Unternehmen nicht erreicht werden kann, weil nach § 61 Absatz 1 EEG-2014 die volle EEG-Umlage zu entrichten ist, wenn die Anlage weder mit Brennstoff im Sinne des § 5 EEG-2014 betrieben wird noch das Hocheffizienzkriterium erfüllt. Da die betrachtete Anlage mit Erdgas betrieben wird, handelt es sich nicht um einen erneuerbaren Brennstoff. Infolgedessen müsste für eine Reduzierung der EEG-Umlage das Hocheffizienzkriterium nach § 53a Absatz 1 Satz 3 EnergieStG erfüllt werden.

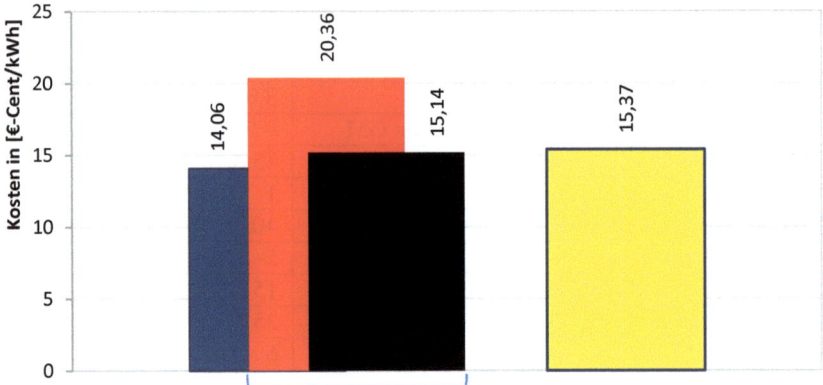

Abbildung 5-7: Stromgestehungskosten für Blockheizkraftwerke auf Gasmotorenbasis **ohne** Abwärmenutzung im Erdgasbetrieb der Leistungsklasse 5 bis 10 MW$_{el}$ und der Effekt der Gesetzesänderung vom EEG-2012 auf EEG-2014

Gleiches gilt für Gasturbinen. Da die Anlage aber ausschließlich Strom bereitstellt und die Wärmeenergie verwirft, ist diese Bedingung nicht erfüllt. Demnach muss die volle EEG-Umlage auf den eigenerzeugten Strom entrichtet werden, wodurch die Anlage, wie in Abbildung 5-7 dargestellt, unwirtschaftlich ist. Für Unternehmen, die stromkostenintensiv sind, ist eine Eigenstromerzeugung durch einen Gasmotor ggf. wirtschaftlich, da diese nur 15 % der EEG-Umlage entrichten müssen (vgl. § 64 Absatz 2 und 6). Jedoch rechtfertigt der geringe wirtschaftliche Vorteil voraussichtlich keine Investition.

Die Beaufschlagung der EEG-Umlage auf eigenerzeugten und eigenverbrauchten Strom bei gasmotorenbasierten Blockheizkraftwerken ohne Berücksichtigung der anfallenden Wärmemenge für nicht-stromkostenintensive Unternehmen führt zu einem Anstieg von 14,06 €-Cent/kWh um 45 % auf 20,36 €-Cent/kWh ab dem 1. August 2014. Für privilegierte Unternehmen kommt es zu einem deutlich geringeren Anstieg von 8 % auf 15,14 €-Cent/kWh.

In der nachfolgenden Abbildung ist dieser Effekt noch einmal in gleicher Weise für gasmotorenbasierte Blockheizkraftwerke mit Auskopplung der Wärme (40 €/MWh) dargestellt. Es ist ersichtlich, dass ein wirtschaftlicher Betrieb, selbst mit Beaufschlagung der EEG-Umlage möglich ist, da die EEG-Umlage nur anteilig zu entrichten ist, wenn alle dafür erforderlichen Rahmenbedingungen erfüllt werden.

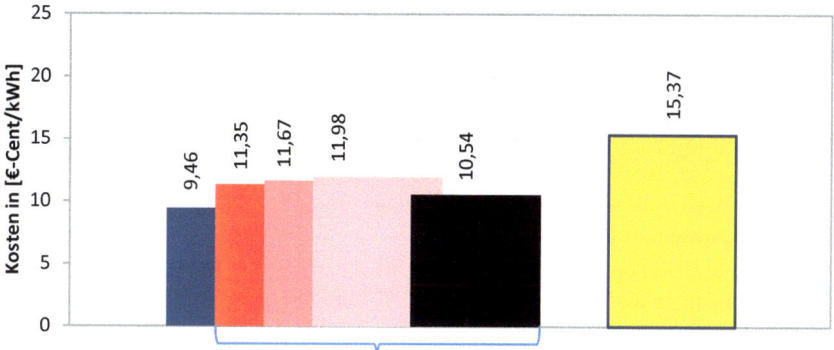

■ EEG-2012 (Eigenverbrauch ohne EEG-Umlage)

■ EEG-2014 (Eigenverbrauch für nicht-stromkostenintensive Unternehmen mit 30 % der EEG-Umlage Zeitraum: 1. August 2014 bis 31. Dezember 2015)

■ EEG-2014 (Eigenverbrauch für nicht-stromkostenintensive Unternehmen mit 35 % der EEG-Umlage Zeitraum: 1.Januar 2016 bis 31. Dezember 2016)

■ EEG-2014 (Eigenverbrauch für nicht-stromkostenintensive Unternehmen mit 40 % der EEG-Umlage Zeitraum: ab 1. Januar 2017)

■ EEG-2014 (Eigenverbrauch für stromkostenintensive Unternehmen mit 15 % der EEG-Umlage)

□ Referenz: Industriestrompreis 2014 inklusive Stromsteuer

Abbildung 5-8: Stromgestehungskosten für Blockheizkraftwerke auf Gasmotorenbasis **mit** Abwärmenutzung im Erdgasbetrieb der Leistungsklasse 5 bis 10 MWel und der Effekt der Gesetzesänderung vom EEG-2012 auf EEG-2014

Die Stromgestehungskosten derzeit verfügbarer Gasmotorenanlagen unter Verwendung der Abwärme steigen im Zeitraum vom 1. August 2014 bis 31. Dezember 2015 für normale nicht-privilegierte Unternehmen von 9,46 €-Cent/kWh um 20 % auf 11,35 €-Cent/kWh. In der zweiten Phase der Anpassung der EEG-Umlage liegt der Anstieg bei 23 % auf 11,67 €-Cent/kWh. Ab dem 1. Januar 2017 erhöhen sich die Kosten um 27 %, bezogen auf die jetzigen Stromgestehungskosten, auf 11,98 €-Cent/kWh. Für stromintensive Unternehmen steigen die Kosten in geringerem Ausmaß um 11 % auf 10,54 €-Cent/kWh.

Die Änderung des Strombezugspreises infolge der Erhebung der anteiligen EEG-Umlage auf eigenerzeugten Strom ist in der Tabelle 5-7 zusammengefasst.

Tabelle 5-7: Stromgestehungskosten nach EEG-2012 und EEG-2014 mit Berücksichtigung der EEG-Umlage für gasmotorenbasierte Anlagen

Eigenversorger	**Stromgestehungskosten in €-Cent/kWh gemäß ...**		**Anstieg**
	EEG-2012	EEG-2014	
Gasmotoren-BHKW **ohne** Abwärmenutzung			
nicht-produzierendes Gewerbe (EEG-2012) entspricht nichtstromkostenintensives Unternehmen (EEG-2014)	14,06	20,36 (30 % Umlage)	45 % (ab 01. 01. 2017)
produzierendes Gewerbe (EEG-2012) entspricht stromkostenintensives Unternehmen (EEG-2014)	14,06	15,14 (15 % Umlage)	8 % (ab 01. 08. 2014)
Gasmotoren-BHKW **mit** Abwärmenutzung			
nicht-produzierendes Gewerbe (EEG-2012) entspricht nichtstromkostenintensives Unternehmen (EEG-2014)	9,46	11,35 (30 % Umlage) 11,67 (35 % Umlage) 11,98 (40 % Umlage)	20 % (01. 08. 2014 bis 31. 12. 2015) 23 % (01. 01. 2016 bis 31. 12. 2016) 27 % (ab 01. 01. 2017)
produzierendes Gewerbe (EEG-2012) entspricht stromkostenintensives Unternehmen (EEG-2014)	9,46	10,54 (15 % Umlage)	11 % (ab 01. 08. 2014)

Eine Eigenversorgung mit Blockheizkraftwerken auf Gasmotorenbasis ist folglich nur wirtschaftlich, wenn die Wärme genutzt werden kann. Der Einfluss der EEG-Umlagen-Zahlung für neu zu errichtende Anlagen ist nicht unbedeutend für die Wirtschaftlichkeit von dezentralen Energieerzeugungsanlagen auf Gasmotorenbasis und sorgt für nicht-stromkostenintensive Unternehmen unter den angegebenen Randbedingungen für einen unrentablen Betrieb der Anlage. Der prozentuale Anstieg des Strompreises für stromkostenintensive Unternehmen ist prozentual betrachtet eher gering.

5.6 Zusammenfassung

Als Ergebnis der Betrachtung kann festgehalten werden, dass die Wirtschaftlichkeit der Stromerzeugungsanlagen auf Basis erneuerbarer Energien trotz der steigenden Belastung durch die EEG-Umlage und reduzierter Vergütungssätze nach dem EEG-2014 für Windenergie- sowie Photovoltaik-Anlagen weiterhin gegeben sein sollte. Dennoch erhöht sich durch die Beaufschlagung mit der EEG-Umlage die Amortisationsdauer im Falle der Eigenversorgung. Für Biogas- und Biomasseheizkraftwerke ist die Vergütung abhängig vom Brennstoffpreis projektspezifisch zu bewerten. Das Risiko ist hierbei ungleich größer. Biomasse sollte generell wärmegeführt eingesetzt werden.

Heizkraftwerke auf Basis von Gasturbinen werden durch die EEG-Umlage ebenfalls betroffen, stellen dennoch in der Regel bei wärmegeführter Betriebsweise eine profitable Alternative zum Strombezug über den Energieversorger dar. Beachtet werden muss, dass jedes Projekt individuell und detailliert analysiert werden sollte.

Um einen Überblick über die verschiedenen Technologien zu ermöglichen, sind die Stromgestehungskosten für unterschiedliche Anlagen in Abbildung 5-9 zusammengefasst.

Dabei wurden für die erneuerbaren Energien die Investitionskosten und verringerte Betriebsstunden bzw. nicht optimale Sonneneinstrahlung für die fluktuierenden Stromquellen mit berücksichtigt (vgl. [5.2]). Bei Blockheizkraftwerken im Leistungsbereich von 5 MW_{el} bis 10 MW_{el} wurden 8.000 Volllastbetriebsstunden als Berechnungsgrundlage angenommen und Betriebs- und Wartungskosten sowie Investitionskosten mit berücksichtigt. Die genaue Berechnung ist in den vorhergehenden Unterkapiteln zu finden.

Es ist zu erwarten, dass mit zunehmendem Ausbau der erneuerbaren Energien die Vollbetriebsstunden konventioneller Großkraftwerke sinken, wodurch der Stromgestehungspreis dieser Anlagen steigen wird. Blockheizkraftwerke, die den Eigenbedarf oder einen Teil des Eigenbedarfs eines Unternehmens decken, betrifft dies jedoch nicht.

Die gestrichelt und hell dargestellten Säulen beruhen auf eigenen Berechnungen. Die weiteren basieren auf Daten der Studie des Fraunhofer Institutes (vgl. [5.2]). Der Durchschnitt der „erneuerbaren Energien" wurde aus den dargestellten Photovoltaik- und Windenergieanlagen gebildet. Biomasse-Energieerzeugungsanlagen wurden, auf Grund der in diesem Kapitel beschriebenen Problematik, in die durchschnittlichen Stromgestehungskosten nicht eingerechnet. Der Durchschnitt der konventionellen Kraftwerke basiert auf Stromgestehungskosten von Braunkohle-, Steinkohle- und GuD-Kraftwerken, die der Studie des Fraunhofer Institutes entnommen wurden (vgl. [5.2]).

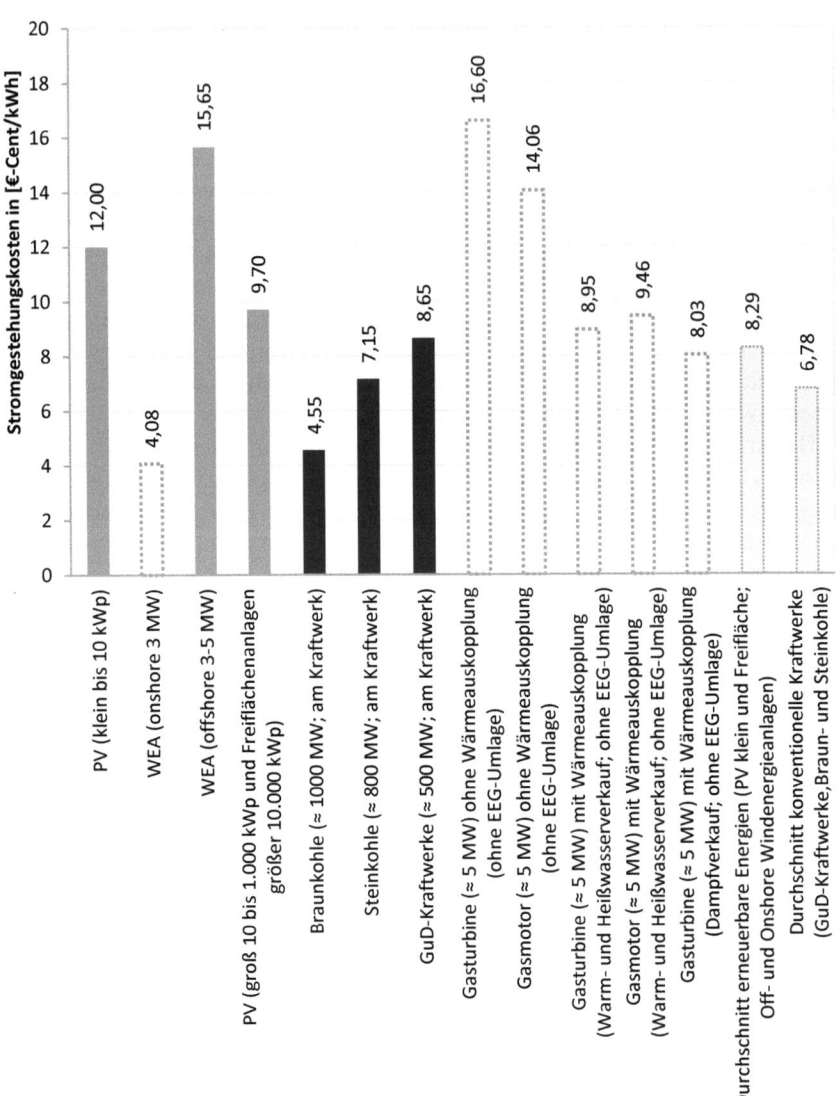

Abbildung 5-9: Stromgestehungskosten für unterschiedliche Technologien. Datengrundlage Industriestrompreis [5.3]; Stromgestehungskosten [5.4]; WEA Onshore, Gasturbinen- und Gasmotorenkleinanlagen eigene Berechnung)

5.7 Literaturverzeichnis

[5.1] BDEW. (2013, May) Bundesverband der Energie- und Wasserwirtschaft. [Online].
http://www.bdew.de/internet.nsf/id/123176ABDD9ECE5DC1257AA20040E368/$file/13%2005%2027%20BDEW_Strompreisanalyse_Mai%202013.pdf

[5.2] Christoph Kost et al. (2013, November) Fraunhofer Institut für solare Energiesysteme ISE. [Online].
http://www.ise.fraunhofer.de/de/veroeffentlichungen/veroeffentlichungen-pdf-dateien/studien-und-konzeptpapiere/studie-stromgestehungskosten-erneuerbare-energien.pdf

[5.3] BDEW. (2013, May) Bundesverband der Energie- und Wasserwirtschaft. [Online].
http://www.bdew.de/internet.nsf/id/123176ABDD9ECE5DC1257AA20040E368/$file/13%2005%2027%20BDEW_Strompreisanalyse_Mai%202013.pdf

[5.4] Christoph Kost et al. (2013, November) Frauenhofer Institut für solare Energiesysteme ISE. [Online].
http://www.ise.fraunhofer.de/de/veroeffentlichungen/veroeffentlichungen-pdf-dateien/studien-und-konzeptpapiere/studie-stromgestehungskosten-erneuerbare-energien.pdf

6 Einfluss weiterer Randbedingungen auf Technik und Wirtschaftlichkeit 120
6.1 Strombörse 122
6.1.1 EEX Leipzig 122
6.1.2 EPEX Paris 122
6.2 Regelleistungsmarkt 122
6.2.1 Minutenreservemarkt 123
6.2.2 Primär- und Sekundärenergiemarkt 123
6.3 OTC-Handel 123
6.4 Konzepte zur Erhaltung der Versorgungssicherheit 124
6.4.1 Strategische Reserve 124
6.4.2 Kapazitätsmarkt 125
6.4.2.1 Umfassender Kapazitätsmarkt 125
6.4.2.2 Fokussierter Kapazitätsmarkt 125
6.4.3 Kapazitätssicherung durch Privatisierung der Versorgungssicherheit 126
6.5 Literaturverzeichnis 126

6 Einfluss weiterer Randbedingungen auf Technik und Wirtschaftlichkeit

Entsprechend Kapitel 2 setzt sich der Strompreis aus unterschiedlichen Abgaben, Steuern, Umlagen und Erzeugungskosten zusammen. Die Kosten für die eigentliche Erzeugung von Strom machen dabei nur einen relativ geringen Anteil aus. Dies sind aber gleichzeitig die Kosten, die immer wieder in Verträgen verhandelt werden. Auf die komplexe Vermarktung von Strom und die Notwendigkeit unterschiedlicher Strommärkte soll nun im Folgenden genauer eingegangen werden.

Zu den auf dem Strommarkt agierenden Parteien gehören die Energieversorger, bzw. die Kraftwerksbetreiber, die Übertragungsnetzbetreiber und die Stromverbraucher. Dabei kommt den Übertragungsnetzbetreibern eine besonders wichtige Rolle zu. Ihre Aufgabe ist es, Versorgungssicherheit im Stromnetz herzustellen und diese auch zu erhalten. Um Frequenzschwankungen im Stromnetz so gering wie möglich zu halten, muss Angebot und Nachfrage nach elektrischer Leistung immer ausgeglichen werden. Steigt die Nachfrage nach elektrischer Leistung über das Angebot hinaus, kommt es zum Absinken der Netzfrequenz - umgekehrt steigt diese.

Um die Netzfrequenz stabil zu halten, wird Strom an unterschiedlichen Märkten gehandelt. Dies führt, neben rein technischen und gesetzlichen Randbedingungen, zu weiteren Einflussfaktoren auf die Wirtschaftlichkeit von Kraftwerken.

Grundsätzlich wird Strom in Deutschland nach dem Prinzip „Energy-only" gehandelt. Diese Art von Energiehandel bezeichnet einen Markt, der nur bereitgestellte Energiemengen vergütet. Für die Vorhaltung zusätzlicher Kraftwerkskapazitäten gibt es keinerlei Vergütung (vgl. [6.1]). Für einen Kraftwerksbetreiber hat das zur Folge, dass er nur Geld verdient, wenn er Strom verkauft. Wird sein Kraftwerk nicht benötigt, um die Nachfrage nach Strom zu decken, dient es nur zur Sicherstellung der Versorgung im Falle eines plötzlichen Anstieges der Nachfrage oder wenn Versorgungskraftwerke, aus welchem Grund auch immer, nicht mehr ausreichend Strom erzeugen können. Bei fluktuierenden erneuerbaren Energien kann dies schon bei plötzlich eintretender Bewölkung oder Windstille geschehen, wodurch andere vorgehaltene Kapazitäten benötigt werden.

In diesem Zusammenhang sind auch die Begriffe „Dispatch" und „Redispatch" von großer Bedeutung. Kommt es beispielsweise in Folge von Wetterfehlprognosen zu einer erhöhten Einspeisung von erneuerbaren Energie in das Netz des Übertragungsnetzbetreibers, werden zur Erhaltung des Gleichgewichts von Angebot und Nachfrage Redispatch-Maßnahmen notwendig. Der Übertragungsnetzbetreiber greift dabei in die Fahrweise konventioneller Kraftwerke ein, um deren

Stromproduktion zu drosseln. Der dadurch für die Kraftwerksbetreiber entstandene Schaden, bedingt durch diesen Ausfall und die zusätzlichen Kosten für An- und Abfahrprozeduren, müssen ersetzt werden. Die so anfallenden Kosten werden vom Übertragungsnetzbetreiber auf die Netznutzungsentgelte umgelegt.

Die wichtigsten Vermarktungsmöglichkeiten für den vom Energieversorgungsunternehmen bzw. Kraftwerksbetreiber erzeugten Strom sind nachfolgend beschrieben.

Die Abbildung 6-1 stellt eine Übersicht der regulären Stromvermarktungsmöglichkeiten dar. Hierzu gehören der Börsen- und OTC- Handel (OTC ≙ „Over The Counter") sowie der Regelleistungsmarkt. Zukünftige Marktkonzepte, welche aktuell in Deutschland diskutiert werden, könnten zur Stabilisierung der Netze beitragen.

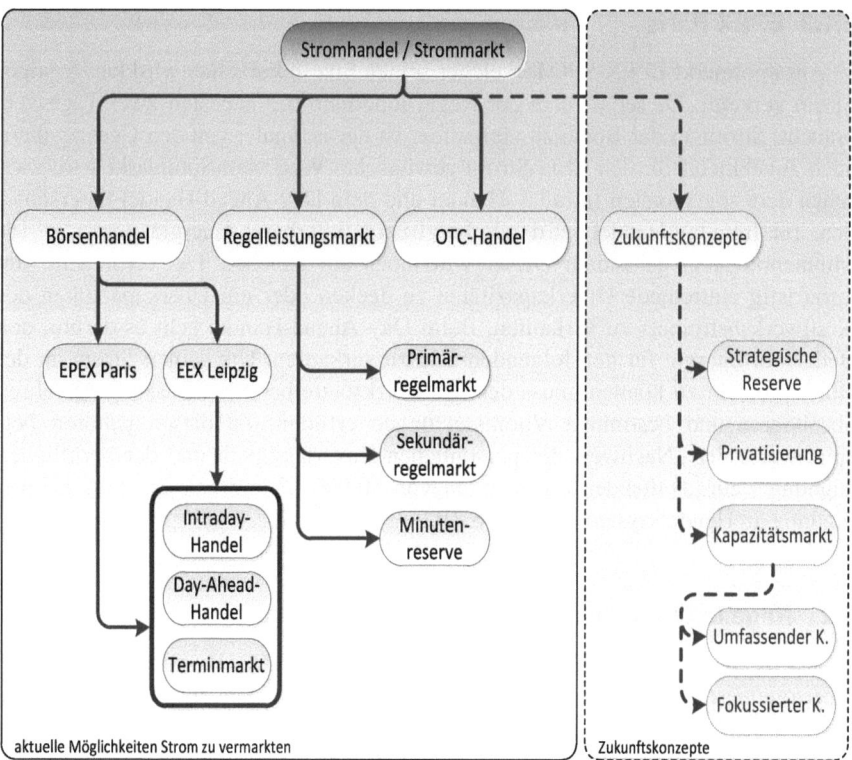

Abbildung 6-1: aktuell vorhandene Möglichkeiten und Zukunftskonzepte der Vermarktung von Strom (eigene Darstellung)

6.1 Strombörse

6.1.1 EEX Leipzig

Die deutsche Strombörse European Energy Exchange (EEX) hat ihren Sitz in Leipzig und handelt mit Strom nach den börsenüblichen Prinzipien. Hier ist es möglich, seinen Strom am Spotmarkt und am Terminmarkt zu veräußern. Der Terminmarkt handelt mit zukünftigen Stromlieferungen auf einen bestimmten vertraglich vereinbarten Termin hin. An diesem Markt können auch spekulative Geschäfte getätigt werden. Kauft beispielsweise eine Bank eine große Menge Strom für das nächste Kalenderjahr, kann sie hoffen, diesen später gewinnbringend zu vermarkten. Der Spotmarkt befindet sich in Paris. (*Erläuterung Spotmarkt, Intraday- und Day-Ahead-Handel siehe Kapitel 6.1.2 EPEX* Paris)

6.1.2 EPEX Paris

Am Spotmarkt EPEX SPOT, welcher seinen Sitz in Paris hat, wird kurzfristiger Strom verkauft. Dieser wird in der Regel innerhalb der nächsten zwei Tage verbraucht. Strom an der Börse zu verkaufen, ist der normale, von den Gesetzgebern auch zunehmend für den EEG-Strom gewünschte Weg. Am Spotmarkt wird zwischen dem sogenannten Intraday-Handel und dem Day-Ahead-Handel unterschieden. Im Intraday-Handel wird mit kurzfristig lieferbarer Energie, meist in 15-Minutenblöcken, gehandelt. Dieser wird noch am gleichen Tag verbraucht, um kurzfristig eintretende Unterkapazitäten zu decken oder um Überkapazitäten des Kraftwerksbetreibers zu verkaufen. Beim Day-Ahead-Handel geht es darum, den Bedarf an Energie für den folgenden Tag zu verkaufen. Um seinen Strom an der Börse handeln zu können, muss der Kraftwerksbetreiber ein Zulassungsverfahren absolvieren und bestimmte Voraussetzungen erfüllen. Zu diesen gehören beispielsweise der „Nachweis der persönlichen Zuverlässigkeit und der beruflichen Eignung", ein „Haftendes Eigenkapital von 50.000 €" und eine „technische Anbindung an Handelssysteme" (vgl. [6.2]).

6.2 Regelleistungsmarkt

Der Regelleistungsmarkt dient der Beschaffung von Regelleistung, welche vom Übertragungsnetzbetreiber bei Schwankungen von Stromangebot und -nachfrage zur Aufrechterhaltung der Netzfrequenz benötigt wird. An diesem Markt, der in Form von Ausschreibungen geführt wird, beteiligen sich nicht nur Betreiber von Kraftwerken, sondern auch Stromverbraucher.

Dabei wird in positive und negative Regelenergie unterschieden. Die Bereitstellung von positiver Regelenergie entspricht einer zusätzlichen Einspeisung von Energie ins Stromnetz. Negative Regelenergie bedeutet, dass Kraftwerksleistung gedrosselt und somit weniger ins Netz eingespeist wird.

6.2.1 Minutenreservemarkt

Zu dem wichtigsten Markt des Regelleistungsmarktes gehört der Minutenreservemarkt, mit Hilfe dessen die sogenannte Minutenreserve vermarktet wird. Die Regelenergie der Minutenreserve gehört zur Netzfrequenz-Tertiärregelung und muss innerhalb von 15 Minuten bereitgestellt werden.

Um im Minutenreservemarkt präsent zu sein, müssen bestimmte Anforderungen erfüllt sein. Die wichtigste Anforderung gemäß dem Beschluss der Bundesnetzagentur ist die Mindestbereitstellung von 5 MW elektrischer Leistung (vgl. [6.3]). Sollte eine einzelne Anlage diese Mindestleistung unterschreiten, können sich auch mehrere Anlagen zu einem virtuellen Kraftwerk[1] zusammenschließen, um somit am Minutenreservemarkt teilnehmen zu können.

6.2.2 Primär- und Sekundärenergiemarkt

Während der Minutenreservemarkt täglich für den Folgetag ausgeschrieben wird, wird die primäre und sekundäre Regelleistung mit Hilfe monatlicher Ausschreibungen angeboten. Genau wie der Minutenreservemarkt dienen der primäre Regelleistungsmarkt (Primärreserve) und der sekundäre Regelleistungsmarkt (Sekundärreserve) der Aufrechterhaltung der Netzfrequenz und der Vermeidung eines Blackouts[2] im Versorgungsgebiet. Der Unterschied der beiden Märkte liegt in der Geschwindigkeit der Bereitstellung. Die Primärreserve wird von einem Verbund großer Kraftwerke von allen Übertragungsnetzbetreibern gemeinsam bereitgestellt und ist innerhalb von 30 Sekunden abrufbar. Bei der Sekundärreserve wird die Regelenergie innerhalb von 5 Minuten bereitgestellt.

6.3 OTC-Handel

Der OTC-Handel ("Over The Counter" deutsch: „ außerbörslich" oder „über den Ladentisch" [6.4]) ist ein Art des direkten Handels außerhalb der Börse. Dabei werden direkte Lieferverträge zwischen Kraftwerksbetreiber und Abnehmer über ein beliebiges Stromvolumen und einen gewünschten Abnahmezeitraum geschlossen. Der Preis ist frei verhandelbar, richtet sich jedoch im Allgemeinen nach dem aktuellen Börsenpreis. Der größte Teil der in Deutschland gehandelten Strommenge wird auf diese Weise verkauft (vgl. [6.5]). Großer Nachteil dieser Handelsvariante ist die schlechte Möglichkeit, überwachend in die Geschäfte einzugreifen, da

---

[1] Ein virtuelles Kraftwerk besteht aus zahlreichen Kleinanlagen, die dezentral Strom einspeisen, jedoch gleichzeitig regelbar sind. Zum Erreichen der Mindestleistung von 5 MW müssen sich die Kraftwerke nicht im gleichem Regelgebiet befinden (vgl. [6.7]).

[2] Blackout bezeichnet den plötzlichen Ausfall der Stromversorgung. Dies kann zum Beispiel durch einen Ausfall systemrelevanter Kraftwerke passieren. Bedingt durch die Kopplung der Versorgungsnetze, kann sich ein derartiger Stromausfall schnell über die Grenzen eines Versorgungsgebiets ausweiten.

der Strom ohne Umwege direkt zwischen den Vertragsparteien vermarktet wird. Einzig das allgemein gültige Vertragsrecht[3] kann im OTC-Handel regulierend eingreifen.

6.4 Konzepte zur Erhaltung der Versorgungssicherheit

Um Anreize für den Betrieb und Neubau von Kraftwerkskapazitäten zu schaffen, für den Bedarfsfall und trotz zeitweilig geringer Betriebszeiten, sind verschiedene Konzepte bekannt. Hintergrund dieser Konzepte ist der Gedanke, die Versorgungssicherheit aller Verbraucher sicherzustellen. Im Zuge der Abschaltung der Kernkraftwerke und der stark gestiegenen Einspeisung erneuerbarer Energien ist die Versorgungssicherheit zunehmend in Gefahr. Deshalb wird in Deutschland immer wieder über neue Konzepte zur Verbesserung der Situation nachgedacht. Nachfolgend ist ein Überblick, basierend auf einer Studie von Agora Energiewende[4] [6.6], über die verschiedenen Möglichkeiten zur Erhaltung einer soliden Stromversorgung trotz steigendem Anteil fluktuierender erneuerbarer Energieträger angeführt. Dabei werden vier Konzepte untersucht. Zu diesen gehören die strategische Reserve, der umfassende Kapazitätsmarkt, der fokussierte Kapazitätsmarkt und die Kapazitätssicherung durch Privatisierung der Versorgungssicherheit. Diese vier Konzepte sollen nachfolgend kurz erläutert werden.

6.4.1 Strategische Reserve

Diese Möglichkeit zum Erhalt der Versorgungssicherheit beruht auf der Nutzung von Reservekraftwerken, welche im Bedarfsfall ans Netz genommen werden. Die Kraftwerksbetreiber werden durch Ausschreibungen ermittelt. Im Notfall wird das Kraftwerk, welches den Zuschlag bekommen hat, ans Netz genommen und stellt damit ein zusätzliches Angebot an Strom im Spotmarkt her, wenn die Nachfrage trotz hoher Strompreise höher als das Angebot ist. Der gedeckelte Strompreis könnte zum Beispiel bei 3.000 €/MWh liegen (vgl. [6.6]). Das heißt, wenn der Strompreis an der Börse die Grenze von 3.000 €/MWh überschreitet, werden die „Notfall-Kraftwerke" an das Netz angeschlossen, um einen Ausfall der Stromversorgung zu vermeiden (vgl. [6.6]).

---

[3] Die Festlegung der Vertragsordnung bei Verträgen zwischen Beteiligten unterschiedlicher Nationalität wird durch die Rechtswahl getroffen. Dabei wird innerhalb des Vertrages festgelegt welches Recht für Teile des Vertrages oder für den vollständigen Vertrag anzuwenden ist.

[4] Die Arbeitsgruppe Agora Energiewende ist ein gemeinsames Projekt der Stiftung Mercator und European Climate Foundation (ECF) mit dessen Hilfe die Entwicklung in Richtung erneuerbarer Energieversorgung unterstützt werden soll [vgl. [6.8]].

6.4.2 Kapazitätsmarkt

Der Kapazitätsmarkt ist eine derzeit in Deutschland nicht existente, aber stark diskutierte Marktvariante. Ziel dieses Marktdesigns ist es, einen Anreiz für den Neubau von Kraftwerkskapazitäten zu schaffen. Dies wird dadurch erreicht, dass Kraftwerksbetreiber nicht nur für gelieferten Strom eine Vergütung bekommen, sondern auch für die Vorhaltung von Kraftwerkskapazitäten. Dies soll der Stabilisierung der Versorgungssicherheit im Falle plötzlich eintretender Nachfrageveränderungen am Strommarkt dienen. Dabei wird in zwei, im Folgenden beschriebene Arten unterschieden.

6.4.2.1 Umfassender Kapazitätsmarkt

Beim umfassenden Kapazitätsmarkt dürfen alle Kraftwerke des Kraftwerkparks an den Auktionen für sogenannte Versorgungssicherheitsverträge teilnehmen. Bekommt der Kraftwerksbetreiber den Zuschlag, muss dieser sicherstellen, dass er für den angebotenen Zeitraum die gebotene Leistung bereitstellen kann. Zur Reduzierung negativer Spekulationen hinsichtlich der Gewinnoptimierung einzelner Kraftwerksbetreiber wird ein Ausübungspreis[5] festgesetzt. Dieser könnte beispielsweise bei 300 €/MWh liegen. Der Kraftwerksbetreiber erzielt demnach Einnahmen für den Verkauf von Strom und für die Bereitstellung von Kraftwerkskapazität. Nicht nur Kraftwerksbetreiber können an der Auktion teilnehmen, sondern auch Verbraucher. Diese bieten dann negative Kapazitäten an und zeigen dadurch ihre Bereitschaft, im Falle einer hohen Nachfrage und eines geringen Angebots ihre abgenommene Leistung zu drosseln (vgl. [6.6]).

6.4.2.2 Fokussierter Kapazitätsmarkt

Der fokussierte Kapazitätsmarkt entspricht in Funktion und Grundprinzip dem umfassenden Kapazitätsmarkt, beschränkt den Kraftwerkspool jedoch auf zwei wesentliche Arten von Kraftwerken. Zum einen dürfen für kurzfristige Versorgungssicherungsprodukte bis maximal 4 Jahre nur wenig ausgelastete, stilllegungsbedrohte Kraftwerke und große Nachfrager teilnehmen. Als stilllegungsbedroht gilt ein Kraftwerk mit bis zu 2.000 Betriebsstunden pro Jahr. Zum anderen dürfen für langfristige Versorgungssicherungsprodukte bis beispielsweise 15 Jahre nur hochflexible CO_2-arme Neubaukraftwerke an den Ausschreibungen teilnehmen. Dies hat zur Folge, dass alte Kernkraftwerke und Braunkohlekraftwerke nicht am Kapazitätsmarkt teilnehmen können (vgl. [6.6]).

---

[5] Der Ausübungspreis dient als Festlegung, um zu verhindern, dass einzelne Parteien ihre Marktmacht ausnutzen können. Überschreitet der Strompreis den festgelegten Ausübungspreis werden die zusätzlichen Kapazitäten ans Netz genommen (vgl. [6.6]).

6.4.3 Kapazitätssicherung durch Privatisierung der Versorgungssicherheit

Grundlage dieser Marktvariante ist ein Leistungszertifikate-Markt. Die Funktionsweise dieses Models beruht auf dem Handel mit Leistungszertifikaten zusätzlich zum Strom. Der Kauf von Zertifikaten sichert die Versorgung mit Strom. Verzichtet ein industrieller Verbraucher auf den Kauf der Zertifikate, muss er im Falle eines Engpasses seinen Verbrauch drosseln. Haushalte sind nicht zum Kauf von Zertifikaten verpflichtet und werden immer mit Strom versorgt. Für sie muss der Lieferant für ausreichend Zertifikate sorgen, um eine Versorgung sicherstellen zu können. Die Zertifikate werden den Kraftwerken zugeteilt und anschließend den Lieferanten angeboten (vgl. [6.6]).

6.5 Literaturverzeichnis

[6.1] Agora Energiewende. [Online]. http://www.agora-energiewende.de/service/glossar/

[6.2] EEX. EEX. [Online]. http://www.eex.com/de/zugang/zulassung/zulassungsprozess

[6.3] Bundesnetzagentur. (2011, Oct.) [Online]. http://www.google.de/url?sa=t&rct=j&q=&esrc=s&source=web&cd=1&ved=0CDAQFjAA&url=http%3A%2F%2Fbeschlussdatenbank.bundesnetzagentur.de%2Findex.php%3Flr%3Dview_bk_overview%26getfile%3D1%26file%3D4473&ei=vRxqU8GyOYezyAOx8IHADw&usg=AFQjCNEe8LvoTs8hN9uSbI8CQloa

[6.4] LEO. [Online]. http://dict.leo.org/#/search=over%20the%20counter&searchLoc=0&resultOrder=basic&multiwordShowSingle=on

[6.5] Next Kraftwerke. [Online]. http://www.next-kraftwerke.de/wissen/strommarkt/spotmarkt-epex-spot

[6.6] Agora Energiewende. (2013, März) [Online]. http://www.agora-energiewende.de/themen/strommarkt-versorgungssicherheit/detailansicht/article/kapazitaetsmarkt-oder-strategische-reserve/

[6.7] Bundesnetzagentur. (2011, Oct.) [Online]. http://www.google.de/url?sa=t&rct=j&q=&esrc=s&source=web&cd=1&ved=0CDAQFjAA&url=http%3A%2F%2Fbeschlussdatenbank.bundesnetzagentur.de%2Findex.php%3Flr%3Dview_bk_overview%26getfile%3D1%26file%3D4473&ei=vRxqU8GyOYezyAOx8IHADw&usg=AFQjCNEe8LvoTs8hN9uSbI8CQloa

[6.8] (2013, März) Agora Energiewende. [Online]. http://www.agora-energiewende.de/themen/strommarkt-versorgungssicherheit/detailansicht/article/kapazitaetsmarkt-oder-strategische-reserve/

**7   Vergleich verschiedener Gasturbinen anhand eines vorgegebenen
    Lastgangs 130**
    7.1   Vorstellung des Industrieverbrauchers 132
    7.2   Technische Modellbeschreibung 134
    7.3   Randbedingungen der Berechnungen 137
    7.4   Gasturbinenauswahl und Anlagenauslegung 137
    7.5   Ergebnisse der Berechnung 141
        7.5.1   Gasturbine 1 142
        7.5.2   Gasturbine 2 149
        7.5.3   Gasturbine 3 153
    7.6   Auswertung und Zusammenfassung der Berechnungsergebnisse 157

7 Vergleich verschiedener Gasturbinen anhand eines vorgegebenen Lastgangs

Die veränderten gesetzlichen Rahmenbedingungen in Bezug auf die Eigenversorgung mit Strom wurden in den vorangegangenen Kapiteln ausgiebig beschrieben. Im Zuge der Eigenversorgung nach § 61 EEG-2014 und § 64 EEG-2014 fällt auch beim Verbrauch selbst erzeugten Stroms die EEG-Umlage an.

Um diese Kosten so gering wie möglich halten zu können, gibt es die zwei, bereits in Kapitel 4 genannten, Ausnahmekriterien zur Reduzierung der EEG-Umlage. Eine der nach § 61 Absatz 1 Satz 1 EEG-2014 genannten Bedingungen für eine Reduzierung der Umlage für Verbraucher, die nicht als stromkostenintensiv gelten, ist der Betrieb einer KWK-Anlage, die hocheffizient nach § 53a Absatz 1 Satz 3 des Energiesteuergesetzes ist und einen Monats- oder Jahresnutzungsgrad von mindestens 70 % erreicht.

Besondere Beachtung muss die Formulierung „hocheffiziente KWK-Anlage" finden. Die Definition des Hocheffizienzkriteriums ist dem Energiesteuergesetz (EnergieStG) zu entnehmen. In diesem heißt es sinngemäß, dass KWK-Anlagen hocheffizient sind, wenn sie die Kriterien des Anhangs III der Richtlinie 2004/8/EG, die Verordnung (EG) Nr. 219/2009 und die Entscheidung 2007/74/EG in der jeweils geltenden Fassung erfüllen (vgl. § 53 a Absatz 1 EnergieStG).

In diesem Kapitel wird mit Hilfe eines fiktiven thermischen und elektrischen Lastgangs eines produzierenden Unternehmens eine Anlagenauslegung simuliert. Der Fokus der Simulation soll auf der Überprüfung der Einhaltung des Hocheffizienzkriteriums liegen. Hierzu wurde eine Berechnung, basierend auf drei unterschiedlichen Gasturbinenmodellen, einem definierten Lastgang für Wärme und Strom sowie einem Verlauf der Jahrestemperatur durchgeführt.

Das Hocheffizienzkriterium zu erfüllen, ist für die Wirtschaftlichkeit einer Anlage von enormer Relevanz, da es nach § 61 Absatz 1 Satz 1 EEG-2014 ein wichtiges Kriterium für die Reduzierung der EEG-Umlage darstellt. Kann dieses Kriterium nicht erfüllt werden, ist nach dem EEG-2014 auch für den eigenerzeugten Strom die volle EEG-Umlage zu entrichten, was zu einer erheblichen Mehrbelastung, in Millionenhöhe für das Unternehmen führt.

Die drei am Anfang des Kapitels genannten Richtlinien zusammenfassend kann festgehalten werden, dass jede KWK-Anlage hocheffizient ist, die durch gleichzeitige Erzeugung von Strom und Wärme eine Primärenergieeinsparung von mindestens 10 % ermöglicht.

Bei der Berechnung der Primärenergieeinsparung wird die getrennte Erzeugung von Wärme und Strom mit der gemeinsamen Produktion beider Energieformen im Sinne einer KWK-Anlage verglichen.

Die Berechnung der Primärenergieeinsparung basiert auf den folgenden Punkten:

- dem elektrischen und thermischen Wirkungsgrad der Anlage (bezogen auf die Jahresbilanz)
- dem harmonisierten Referenzwirkungsgrad des Anhangs III der Richtlinie 2004/8/EG der Europäischen Union
- dem Referenzwirkungsgrad als Funktion der eingesetzten Technologie, der mittleren Jahrestemperatur am Anlagenstandort sowie dem eingesetzten Brennstoff.

Die Berechnung der Anlagenauslegung basiert auf der Nutzung eines Tabellenkalkulationsprogramms, welches bereits mehrfach Anwendung in Projekten gefunden hat.

Im Rahmen der Anlagenauslegung wurden verschiedene Vereinfachungen und Annahmen getroffen. Zum einen wurde nur eine last- und umgebungstemperaturabhängige Berechnung durchgeführt. Zwischen den vom Hersteller gelieferten Lastpunkten für unterschiedliche Umgebungstemperaturen wurde linear interpoliert. Eine Variation des Umgebungsdruckes und der umgebenen Luftfeuchtigkeit ist nicht berücksichtigt. Beide Werte wurden während des Betriebs als konstant angenommen. Der elektrische Eigenbedarf ist auf 2,13 % der Bruttostromerzeugung geschätzt und berücksichtigt damit die benötigte Erdgasverdichterleistung für eine Druckerhöhung von ca. 5 bar Netzdruck auf ca. 20 bar Gasturbinenanschlussdruck.

Zur Ermittlung der spezifischen Wärmekapazität des Abgases wurde die Richtlinie 4670 des VDI zu Grunde gelegt. Des Weiteren wurde eine minimal zulässige Teillast der Gasturbinen von 50 % der elektrischen Nennleistung gewählt.

Um den Einfluss der sich im Jahresverlauf ändernden Umgebungstemperatur darstellen zu können, wurde eine Temperaturmessung eines Anlagenstandortes mit mitteldeutschen Verhältnissen gewählt. Dieser berücksichtigt jedoch nur gemittelte Tageswerte.

Die verwendeten und fiktiven Lastgänge sowie die Temperaturdaten sind im folgenden Unterkapitel dargestellt.

132   7 Vergleich verschiedener Gasturbinen anhand
      eines vorgegebenen Lastgangs

7.1 Vorstellung des Industrieverbrauchers

Die für die Berechnung grundlegendsten Daten sind in den Abbildungen 7-1 bis 7-4 dargestellt. Diese bilden die Basis der Berechnung und dienen als Eingangsgrößen der Anlagenauslegung. Die Abbildung 7-1 zeigt den Bedarf eines Industrieunternehmens an Dampf im Verlauf eines Jahres sowie die gemittelte Tagestemperatur am Ort des Unternehmens.

Dem Lastgang kann entnommen werden, dass nicht nur Zeiten ohne Dampfbedarf entstehen, sondern auch Phasen, in denen ein reduzierter Dampfbedarf, beispielsweise während der Sommermonate, vorherrscht. Dieser Lastgang ist typisch für Unternehmen, die den Dampf nicht nur für die Produktion, sondern auch zum Heizen der Gebäude im Winter einsetzen.

Alle Lastgänge wurden in Anlehnung an ein Unternehmen erstellt, dass im 24h-Schichtbetrieb, an sieben Tagen in der Woche produziert und schwankende Produktionskapazitäten aufweist.

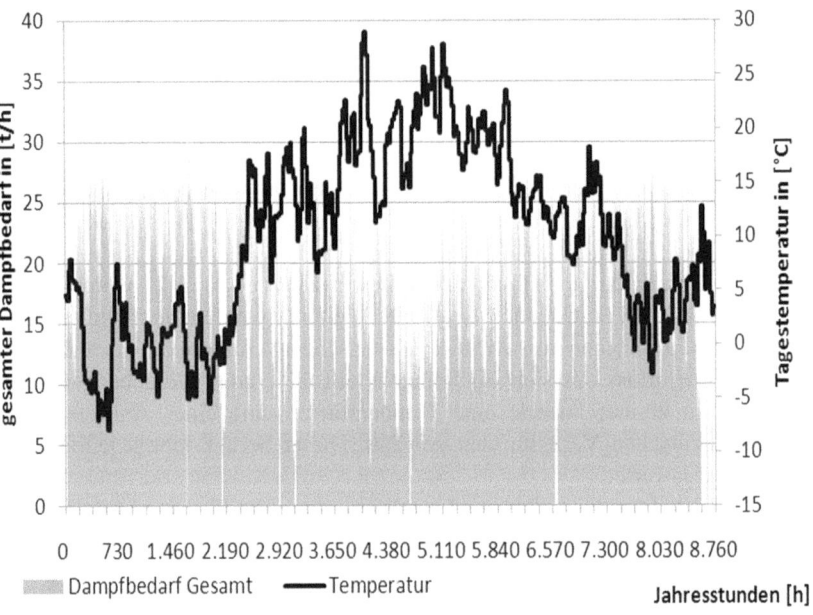

Abbildung 7-1: Fiktiver Dampf-Bedarfs-Lastgang eines Industrieunternehmens und die Außentemperatur im Vergleich

Die Abbildung 7-2 stellt die Jahresdauerlinie für den entsprechenden Dampfbedarf dar. Mit Hilfe der Jahresdauerlinie, welche die Anzahl an Stunden wiedergibt, in denen eine entsprechende Leistung abgefragt wird, kann die benötigte und sinnvolle Anlagendimensionierung bestimmt werden.

7.1 Vorstellung des Industrieverbrauchers

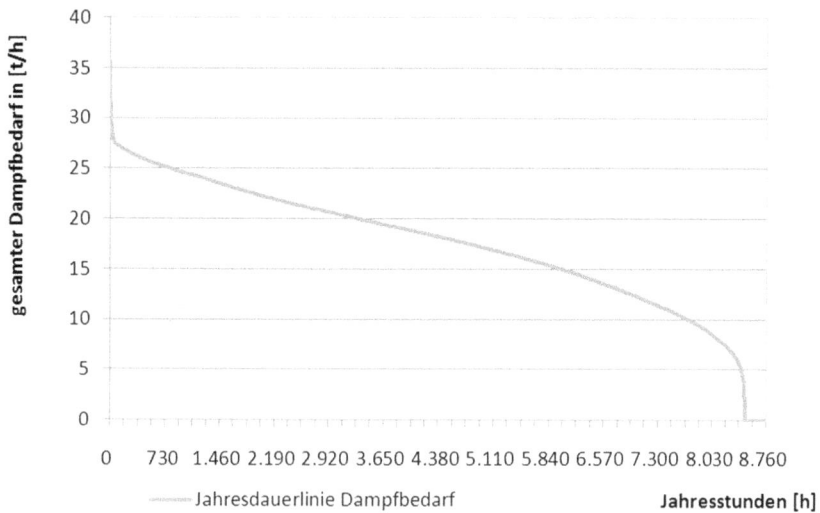

Abbildung 7-2: Jahresdauerlinie zur Anlagenauslegung für das Industrieunternehmen

Der Lastgang des Stroms sowie die dazugehörige Dauerlastlinie können in den Abbildungen 7-3 und 7-4 nachvollzogen werden.

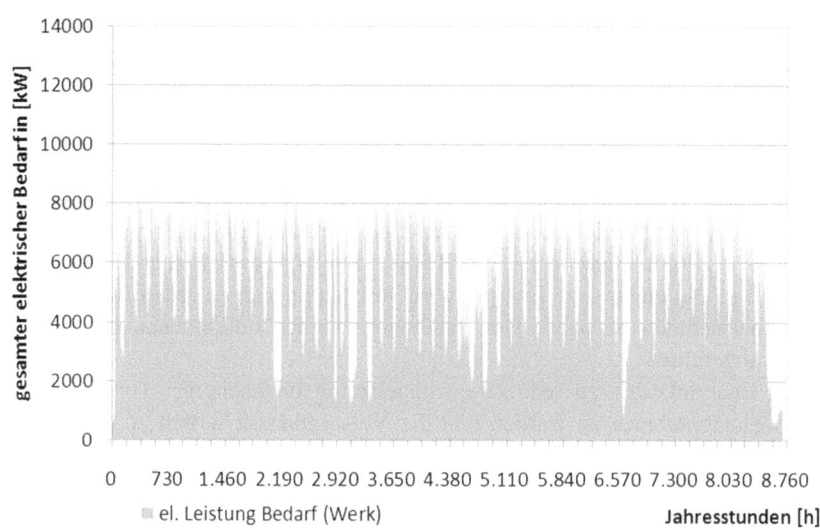

Abbildung 7-3: elektrischer Energiebedarf des Industrieunternehmens

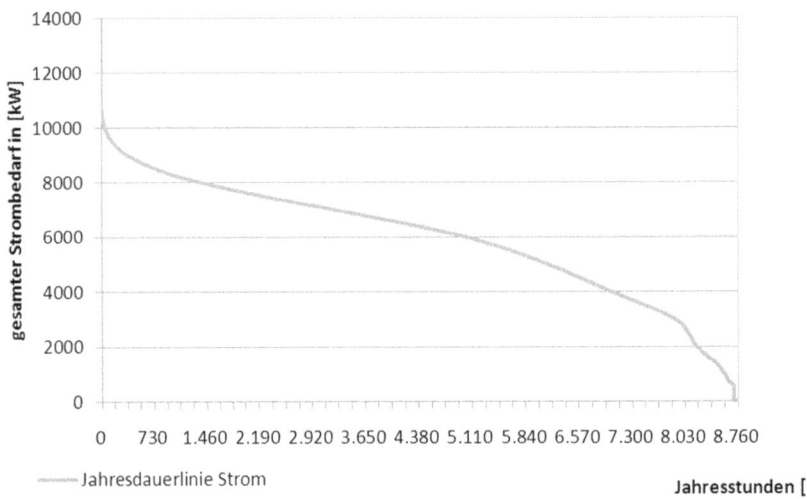

Abbildung 7-4: Jahresdauerlinie zur Anlagenauslegung für das Industrieunternehmen

7.2 Technische Modellbeschreibung

Das fiktive Ist-Modell bezieht sich auf ein Industrieunternehmen, welches für seine Produktion einen entsprechend hohen Dampfbedarf hat. Dieser wird derzeit von bestehenden, redundant ausgelegten Dampfkesseln erzeugt, die bestenfalls abgängig sind. Gründe hierfür kann der allgemeine technische Zustand oder die Nichteinhaltung von Emissionsgrenzwerten sein. Der fiktive Istzustand kann Abbildung 7-5 entnommen werden. Kessel 1 produziert den Dampf gemäß Anforderung aus der Produktion. Kessel 2 deckt ggf. Spitzen ab, ist aber hauptsächlich aufgrund der Redundanz installiert. Beide Kessel speisen in eine Dampfsammelleitung ein. Die elektrische Energie wird vollständig von externen Energieversorgungsunternehmen bezogen. Die Rauchgase werden durch einen gemeinsamen Kamin abgeführt.

Um Energiekosten zu reduzieren, gleichzeitig unabhängiger von Energieversorgungsunternehmen zu werden und die Versorgungssicherheit zu erhöhen, soll eine KWK-Anlage auf Basis einer Gasturbine installiert werden. Eine Möglichkeit zur Verwirklichung eines solchen Vorhabens zeigt das nachfolgende Blockdiagramm (Abbildung 7-6) einer KWK-Anlage im Verbund mit der Bestandsanlage. Mit Hilfe der Gasturbine wird Strom und Wärme zeitgleich erzeugt.

Der von der Gasturbine erzeugte Strom dient zur Teilbedarfsdeckung des elektrischen Bedarfs des Unternehmens. Der darüber hinausgehende Bedarf wird weiterhin vom Energieversorger bereitgestellt. Der Überschuss im Falle einer wärmegeführten Betriebsweise wird in das öffentliche Netz eingespeist.

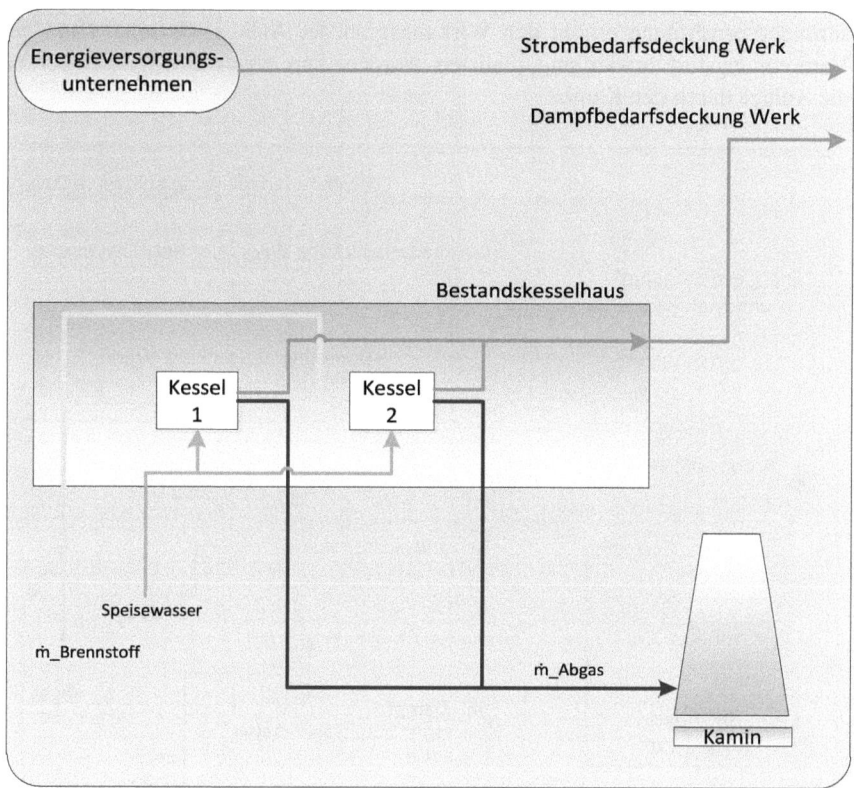

Abbildung 7-5: Bestandsanlage des Industrieunternehmens

Das Gas aus dem Netz wird zunächst einem Gasverdichter zugeführt, der den Druck auf das erforderliche Niveau der Gasturbine erhöht. Die Gasturbine saugt über den Verdichter Verbrennungsluft an. Nach dem Verdichter hat die Verbrennungsluft den erforderlichen Druck für den Eintritt in die Brennkammer erreicht. Durch den Brennstoff Erdgas verbrennt das Gas-Luft-Gemisch in der Brennkammer. Die im Verdichter und der Brennkammer zugeführte Energie wird in der Gasturbine selbst abgebaut wodurch neben dem Luftverdichter ein Generator betrieben wird. Der Generator speist den erzeugten Strom über einen Transformator in das firmeneigene Netz ein. Die heißen Abgase der Gasturbine werden in die Brennkammer des nachgeschalteten Abhitzekessels geleitet. In der Brennkammer kann bei Bedarf über Brenner (Zusatzfeuerung) Erdgas eingedüst werden, was dazu führt, dass der nachfolgende Abhitzekessel heißeres Abgas und damit mehr Energie für die Dampfproduktion erhält.

136   7 Vergleich verschiedener Gasturbinen anhand
      eines vorgegebenen Lastgangs

Der Abhitzekessel ist für den Betrieb mit und ohne Zusatzfeuerung ausgelegt. Im Abhitzekessel werden die Rauchgase abgekühlt und geben Ihre Energie an das Speisewasser und den Dampf ab. Ein nachgeschalteter Economiser für die Speisewasservorwärmung erhöht den Wirkungsgrad der Anlage. Optional kann eine Verbrennungsluftvorwärmung realisiert werden. Das abgekühlte Abgas verlässt die Anlage durch den Kamin.

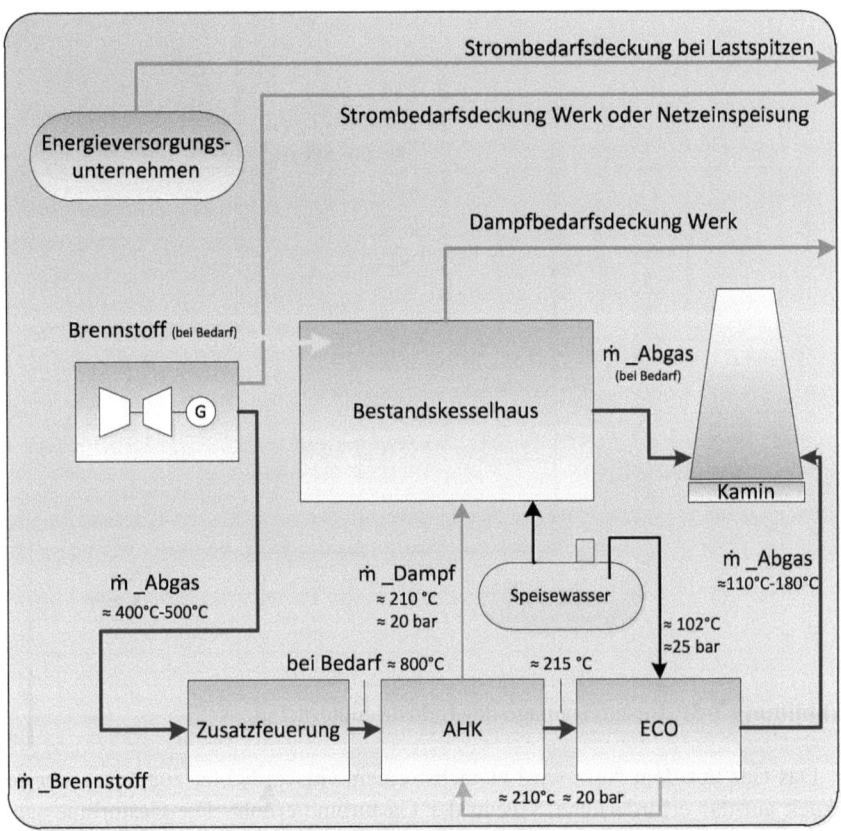

Abbildung 7-6: Integration der KWK-Anlage in die Bestandsanlage

Die Anlage kann strom- oder wärmegeführt betrieben werden. Stellt der Strom die leitende Komponente dar, muss Wärme ohne energetische Nutzung teilweise an die Umgebung abgegeben werden. Der Brennstoff wird nicht optimal ausgenutzt, der Wirkungsgrad sinkt und das Hocheffizienzkriterium kann ggf. nicht eingehalten werden. Die wärmegeführte Fahrweise gewährleistet die optimale Brennstoffausnutzung und ist daher die meist genutzte Anwendung.

7.3 Randbedingungen der Berechnungen

Die Berechnung beruht auf praxisnahen Annahmen und unterliegt den nachfolgend aufgeführten Randbedingungen (vgl. Tabelle 7-1). Diese sind während der Kalkulation als konstant angenommen worden.

Tabelle 7-1: Allgemeine Randbedingungen der Berechnung

Allgemeine Randbedingungen		Einheit
Aufstellhöhe	≈120	[m]
Luftdruck	≈1000	[hPa]
Luftfeuchte	60	[%]
Brennstoffart	Erdgas L	
Speisewassertemperatur zum Economizer	70	[°C]
Wirkungsgrad der Gasturbinen-Zusatzfeuerung	98,5	[%]
Thermischer Wirkungsgrad des Bestandskessels	93,0	[%]
Begrenzung der elektrischen Minimallast	50,0	[%]
Maximale Abgastemperatur der Gasturbine	518,0	[°C]
Maximale Abgastemperatur nach Zusatzfeuerung	902,5	[°C]
Aus den Verordnungen entnommen zur Ermittlung der Primärenergieeinsparung: Grundlage: erdgasbetriebenes BHKW (Baujahr 2012-2015) Thermischer harmonisierter Wirkungsgrad-Referenzwert[1]:	90,0	[%]
Elektrischer harmonisierter Wirkungsgrad-Referenzwert[1]:	52,5	[%]

7.4 Gasturbinenauswahl und Anlagenauslegung

Zur Auswahl, welche Gasturbine zum Einsatz kommen kann, ist in Tabelle 7-2 eine Aufstellung der zu untersuchenden Gasturbinen aufgeführt. Die angegebenen Leistungsdaten beziehen sich auf den Normzustand nach ISO 3046-1.

---

[1] Der Referenzwert bezieht sich auf die getrennte Erzeugung von Strom und Wärme.

Tabelle 7-2: technische Daten der ausgesuchten Gasturbinenmodelle

Gasturbinenauswahl	(Datenangaben nach ISO, ohne Verluste)	
Gasturbine 1		
Elektrische Nennleistung	5,67	[MW_{el}]
Heat rate	11.400	[kJ/kWh_{el}]
Kraftstoffmassenstrom	18,0	[MJ/s]
Elektrischer Wirkungsgrad	31,5	[%]
Abgasmassenstrom	21,7	[kg/s]
Abgastemperatur	511	[°C]
möglicher Lastbereich	50-100	[%]
Gewährleistete Emissionswerte im Erdgasbetrieb (Gasturbinenlast 60 % bis 100 %):		
NO_x	< 75	[mg/Nm^3] (15 % O_2, trocken)
CO	< 100	[mg/Nm^3] (15 % O_2, trocken)
Schalldruckpegel Schallhaube	< 80	dB(A) im Abstand von 1 m
Gasturbine 2		
Elektrische Nennleistung	5,122	[MWel]
Heat rate	11.478	[kJ/kWhel]
Elektrischer Wirkungsgrad	31,4	[%]
Abgasmassenstrom	20,8	[kg/s]
Abgastemperatur	500	[°C]
Möglicher Lastbereich	75-100	[%]
Gewährleistete Emissionswerte im Erdgasbetrieb (Gasturbinenlast 60 % bis 100 %):		
NO_x	<75	[mg/Nm^3] (15 % O_2)
CO	<100	[mg/Nm^3] (15 % O_2)
Schalldruckpegel	80	dB(A) im Abstand von 1 m

Fortsetzung Tabelle 7-2: technische Daten der ausgesuchten Gasturbinenmodelle

Gasturbinenauswahl	(Datenangaben nach ISO, ohne Verluste)	
Gasturbine 3		
Elektrische Nennleistung	5,520	[MW$_{el}$]
Heat rate	11.646	[kJ/kWh$_{el}$]
Elektrischer Wirkungsgrad	30,9	[%]
Abgasmassenstrom	21,1	[kg/s]
Abgastemperatur	500	[°C]
Wassereinspritzung	0,32	[kg/s]
Verhältnis Wasser zu Kraftstoff	0,7	[kg/kg]
Möglicher Lastbereich	40-100	[%]
Gewährleistete Emissionswerte im Erdgasbetrieb (Gasturbinenlast 60 % bis 100 %):		
NO$_x$	<75	[mg/Nm³] (15 % O$_2$)
CO	<100	[mg/Nm³] (15 % O$_2$)
Schalldruckpegel	80	dB(A) im Abstand von 1 m

In Tabelle 7-3 sind weitere wichtige für die wirtschaftliche Betrachtung der Gasturbinen relevanten technischen Daten miteinander verglichen.

Tabelle 7-3: Vergleich technischer Details der verschiedenen Gasturbinenmodelle

Gasturbine 1	Gasturbine 2	Gasturbine 3
Industriegasturbine	Aeroderivat	Aeroderivat
→ träges An- und Abfahren bedingt durch die große Bauform	→ durch kleine kompakte Bauweise ist ein schnelles An- und Abfahren möglich	→ durch kleine kompakte Bauweise ist ein schnelles An- und Abfahren möglich
→ langsameres An- und Abfahren nötig um hohe Thermospannungen in den großen Bauteilen zu reduzieren	→ durch kleine kompakte Bauweise anfälliger für Degradation der Bauteile	→ durch kleine kompakte Bauweise anfälliger für Degradation der Bauteile

Fortsetzung Tabelle 7-3: Vergleich technischer Details der verschiedenen Gasturbinenmodelle

Gasturbine 1	Gasturbine 2	Gasturbine 3
Massendurchsatzregelung zur Leistungsanpassung über variable Leitschaufelstufen → Abgastemperaturerhöhung im Teillastbereich	Massendurchsatzregelung zur Leistungsanpassung über eine Gasturbinenverdichterluft-Rückführung in den Ansaugtrakt → Abgastemperaturerhöhung im Teillastbereich → starker Einbruch des elektrischen Wirkungsgrad bei Teillast	Massendurchsatzregelung zur Leistungsanpassung über Variation der Kraftstoffmenge und der Wassereinspritzmenge → Abgastemperatur sinkt im Teillastbereich

Teillastverhalten

Last	Elektrischer Wirkungsgrad	Last	Elektrischer Wirkungsgrad	Last	Elektrischer Wirkungsgrad
100 %	31,2 %	100 %	31,8 %	100 %	31,4 %
90 %	30,5 %	90 %	30,3 %	90 %	30,6 %
80 %	29,4 %	80 %	28,4 %	80 %	29,6 %
70 %	27,6 %	70 %	26,0 %	70 %	28,5 %
60 %	25,6 %	60 %	23,2 %	60 %	27,0 %
50 %	23,5 %	50 %	19,7 %	50 %	25,0 %
		→ bester Volllastwirkungsgrad		→ bester Teillastwirkungsgrad	

Thermische Leistung in Abhängigkeit der elektrischen Leistung

Elektrische Leistung	Therm. Leistung	Elektrische Leistung	Therm. Leistung	Elektrische Leistung	Therm. Leistung
100 %	100 %	100 %	100 %	100 %	100 %
90 %	93 %	90 %	97 %	90 %	89 %
80 %	88 %	80 %	96 %	80 %	78 %
70 %	86 %	70 %	94 %	70 %	68 %
60 %	84 %	60 %	93 %	60 %	57 %
50 %	80 %	50 %	98 %	50 %	48 %

Mindestdampfmenge bezogen auf 50 % elektrische Teillast bei 10°C Außentemperatur

| ≈ 10,85 t/h | ≈ 12,30 t/h | ≈ 6,19 t/h |

Wie der Tabelle 7-3 entnommen werden kann, sind nicht nur der Abgasmassenstrom, die Abgastemperatur und der elektrische Wirkungsgrad von enormer Bedeutung. Ebenso wichtig für den wirtschaftlichen Betrieb einer Stromerzeugungsanlage ist beispielsweise das An- und Abfahrverhalten. Ist eine Gasturbine eher träge in ihrem Verhalten, ist das vermehrte An- und Abfahren der Gasturbine nur erschwert, innerhalb einer längeren Zeitspanne, möglich. Ein weiterer Unterschied der drei Gasturbinen liegt in der technischen Umsetzung der Lastanpassung. Während Turbine 1 mit variablen Leitschaufeln arbeitet, um den Massenstrom zu reduzieren, kommt bei Gasturbine 2 eine Luftrückführung um den Verdichter herum zum Einsatz. Dieser reduziert über einen steigenden Rückführ-Luftmassenstrom den Gesamtluftmassenstrom durch die Gasturbine. Da der Verdichter jedoch die gleiche Luftmenge verarbeitet, sinkt der elektrische Wirkungsgrad im Teillastbereich entsprechend stark. Bei Gasturbine 3 wird zur Anpassung an Teillastzustände die Menge an eingespritztem Kraftstoff und Wasser reduziert.

Im Zusammenhang mit der Reduzierung der elektrischen Last ist zu bemerken, dass die thermische Leistung der Gasturbinen nicht im vollen Umfang der Minderung der elektrischen Leistung folgt. Während bei der Gasturbine 1 beispielsweise bei 50 % elektrischer Leistung noch 80 % der thermischen Leistung vorliegen, folgt die Gasturbine 3 der elektrischen Leistung fast synchron auf 48 %. Im Gegensatz dazu bleibt die thermische Leistung der Gasturbine 2 im gesamten Teillastbereich über 90 %. Bei abnehmendem Wärmebedarf müsste diese Gasturbine am ehesten abgeschaltet werden.

In diesem Zusammenhang spielt die Mindestdampfmenge einer Gasturbine eine erhebliche Rolle, da im Falle eines zu geringen Dampfbedarfs des Unternehmens die Gasturbine abgeschaltet werden muss. Liegt der Dampfbedarf des Unternehmens unter der Mindestdampfmenge, die die Gasturbine produzieren kann, muss der Bestandskessel zur Erzeugung von Dampf in Betrieb genommen und die Gasturbine abgeschaltet werden.

7.5 Ergebnisse der Berechnung

Die Ergebnisse der Berechnungen sind je Gasturbine in fünf Diagrammen zusammengefasst.

1. Lastgang Dampf bzw. Wärme
2. Lastgang Strom
3. Stillstandszeiten
4. Teillastwirkungsgrad 3D mit Einfluss der Außentemperatur
5. Teillastwirkungsgrad 2D mit Einfluss der Außentemperatur

Diese sollen nachfolgend, basierend auf der Gasturbine 1, ausführlich erläutert werden. Für die weiteren Gasturbinen 2 und 3 wird lediglich eine Zusammenfassung aufgeführt. Die vergleichenden Ergebnisse sind im nächsten Kapitel dargestellt.

7.5.1 Gasturbine 1

Abbildung 7-7 zeigt das Ergebnis der Berechnung in Bezug auf die Dampfbedarfsdeckung des Unternehmens. Auf der Ordinate ist die benötigte Dampfleistung in kW dargestellt. Die Abszisse zeigt den kompletten Jahresverlauf vom 1. Januar bis zum 31. Dezember. Es wird deutlich, dass die wärmegeführte Fahrweise der Gasturbine eine sehr gute Grundlastabdeckung des Bedarfs an Dampf ermöglicht (blaue Fläche). Da im Sommer der Verbrauch an Dampf niedriger ist und eine wärmegeführte Fahrweise angenommen wurde, stellt die Sommerlast und damit die minimal mögliche Dampfproduktion der Gasturbine ein wichtiges Auslegungskriterium dar. Dies bestätigt auch die Auswertung der geordneten Jahresdauerlinie (Abbildung 7-8), die für die weiteren Gasturbinen nicht dargestellt wird.

Liegt der Bedarf an Dampf höher als die Leistungsfähigkeit der Gasturbine im normalen Betrieb, kann die Zusatzbefeuerung in Betrieb genommen werden (orangefarbener Bereich). Diese verbrennt unter Eindüsung von Erdgas den Restsauerstoff im Gasturbinenabgas und erhöht damit die Abgasenthalpie. Dadurch wird das Abgas kalorisch gesehen wertvoller, wodurch im Anschluss an die Zusatzfeuerung eine höhere Dampfproduktion im Kessel ermöglicht wird. Reicht die Zusatzfeuerung nicht aus, um den Werksbedarf zu decken, kommen zusätzlich die Bestandskessel zum Einsatz (grüner Bereich). Diese werden auch in Betrieb genommen, wenn der Bedarf niedriger ist als das Leistungsvermögen der Gasturbine, da Gasturbinen eine vom Hersteller festgelegte Mindestlast fahren müssen und ein Betrieb der Anlagen von unter 40 % der elektrischen Nennleistung im Regelfall nicht ermöglicht werden kann. In diesem Zusammenhang ist das Verhältnis von elektrischer Teillast zu thermischer Teillast sehr wichtig, da, wie oben bereits erläutert, die thermische Teillast nicht der elektrischen folgt.

Die aus der wärmegeführten Fahrweise resultierende Deckung des Strombedarfs ist in der Abbildung 7-9 dargestellt. Auf der Ordinate ist der Bedarf an elektrischer Leistung des Unternehmens in kW, auf der Abszisse der Jahresverlauf, dargestellt. Bei Betrachtung des Verlaufs der Netto-Stromproduktion der Gasturbine (türkiser Bereich) kann festgehalten werden, dass die Gasturbine im Durchschnitt fast zu hundert Prozent im Nennleistungsbereich betrieben wird. Die dennoch sichtbaren Schwankungen haben ihren Ursprung darin, dass sich bei variierender Umgebungstemperatur die Höhe der Volllastleistung ändert. Kommt es beispielsweise zu einem Anstieg der Ansaugtemperatur, fällt die elektrische Leistung trotz Volllastbetrieb.

Aus dem dauerhaft sehr hohen thermischen Lastniveau resultiert die Einspeisung einer erheblichen Menge elektrischer Energie in das Netz des Energieversorgers, was im Gegensatz zur reinen Erzeugung von Wärme zu zusätzlichen Erlösen führt.

7.5 Ergebnisse der Berechnung 143

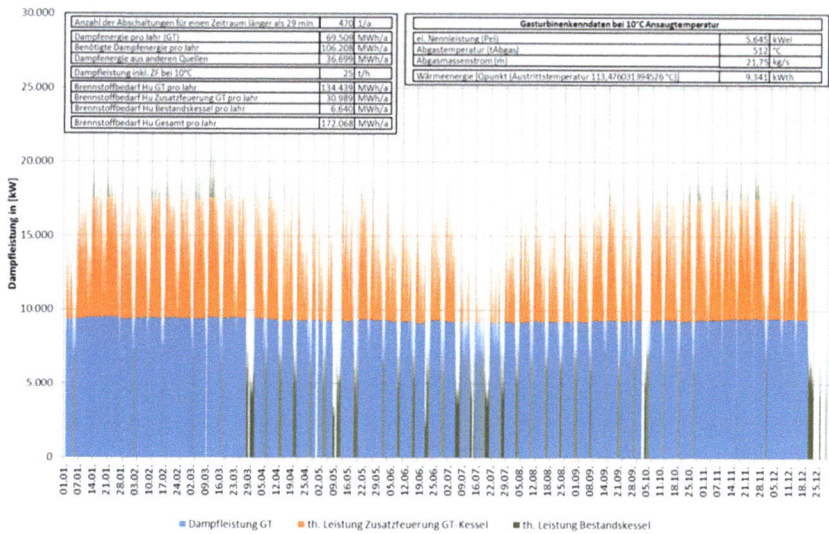

Abbildung 7-7: Dampfleistung über dem Jahresverlauf; Ordinate: Dampfleistung in kW

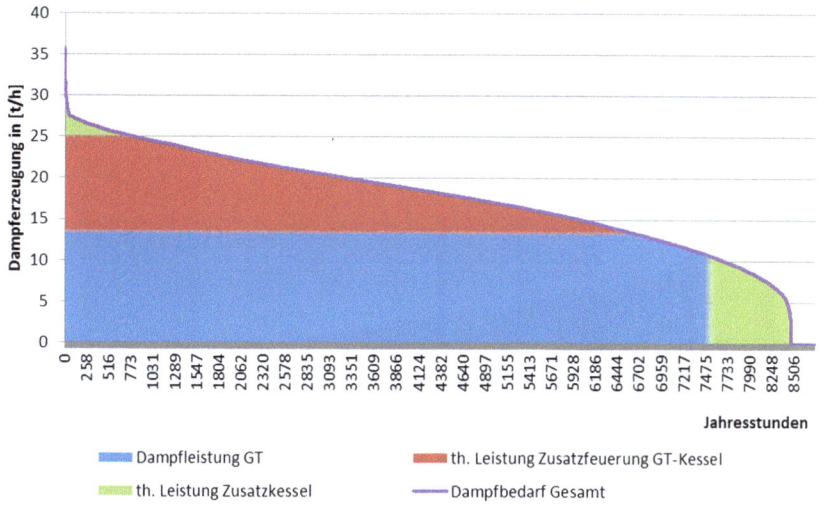

Abbildung 7-8: Jahresdauerlinie Dampfleistung; Ordinate: Dampfleistung in t/h

Da die Gasturbine auf den Wärmegrundbedarf ausgelegt wurde, muss zu elektrischen Spitzenlastzeiten weiterhin Strom vom Energieversorgungsunterneh-

144 7 Vergleich verschiedener Gasturbinen anhand
     eines vorgegebenen Lastgangs

men bezogen werden. Die Einspeisung der Gasturbine in das öffentliche Netz ist in der geordneten elektrischen Jahresdauerlinie dargestellt (Abbildung 7-10). Es handelt sich um die Ausschläge oberhalb der Kurve „elektrische Leistung Bedarf (Werk)".

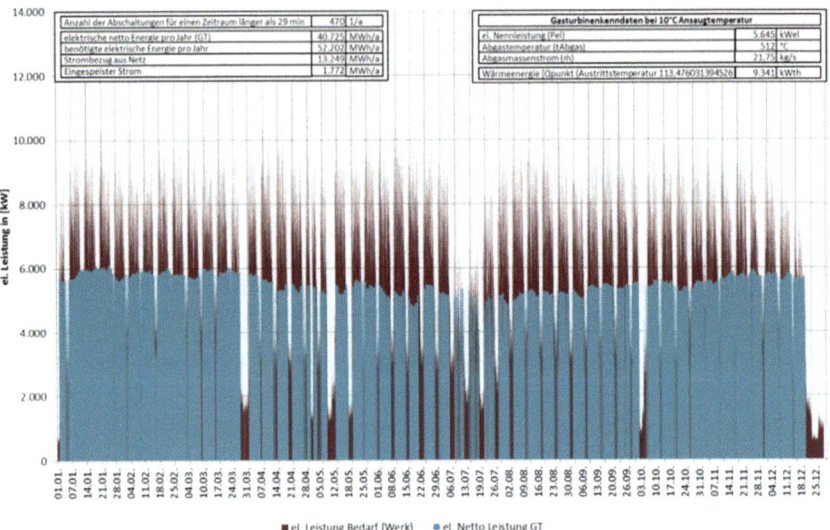

Abbildung 7-9: elektrische Leistung über dem Jahresverlauf; Ordinate: el. Leistung

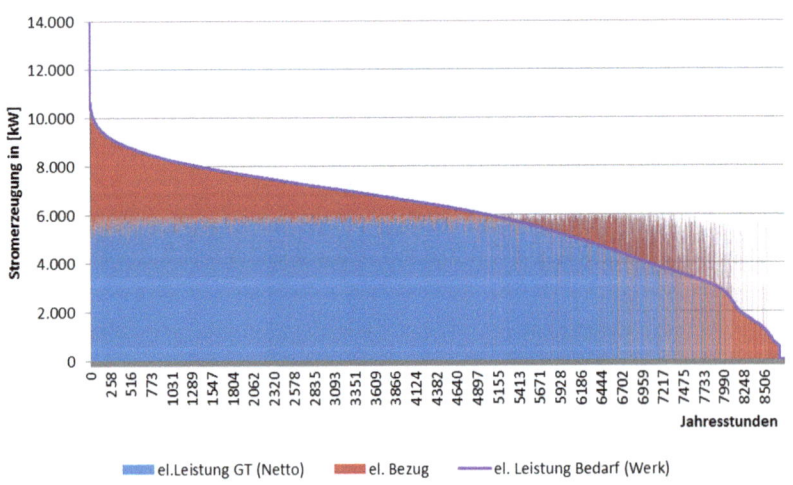

Abbildung 7-10: elektrische Leistung über dem Jahresverlauf; Ordinate: el. Leistung

Abbildung 7-11 zeigt, in Anlehnung an den Dampfbedarf des Unternehmens, die errechneten Stillstandszeiten der Gasturbine. Die Dauer der Abschaltung ist, wie in den vorherigen Abbildungen, über dem Jahresverlauf dargestellt. Die Stillstandzeiten von jeweils mindestens 29 Minuten Länge resultieren daraus, dass nicht immer die Mindestdampfmenge der Gasturbine benötigt wird. Dies ist besonders deutlich in den Sommermonaten zu erkennen, in denen es öfter zu Abschaltungen der Gasturbine kommt, da der Grundbedarf geringer ist. Um die Stillstandszeiten der Gasturbine zu reduzieren, wurde der Abhitzekessel derart ausgelegt, dass er einen höheren Dampfdruck verträgt und ein anschließendes Dampfdruckreduzierventil auf den Netzdruck regelt. Mit diesem „Aufpumpen" des Kessels können Stillstandszeiten der Gasturbine minimiert werden. Für die Stillstandszeiten werden daher nur die Zeiträume gewertet, die über 29 Minuten Stillstand hinausgehen. Dies ist dadurch begründet, dass die rechnerische Simulation nicht die Trägheit des Gesamtsystems sowie das Aufpumpen berücksichtigen kann. Kommt es beispielsweise für einen sehr kurzen Zeitraum zur Unterschreitung der Mindestdampfmenge, würde die Simulation dies als Stillstand berechnen. Tatsächlich kommt es jedoch durch den Kessel und die Gasturbine selbst zu einer verzögerten Reaktion des Systems, wodurch die Gasturbine in der Praxis nicht abgeschaltet würde. Erst wenn für einen Zeitraum von länger als 29 Minuten die Mindestdampfmenge unterschritten wird, werden die Stillstandszeiten aufaddiert.

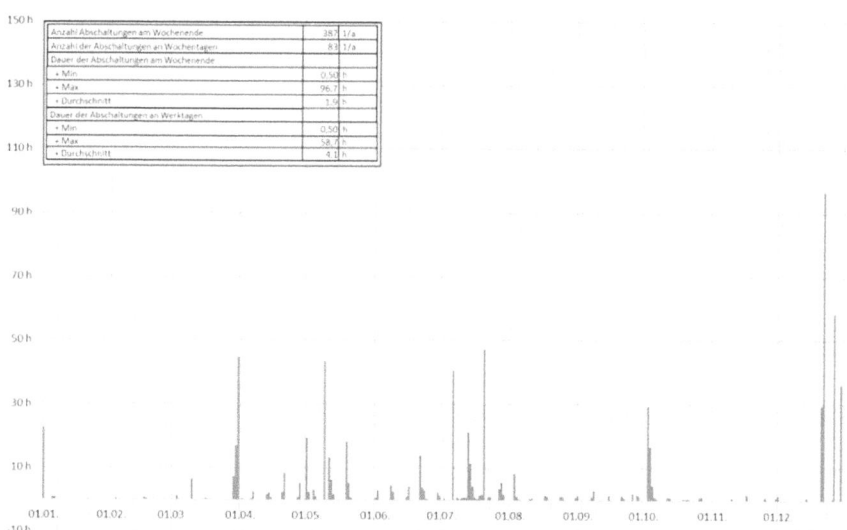

Abbildung 7-11: Stillstandszeiten über den Jahresverlauf; Ordinate: Stunden Stillstand

Der Einfluss unterschiedlicher Lastpunkte und Außentemperaturen ist in der folgenden Abbildung 7-12 zusammengefasst. In diesem Flächendiagramm ist die

Veränderlichkeit des elektrischen Wirkungsgrads dargestellt. Mit Hilfe dieser Darstellung kann für eine bestimmte Ansaugtemperatur und einen beliebigen Lastpunkt der elektrische Wirkungsgrad der Gasturbine ermittelt werden. Es ist zu erkennen, dass mit sinkender Außentemperatur der elektrische Wirkungsgrad der Anlage sowie die Kapazität der Gasturbine steigt. Dies ist auch dann der Fall, wenn vom Teillastbetrieb hin zum Volllastbetrieb gewechselt wird.

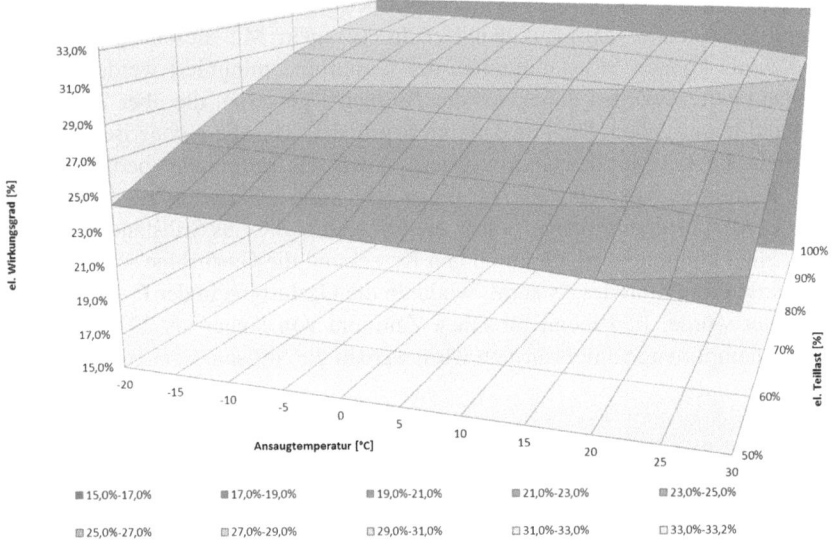

Abbildung 7-12: Teillastwirkungsgrad über der Außentemperatur; Ordinate: el. Wirkungsgrad

Einen Schnitt durch Abbildung 7-12 stellt Abbildung 7-13 dar. Bei dieser ist der elektrische Wirkungsgrad über der Last für unterschiedliche Außentemperaturen dargestellt. Die Aussage der Abbildung ist unverändert. Mit sinkender Außentemperatur und steigender Last vergrößert sich der elektrische Wirkungsgrad. Vorteil dieser Darstellung ist die bessere Möglichkeit, Werte exakt ablesen zu können.

Die Wesentlichen Ergebnisse der Berechnungen sind in Tabelle 7-4 dargestellt. Die Gasturbine deckt den Dampfbedarf des Industriebetriebes ohne Zusatzfeuerung zu 65 % ab. Über das Jahr gesehen beträgt die durchschnittliche Turbinenlast 83,93 %. Werden ausschließlich die Betriebsstunden der Turbine als Basis herangezogen, beträgt die durchschnittliche Turbinenlast 97 %. Daher erreicht die Turbine bei 7.527 Betriebsstunden 7.352 Volllastbetriebsstunden. Dies führt zu einem elektrischen Wirkungsgrad unter Berücksichtigung des Eigenbedarfs (netto) von 30,29 % und einem Gesamtwirkungsgrad von 82,65 %. Die Primärenergieeinsparung liegt bei 15,29 % (10 % erforderlich).

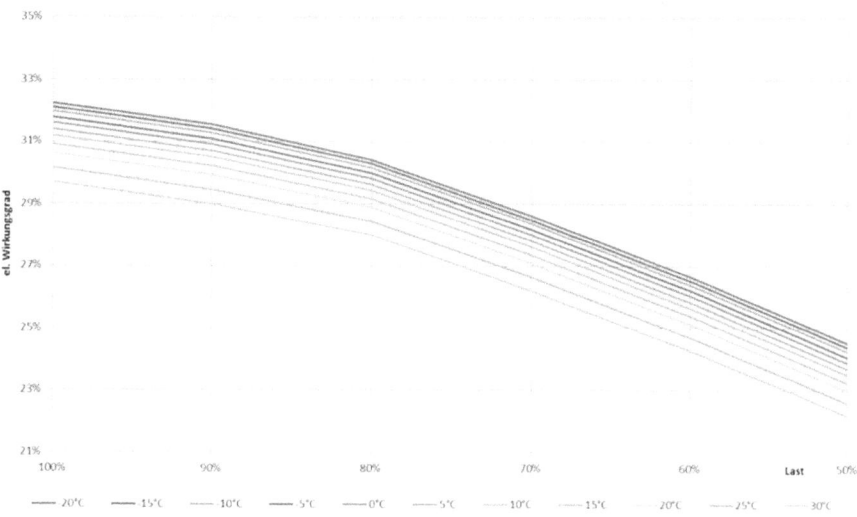

Abbildung 7-13: Teillastwirkungsgrad in Abhängigkeit der Außentemperatur; Ordinate: el. Wirkungsgrad

Tabelle 7-4: Berechnungsergebnisse Gasturbine 1

1.	Anzahl der Abschaltungen für einen Zeitraum länger als 29 min	470	1/a
2.	Dampfmenge pro Jahr (GT)	99.621	t/a
3.	benötigte Dampfmenge pro Jahr	152.218	t/a
4.	Dampfmenge aus anderen Quellen	52.597	t/a
5.	benötigte Dampfenergie pro Jahr	106.208	MWh/a
6.	Dampfenergie pro Jahr (GT)	69.509	MWh/a
7.	Dampfenergieanteil GT	65,4	%
8.	Dampfenergie aus anderen Quellen	36.699	MWh/a
9.	benötigte elektrische Energie pro Jahr	52.202	MWh/a
10.	elektrische netto Energie pro Jahr (GT)	40.725	MWh/a
11.	Strombezug aus Netz	13.249	MWh/a
12.	eingespeister Strom	1.772	MWh/a
13.	Brennstoffbedarf Hu GT pro Jahr	134.439	MWh/a
14.	Brennstoffbedarf Hu Zusatzfeuerung GT pro Jahr	30.989	MWh/a
15.	Brennstoffbedarf Hu Bestandskessel pro Jahr	6.640	MWh/a
16.	Brennstoffbedarf Hu Gesamt pro Jahr	172.068	MWh/a
17.	durchschnittliche Turbinenlast	83,93	%
18.	maximal mögliche Volllaststunden GT	7.352	h/a
19.	Betriebsstunden GT	7.527	h/a
20.	durchschnittliche Turbinenlast (wenn Turbine in Betrieb)	97,68	%
21.	el. Wirkungsgrad bezogen auf die Jahresbilanz (brutto)	30,95	%
22.	el. Wirkungsgrad bezogen auf die Jahresbilanz (netto)	30,29	%
23.	th. Wirkungsgrad bezogen auf die Jahresbilanz	51,70	%
24.	Gesamtwirkungsgrad bezogen auf die Jahresbilanz	82,65	%
25.	Primärenergieeinsparung (PEE) (Näherung)	15,29	%

7.5.2 Gasturbine 2

Im Folgenden sind die Diagramme für Gasturbine 2 aufgeführt. Die Wesentlichen Ergebnisse der Berechnungen sind in Tabelle 7-5 dargestellt. Die Gasturbine deckt den Dampfbedarf des Industriebetriebes ohne Zusatzfeuerung zu 59 % ab. Über das Jahr gesehen beträgt die durchschnittliche Turbinenlast 82 %. Werden ausschließlich die Betriebsstunden der Turbine als Basis herangezogen, beträgt die durchschnittliche Turbinenlast 99 %. Daher erreicht die Turbine bei 7.289 Betriebsstunden 7.240 Volllastbetriebsstunden. Dies führt zu einem elektrischen Wirkungsgrad unter Berücksichtigung des Eigenbedarfs (netto) von 31,07 % und einem Gesamtwirkungsgrad von 82,90 %. Die Primärenergieeinsparung liegt bei 16,02 % (10 % erforderlich).

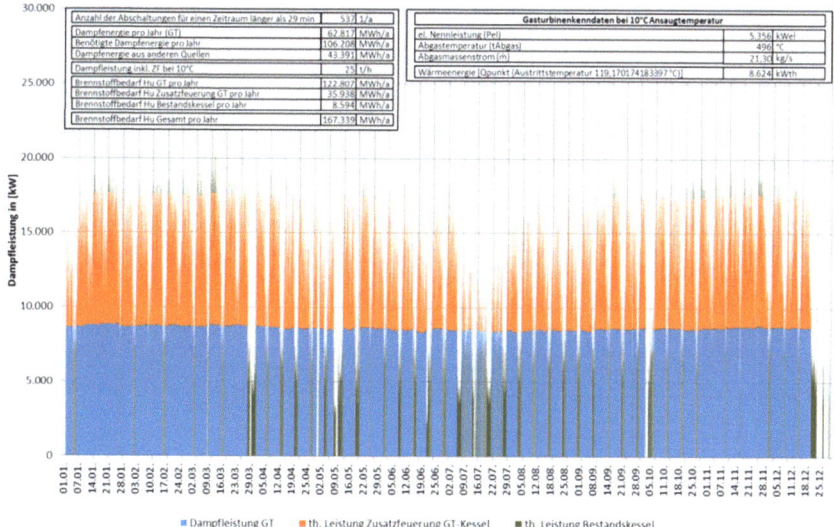

Abbildung 7-14: Dampfleistung über den Jahresverlauf; Ordinate: Dampfleistung in kW

150   7 Vergleich verschiedener Gasturbinen anhand
       eines vorgegebenen Lastgangs

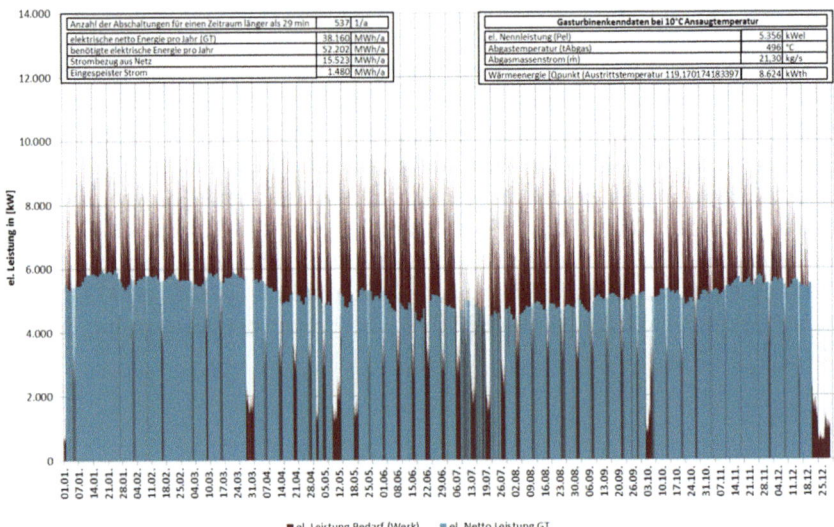

Abbildung 7-15: elektrische Leistung über den Jahresverlauf; Ordinate: el. Leistung

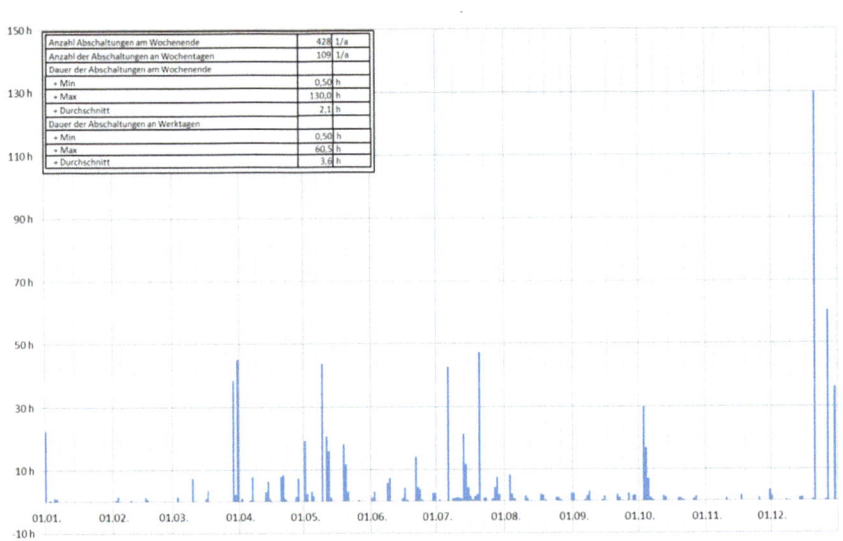

Abbildung 7-16: Stillstandszeiten über den Jahresverlauf; Ordinate: Stunden Stillstand

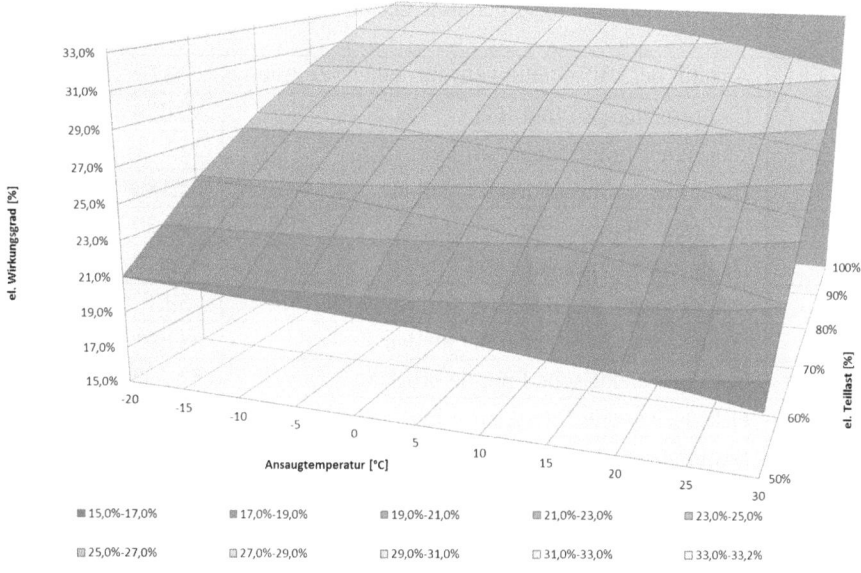

Abbildung 7-17: Teillastwirkungsgrad über der Außentemperatur; Ordinate: el. Wirkungsgrad

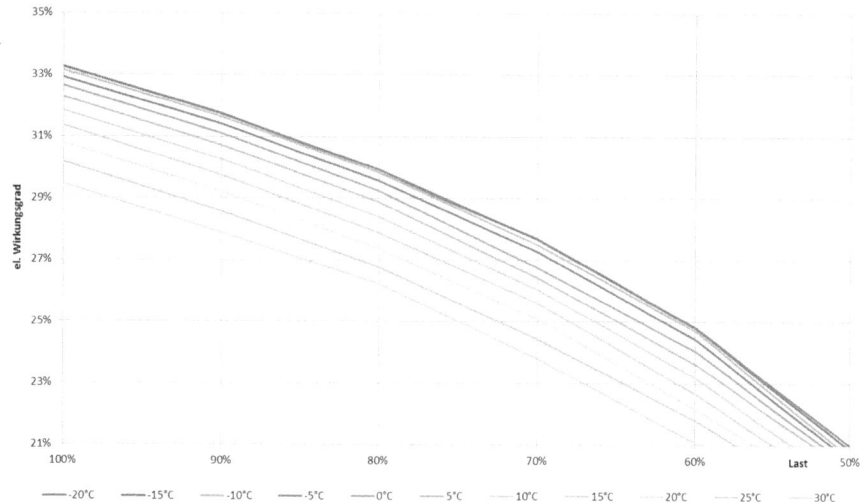

Abbildung 7-18: Teillastwirkungsgrad in Abhängigkeit der Außentemperatur; Ordinate: el. Wirkungsgrad

7 Vergleich verschiedener Gasturbinen anhand eines vorgegebenen Lastgangs

Tabelle 7-5: Berechnungsergebnisse Gasturbine 2

1.	Anzahl der Abschaltungen für einen Zeitraum	537	1/a
2.	Dampfmenge pro Jahr (GT)	90.030	t/a
3.	benötigte Dampfmenge pro Jahr	152.21	t/a
4.	Dampfmenge aus anderen Quellen	62.188	t/a
5.	benötigte Dampfenergie pro Jahr	106.20	MWh/a
6.	Dampfenergie pro Jahr (GT)	62.817	MWh/a
7.	Dampfenergieanteil GT	59,1	%
8.	Dampfenergie aus anderen Quellen	43.391	MWh/a
9.	benötigte elektrische Energie pro Jahr	52.202	MWh/a
10.	elektrische netto Energie pro Jahr (GT)	38.160	MWh/a
11.	Strombezug aus Netz	15.523	MWh/a
12.	eingespeister Strom	1.480	MWh/a
13.	Brennstoffbedarf Hu GT pro Jahr	122.80	MWh/a
14.	Brennstoffbedarf Hu Zusatzfeuerung GT pro Jahr	35.938	MWh/a
15.	Brennstoffbedarf Hu Bestandskessel pro Jahr	8.594	MWh/a
16.	Brennstoffbedarf Hu Gesamt pro Jahr	167.33	MWh/a
17.	durchschnittliche Turbinenlast	82,64	%
18.	maximal mögliche Volllaststunden GT	7.240	h/a
19.	Betriebsstunden GT	7.289	h/a
20.	durchschnittliche Turbinenlast (wenn Turbine in Betrieb)	99,32	%
21.	el. Wirkungsgrad bezogen auf die Jahresbilanz (brutto)	31,75	%
22.	el. Wirkungsgrad bezogen auf die Jahresbilanz (netto)	31,07	%
23.	th. Wirkungsgrad bezogen auf die Jahresbilanz	51,15	%
24.	Gesamtwirkungsgrad bezogen auf die Jahresbilanz	82,90	%
25.	Primärenergieeinsparung (PEE) (Näherung)	16,02	%

7.5.3 Gasturbine 3

Die Wesentlichen Ergebnisse der Berechnungen für Gasturbine 3 sind in Tabelle 7-6 dargestellt. Die Gasturbine deckt den Dampfbedarf des Industriebetriebes ohne Zusatzfeuerung zu 67 % ab. Über das Jahr gesehen beträgt die durchschnittliche Turbinenlast 92 %. Werden ausschließlich die Betriebsstunden der Turbine als Basis herangezogen, beträgt die durchschnittliche Turbinenlast 96 %. Daher erreicht die Turbine bei 8.327 Betriebsstunden 8.085 Volllastbetriebsstunden. Dies führt zu einem elektrischen Wirkungsgrad unter Berücksichtigung des Eigenbedarfs (netto) von 31.03 % und einem Gesamtwirkungsgrad von 78,68 %. Die Primärenergieeinsparung liegt bei 12,04 % (10 % erforderlich).

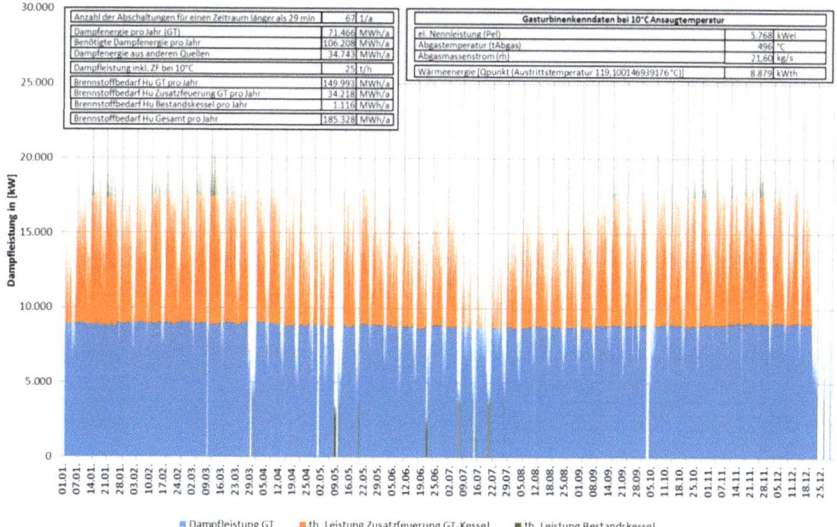

Abbildung 7-19: Dampfleistung über den Jahresverlauf; Ordinate: Dampfleistung in kW

154   7 Vergleich verschiedener Gasturbinen anhand
       eines vorgegebenen Lastgangs

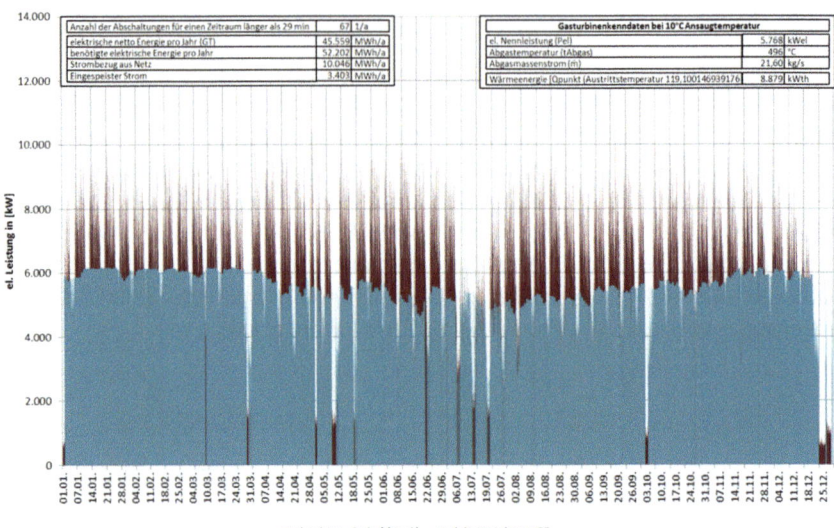

Abbildung 7-20:   elektrische Leistung über den Jahresverlauf; Ordinate: el. Leistung

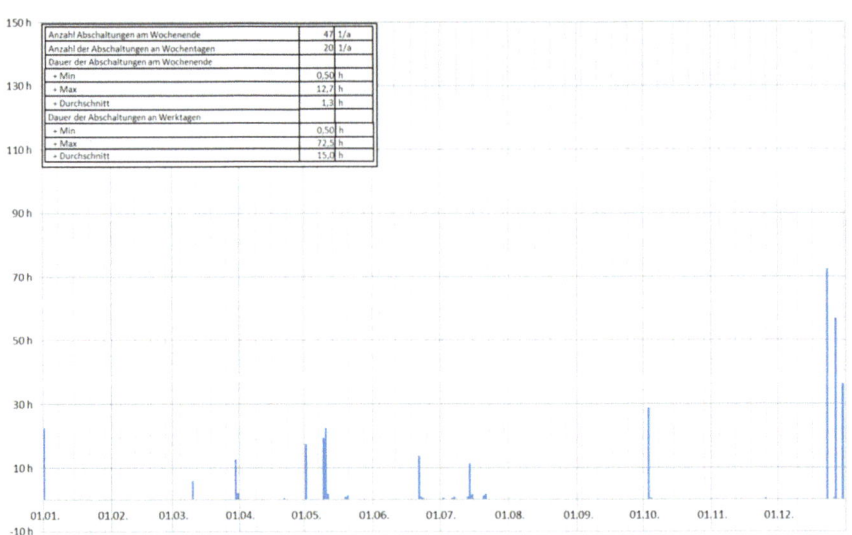

Abbildung 7-21:   Stillstandszeiten über den Jahresverlauf; Ordinate: Stunden Stillstand

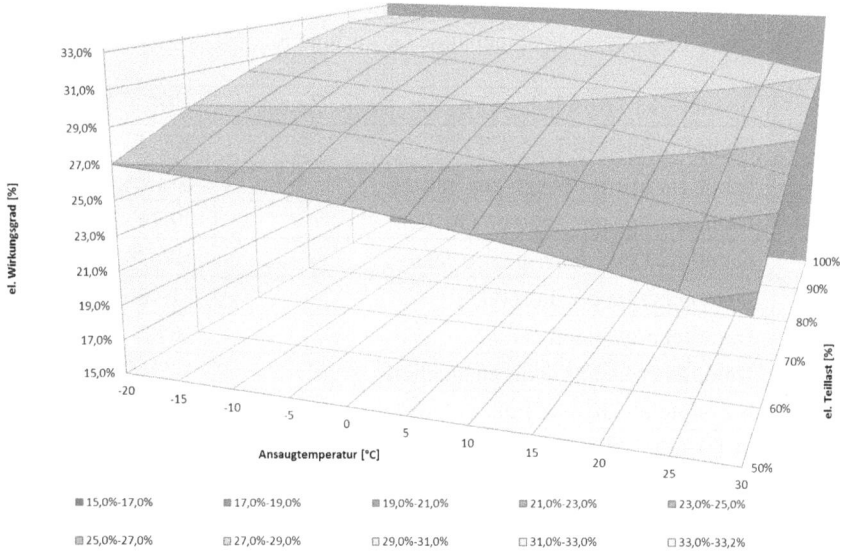

Abbildung 7-22: Teillastwirkungsgrad über der Außentemperatur; Ordinate: el. Wirkungsgrad

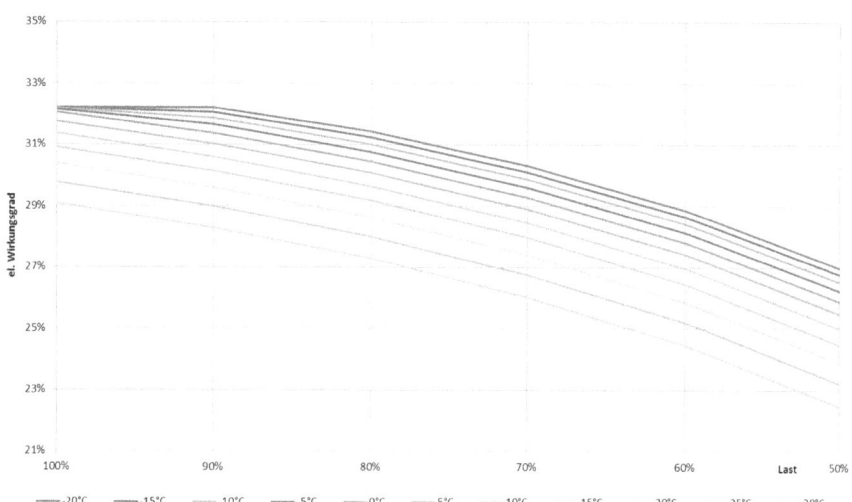

Abbildung 7-23: Teillastwirkungsgrad in Abhängigkeit der Außentemperatur; Ordinate: el. Wirkungsgrad

Tabelle 7-6: Berechnungsergebnisse Gasturbine 3

1.	Anzahl der Abschaltungen für einen Zeitraum	67	1/a
2.	Dampfmenge pro Jahr (GT)	102.42	t/a
3.	benötigte Dampfmenge pro Jahr	152.21	t/a
4.	Dampfmenge aus anderen Quellen	49.793	t/a
5.	benötigte Dampfenergie pro Jahr	106.20	MWh/a
6.	Dampfenergie pro Jahr (GT)	71.466	MWh/a
7.	Dampfenergieanteil GT	67,3	%
8.	Dampfenergie aus anderen Quellen	34.743	MWh/a
9.	benötigte elektrische Energie pro Jahr	52.202	MWh/a
10.	elektrische netto Energie pro Jahr (GT)	45.559	MWh/a
11.	Strombezug aus Netz	10.046	MWh/a
12.	eingespeister Strom	3.403	MWh/a
13.	Brennstoffbedarf Hu GT pro Jahr	149.99	MWh/a
14.	Brennstoffbedarf Hu Zusatzfeuerung GT pro Jahr	34.218	MWh/a
15.	Brennstoffbedarf Hu Bestandskessel pro Jahr	1.116	MWh/a
16.	Brennstoffbedarf Hu Gesamt pro Jahr	185.32	MWh/a
17.	durchschnittliche Turbinenlast	92,29	%
18.	maximal mögliche Volllaststunden GT	8.085	h/a
19.	Betriebsstunden GT	8.372	h/a
20.	durchschnittliche Turbinenlast (wenn Turbine in Betrieb)	96,58	%
21.	el. Wirkungsgrad bezogen auf die Jahresbilanz (brutto)	31,03	%
22.	el. Wirkungsgrad bezogen auf die Jahresbilanz (netto)	30,37	%
23.	th. Wirkungsgrad bezogen auf die Jahresbilanz	47,65	%
24.	Gesamtwirkungsgrad bezogen auf die Jahresbilanz	78,68	%
25.	Primärenergieeinsparung (PEE) (Näherung)	12,04	%

7.6 Auswertung und Zusammenfassung der Berechnungsergebnisse

Die zusammengefassten Ergebnisse der Berechnung können der folgenden Tabellen entnommen werden. Eines der bedeutenden Ergebnisse für jede Gasturbine ist die ermittelte Primärenergieeinsparung, die am Ende der Tabellen angegeben ist.

Die Berechnungsergebnisse sind wir folgt definiert:

1. **Anzahl der Abschaltungen für einen Zeitraum länger als 29 min**
   Für die Ermittlung der Abschaltdauer und die Anzahl der Abschaltungen werden nur Ereignisse von mindestens 29 Minuten Länge berücksichtigt um der Trägheit des Systems sowie der Möglichkeit des „Aufpumpens" des Kessels Rechnung tragen zu können. Kurzfristige Lastschwankungen führen nicht zum Abschalten der Gasturbine.
2. **Dampfmenge pro Jahr (GT)**
   Diese Dampfmenge entspricht der tatsächlich von der Gasturbine in Jahressumme produzierten Dampfmenge in Tonnen pro Jahr. Die Zusatzfeuerung ist nicht berücksichtigt.
3. **Benötigte Dampfmenge pro Jahr**
   Die benötigte Dampfmenge entspricht der gesamten jährlichen Dampfmenge, die dem Dampflastgang zugrunde liegt und spiegelt damit den gesamten Bedarf des Unternehmens in Tonnen pro Jahr wieder.
4. **Dampfmenge aus anderen Quellen**
   Die Menge an Dampf aus anderen Quellen ergibt sich aus der Differenz der gesamten benötigten Dampfmenge des Unternehmens zur produzierten Dampfmenge der Gasturbine. Diese wird durch die Zusatzfeuerung und die Kessel der Bestandsanlage bereitgestellt.
5. **Benötigte Dampfenergie pro Jahr**
   Die benötigte Dampfmenge entspricht der gesamten jährlichen Dampfmenge die dem Dampflastgang zugrunde liegt und spiegelt damit den gesamten Bedarf des Unternehmens in Megawattstunden pro Jahr wieder.
6. **Dampfenergie pro Jahr (GT)**
   Die Dampfenergie entspricht der jährlich von der Gasturbine erzeugten Dampfleistung in Megawattstunden pro Jahr.
7. **Dampfenergieanteil (GT)**
   Der Dampfenergieanteil der Gasturbine ergibt sich aus dem Quotienten der jährlich erzeugten Dampfenergie der Gasturbine zur jährlich benötigten Dampfenergie in Prozent.
8. **Dampfenergie aus anderen Quellen**
   Die Dampfenergie aus anderen Quellen ergibt sich aus der Differenz der gesamten benötigten Dampfenergie des Unternehmens zur produ-

zierten Dampfenergie der Gasturbine. Diese wird durch die Zusatzfeuerung und die Kessel der Bestandsanlage bereitgestellt.

9. **benötigte elektrische Energie pro Jahr**
   Die benötigte elektrische Energie entspricht dem aus dem elektrischen Lastgang resultierenden jährlichen Gesamtbedarf an Strom in Megawattstunden pro Jahr.

10. **elektrische netto Energie pro Jahr (GT)**
    Die elektrische Nettoenergie ist die Differenz zwischen der gesamten Stromerzeugung und dem Eigenbedarf der Gasturbine in Megawattstunden pro Jahr.

11. **Strombezug aus Netz**
    Der Strombezug aus dem Netz resultiert aus den Lastspitzen im Stromlastgang sowie Stillstandszeiten der Gasturbine. Ist die von der Gasturbine produzierte Strommenge geringer als der Strombedarf, muss Strom vom Energieversorgungsunternehmen bezogen werden.

12. **Eingespeister Strom**
    Die Menge des eingespeisten Stroms resultiert aus der Erzeugung von Strom zu Zeiten eines erhöhten Dampfbedarfs, bei nur geringem elektrischen Bedarf und ist somit der nicht vom Unternehmen zur Eigenversorgung benötigte Strom in Megawattstunden pro Jahr. Er wird in das öffentliche Netz eingespeist.

13. **Brennstoffbedarf Hu pro Jahr (GT)**
    Der jährliche Brennstoffbedarf der Gasturbine, bezogen auf den Heizwert des Erdgases (Hu).

14. **Brennstoffbedarf Hu Zusatzfeuerung pro Jahr**
    Der jährliche Brennstoffbedarf der Zusatzfeuerung bezogen auf den Heizwert des Erdgases (Hu).

15. **Brennstoffbedarf Hu Bestandskessel pro Jahr**
    Liegt der Dampfbedarf zusätzlich über den Möglichkeiten der Zusatzfeuer oder unter der Mindestdampfmenge der Gasturbine, wird der Bestandkessel aktiviert, wodurch eine jährliche Brennstoffenergie in Megawattstunden pro Jahr anfällt. Der Berechnung liegt ein thermischer Wirkungsgrad des Bestandskessels von 93,0 % zugrunde.

16. **Brennstoffbedarf Hu Gesamt pro Jahr**
    Der Gesamtbrennstoffbedarf in Megawattstunden pro Jahr ergibt sich als Summe der einzelnen jährlichen Verbraucher Gasturbine, Zusatzfeuerung und Bestandkesselanlage.

17. **durchschnittliche Turbinenlast**
    Die durchschnittliche Turbinenlast ist der Mittelwert der elektrischen Turbinenlast über das gesamte Jahr hinweg betrachtet.

18. **Betriebsstunden (GT)**
    Die Betriebsstunden der Gasturbine resultieren aus der Summe aller Zeiten des Betriebes. Dabei werden sowohl Volllast- als auch Teillaststunden summiert.

7.6 Auswertung und Zusammenfassung der Berechnungsergebnisse

19. **durchschnittliche Turbinenlast (wenn Turbine in Betrieb)**
    Die durchschnittliche Turbinenlast bezieht sich auf die Last, wenn die Gasturbine in Betrieb ist. Dabei werden Stillstandszeiten der Gasturbine nicht berücksichtigt.
20. **el. Wirkungsgrad bezogen auf die Jahresbilanz (brutto)**
    Der elektrische Wirkungsgrad ergibt sich als Quotient aus elektrischer Arbeit der Gasturbine (inklusive Eigenverbrauch) und Brennstoffbedarf für die Gasturbine pro Jahr.
21. **el. Wirkungsgrad bezogen auf die Jahresbilanz (netto)**
    Der elektrische Wirkungsgrad ergibt sich als Quotient aus elektrischer Arbeit der Gasturbine (exklusive Eigenverbrauch) und Brennstoffbedarf für die Gasturbine pro Jahr.
22. **th. Wirkungsgrad bezogen auf die Jahresbilanz (GT)**
    Der thermische Wirkungsgrad ergibt sich als Quotient aus thermischer Arbeit der Gasturbine pro Jahr und Brennstoffbedarf für die Gasturbine pro Jahr
23. **Gesamtwirkungsgrad bezogen auf die Jahresbilanz**
    Der Gesamtwirkungsgrad ergibt sich aus der Summe des elektrischen Wirkungsgrades brutto und thermischen Wirkungsgrades der Gasturbine.
24. **Primärenergieeinsparung (PEE) (Näherung)**
    Die Primärenergieeinsparung berechnet sich auf Grundlage der errechneten thermischen und elektrischen Wirkungsgrade der Gasturbine im Vergleich zu den Referenzwirkungsgraden der Richtlinie 2004/8/EG der europäischen Union (s. Tabelle 7-1).

$$PEE = \left(1 - \frac{1}{\left(\frac{KWK\,W\eta}{Ref\,W\eta}\right) + \left(\frac{KWK\,E\eta}{Ref\,E\eta}\right)}\right) * 100\%$$

PEE…	Primärenergieeinsparung
KWK Wη…	Wärmewirkungsgrad-Referenzwert der KWK Erzeugung
Ref Wη	Wirkungsgrad Referenzwert für getrennte Wärmeerzeugung
KWK Eη…	elektrischer Wirkungsgrad der KWK-Erzeugung
Ref Eη…	Wirkungsgrad Referenzwert für getrennte Stromerzeugung

Die wichtigsten Berechnungsergebnisse sollen nachfolgend hervorgehoben und analysiert werden. Dabei werden in unterschiedlichen Diagrammen die drei berechneten Gasturbinen in Form von Säulendiagrammen gegenübergestellt. Zunächst jedoch folgender tabellarischer Überblick:

Tabelle 7-7: Berechnungsergebnisse: Vergleich der Gasturbinen

Nr.	Parameter	GT 1	GT 2	GT 3	Einheit
1.	Anzahl der Abschaltungen für einen Zeitraum länger als 29 min	470	537	67	1/a
2.	Dampfmenge pro Jahr (GT)	99.621	90.030	102.425	t/a
3.	Benötigte Dampfmenge pro Jahr	152.218	152.218	152.218	t/a
4.	Dampfmenge aus anderen Quellen	52.597	62.188	49.793	t/a
5.	Benötigte Dampfenergie pro Jahr	106.208	106.208	106.208	MWh/a
6.	Dampfenergie pro Jahr (GT)	69.509	62.817	71.466	MWh/a
7.	Dampfenergieanteil (GT)	65,4	59,1	67,3	%
8.	Dampfenergie aus anderen Quellen	36.699	43.391	34.743	MWh/a
9.	benötigte elektrische Energie pro Jahr	52.202	52.202	52.202	MWh/a
10.	elektrische Energie netto pro Jahr (GT)	40.725	38.160	45.559	MWh/a
11.	Strombezug aus Netz	13.249	15.523	10.046	MWh/a
12.	Eingespeister Strom	1.772	1.480	3.403	MWh/a
13.	Brennstoffbedarf Hu pro Jahr (GT)	134.439	122.807	149.993	MWh/a
14.	Brennstoffbedarf Hu pro Jahr Zusatzfeuerung	30.989	35.938	34.218	MWh/a
15.	Brennstoffbedarf Hu pro Jahr Bestandskessel	6.640	8.594	1.116	MWh/a
16.	Brennstoffbedarf Hu pro Jahr Gesamt	172.068	167.339	185.328	MWh/a
17.	durchschnittliche Turbinenlast	83,93	82,64	92,29	%
18.	Betriebsstunden (GT)	7.527	7.289	8.372	h/a
19.	durchschnittliche Turbinenlast (wenn Turbine in Betrieb)	97,68	99,32	96,58	%
20.	el. Wirkungsgrad bezogen auf die Jahresbilanz (brutto)	30,95	31,75	31,03	%
21.	el. Wirkungsgrad bezogen auf die Jahresbilanz (netto)	30,29	31,07	30,37	%
22.	th. Wirkungsgrad bezogen auf die Jahresbilanz	51,70	51,15	47,65	%
23.	Gesamtwirkungsgrad bezogen auf die Jahresbilanz	82,65	82,90	78,68	%
24.	Primärenergieeinsparung (PEE) (Näherung)	15,29	16,02	12,04	%

7.6 Auswertung und Zusammenfassung der Berechnungsergebnisse

In Abbildung 7-24 ist die Anzahl der möglichen Volllaststunden sowie die Anzahl der Abschaltungen der Anlage, für einen Zeitraum länger als 29 Minuten, dargestellt. Der Darstellung kann entnommen werden, dass die Anzahl der Abschaltungen der Gasturbinen 1 und 2 in der gleichen Größenordnung liegen. Die Gasturbine 3 hat eine deutlich geringere Anzahl an Abschaltungen. In Bezug auf die maximal möglichen Volllaststunden ist die Gasturbine 3 im Vergleich deutlich besser, da sie über 8.000 Volllastbetriebsstunden im Jahr ermöglicht und damit eine deutlich längere Ausnutzung der Gasturbine erreicht.

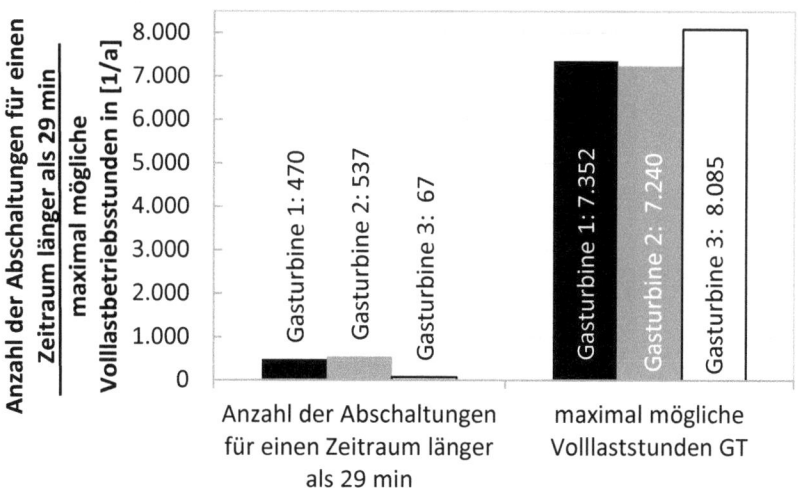

Abbildung 7-24:   Anzahl der Abschaltungen und maximal mögliche Volllaststunden im Vergleich (Berechnungsergebnisse)

Die durchschnittliche Turbinenlast, der Gesamtwirkungsgrad bezogen auf die Jahresbilanz, der elektrische Wirkungsgrad bezogen auf die Jahresbilanz (netto) und der thermische Wirkungsgrad bezogen auf die Jahresbilanz sind in der folgenden Abbildung 7-25 dargestellt.

Der Hinweis „netto" dient zur Unterscheidung der Rechnungen mit und ohne Eigenverbrauch der Energieerzeugungsanlage. Netto ist im betrachteten Fall die Kalkulation des Wirkungsgrades abzüglich des Eigenverbrauchs.

In Bezug auf die durchschnittliche elektrische Turbinenlast ist die Gasturbine 3 die bessere Wahl. Bei der Gegenüberstellung der Gasturbinen im Hinblick auf den Gesamtwirkungsgrad weisen die Gasturbinen 1 und 2 Vorteile auf. Leichte Vorteile bezüglich des elektrischen Wirkungsgrads bezogen auf die Jahres-Netto-Bilanz liegen für Gasturbine 2 vor, während Turbine 1 beim thermischen Wirkungsgrad vorne liegt. Die Betrachtung des Hocheffizienzkriteriums zeigt, dass alle drei Gasturbinen das Kriterium „Primärenergieeinsparung (PEE) in Höhe von 10 % überschreiten und somit einer Reduktion der EEG-Umlage nach § 61 EEG-2014 in Hinsicht auf das Hocheffizienzkriterium nichts im Wege steht. Die errechneten Ergebnisse sind in Tabelle 7-8 zusammengefasst dargestellt.

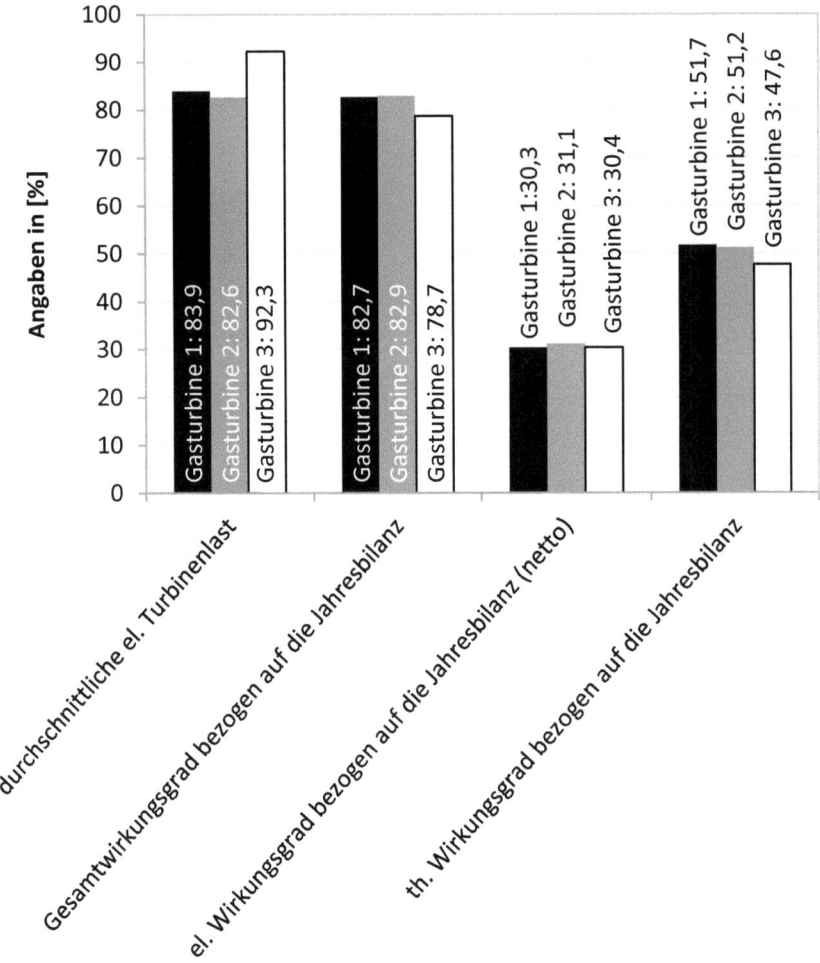

Abbildung 7-25: Fortsetzung der Berechnungsergebnisse im Vergleich

Abbildung 7-26 verdeutlicht das Ergebnis grafisch. Es kann damit gerechnet werden, dass sich die gesetzlichen Rahmenbedingungen in der Zukunft derart ändern, dass die 10 %-Grenze für die Primärenergieeinsparung weiter erhöht wird. Um dieser Entwicklung gerecht zu werden, sollte Gasturbine 1 oder 2 eingesetzt werden.

7.6 Auswertung und Zusammenfassung der Berechnungsergebnisse

Tabelle 7-8: Ergebnis der Berechnung für alle drei gewählten Gasturbinen

Gasturbine	1	2	3	Einheit
Gesamtwirkungsgrad bezogen auf die Jahresbilanz	82,65	82,90	78,68	[%]
Primärenergieeinsparung PEE (Näherung)	15,29	16,02	12,04	[%]

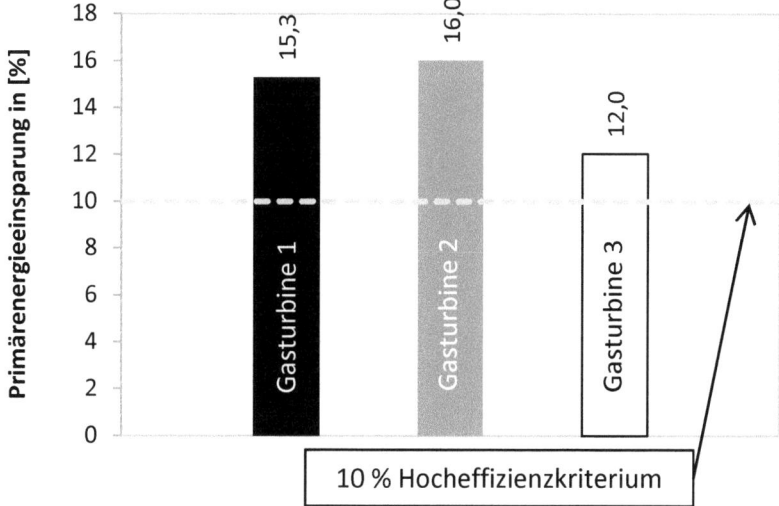

Abbildung 7-26: Vergleich des Hocheffizienzkriteriums mit den drei Gasturbinen

8. Wirtschaftlichkeitsbetrachtungen von erdgasbetriebenen Heizkraftwerken 166
    8.1.   Grundbegriffe und Kennzahlen der Wirtschaftlichkeitsberechnung .. 167
    8.2.   Vorgehensweise 170
    8.3.   Berechnungsmodell Gasturbine 5 MW_{el} 172
    8.4.   Berechnungsmodell Gasmotor 5 MW_{el} 174
    8.5.   Auswertung, Analyse und Vergleich 176
    8.6.   Mittelgroße und große Erzeugungsanlagen 184
    8.7   Literaturverzeichnis 185

8. Wirtschaftlichkeitsbetrachtungen von erdgasbetriebenen Heizkraftwerken

Die Energiewende hat neben dem Einfluss auf die regenerativen Energien insbesondere durch die Belastung der Eigenstromerzeugung mit der EEG-Umlage erheblichen Einfluss auf die Wirtschaftlichkeit von nichtregenerativen Eigenstromerzeugungsanlagen. Da die Eigenstromproduktion in der Industrie eine immer höhere Bedeutung gewinnt, werden im Folgenden Einflüsse auf erdgasbetriebene Heizkraftwerke aufgezeigt. Dies repräsentativ und beispielhaft für nichtregenerative Energieerzeuger.

Der Fokus steht auf der Versorgung von Industrieunternehmen zur Eigenstromproduktion, nicht auf der zentralen Energieerzeugung im Bereich mehrerer zig und hundert Megawatt. Zusammenfassend werden Anlagen im Bereich zwischen 5 und 10 MW elektrisch betrachtet.

Alle Berechnungen basieren auf den derzeitigen wirtschaftlichen, gesetzlichen und gesellschaftspolitischen Rahmenbedingungen. Kommt es bei diesen Rahmenbedingungen zu Änderungen, kann es zu erheblichen Abweichungen, teils auch konträren Entwicklungen kommen.

Hinsichtlich der gesetzlichen Rahmenbedingungen lässt sich folgendes zusammenfassend festhalten. Ob eine Stromerzeugungsanlage im KWK-Betrieb gefahren wird oder nicht, spielt bei der Berechnung der EEG-Umlage eine wichtige Rolle. Handelt es sich um keine EEG-Anlage oder wird die Anlage, wenn sie fossile Brennstoffe einsetzt, nicht im KWK-Betrieb gefahren, entfällt die Staffelung der EEG-Umlage auf 30, 35 bzw. 40 %, wie sie in § 61 Abs. 1 EEG-2014 geregelt ist, dann fallen 100 % der EEG-Umlage an. Dies ergibt sich aus § 61 Abs. 1 Satz 2 Nr. 1 EEG-2014. Für stromkostenintensive Unternehmen, die die Voraussetzungen von § 64 erfüllen (Branchenzugehörigkeit nach Anlage 4, Stromverbrauch von mind. 1 GWh an einer Abnahmestelle, 16 bzw. 17 % Stromkostenintensität und UMAS), ergeht ein Begrenzungsbescheid mit folgender Wirkung: Für die erste verbrauchte GWh erfolgt keine Begrenzung. Für diesen Selbstbehalt ist im Begrenzungsjahr immer zuerst die unbegrenzte EEG-Umlage zu zahlen (§ 64 Absatz 2 Nummer 1 EEG-2014), die in § 60 Absatz 1 EEG-2014 geregelt ist. Der Mindestbeitrag eines begünstigten Unternehmens beträgt für den Stromverbrauch über die erste GWh hinaus grundsätzlich 15 Prozent der vollen EEG-Umlage, § 64 Absatz 2 Nummer 2 EEG-2014. Dies gilt auch für eigenerzeugte und selbst verbrauchte Strommengen. Bei der Begrenzung für stromkostenintensive Unternehmen würde die KWK-Eigenschaft nur dann eine Rolle spielen, wenn der Stromverbrauch im Begrenzungsjahr an einer Abnahmestelle unter

1 GWh liegt, dann kann § 61 Anwendung finden. In bestimmten Fällen wird die Mindest-EEG-Umlage von 15 Prozent gedeckelt, § 64 Abs. 2 Nr. 4 EEG-2014.

Bezüglich der Stromsteuer lässt sich folgendes zusammenfassen. Strom aus Anlagen bis zu zwei Megawatt ist steuerfrei, wenn er für den Eigenverbrauch erzeugt und in räumlichem Zusammenhang verbraucht wird. Grundlage der Eigenverbrauchsregelung ist §9 Abs.1 Nr.3 Stromsteuergesetz (StromStG). Im Gegensatz zur Brennstoff- oder Mineralölsteuer gemäß EnergieStG, handelt es sich hier nicht nur um einen reduzierten Steuersatz, sondern um eine vollständige Befreiung von der Stromsteuer. Die Höhe der Einsparungen ist somit direkt mit der Höhe des aktuell geltenden Stromsteuersatzes korreliert. Voraussetzungen für die Steuerbefreiung sind zum einen eine maximale Anlagengröße von 2 MW und zum zweiten die Stromerzeugung für den Eigenbedarf (Objekt- oder Arealversorgung), d.h. der räumliche Zusammenhang von Erzeugung und Verbrauch ohne Inanspruchnahme des Netzes der allgemeinen Versorgung.

Im folgenden Kapitel werden für den Nichtkaufmann zunächst einige wesentliche wirtschaftliche Kennwerte erklärt. Anschließend werden die Randbedingungen zu den Berechnungen vorgestellt. Im Anschluss daran werden die Ergebnisse der Wirtschaftlichkeitsberechnungen dargestellt und verschiedene Einflussfaktoren mit Hilfe der Sensitivitätsanalyse untersucht.

8.1. Grundbegriffe und Kennzahlen der Wirtschaftlichkeitsberechnung

Zum allgemeinen Verständnis des Kapitels sind betriebswirtschaftliches Wissen über nachfolgend angeführte Begriffe und Abkürzungen von Bedeutung, die häufig als Kennzahlen energiewirtschaftlicher Projekte herangezogen werden.

- *Umsatz*
- *Gross Profit*
- *EBITDA* (Earnings before interest, taxes, depreciation and amortization)
- *EBIT* (Earnings before interest and taxes)
- *EBT* (Earnings before taxes)
- *NOPLAT* (Net operating profit less adjusted taxes)
- *FTE* (Flow to Equity)
- *ROI* (Return on Investment)
- *ROE* (Return on Equity)
- *Cashflow*

Im Folgenden werden diese Begriffe kurz erläutert.

Umsatz

Als *Umsatz* oder auch Erlös wird im Allgemeinen die Summe aller verkauften und preislich bewerteten Produkte und Dienstleistungen bezeichnet. Dieser entspricht demnach allen in einer Handelsperiode erwirtschafteten Einnahmen (vgl. [8.1]).

Innerhalb der Gewinn- und Verlustrechnung wird der *Umsatz* als Umsatzerlös bezeichnet und geführt. Der *Umsatz* selbst kann auf unterschiedliche Unternehmensbereiche oder Leistungsgruppen bezogen werden und ist eines der bedeutendsten Werte innerhalb der Erfolgsermittlung. In der Betriebswirtschaftslehre ist der *Umsatz* eine der wichtigsten Kennzahlen zur Einschätzung der Wirtschaftlichkeit (vgl. [8.2]).

Gross Profit

Frei ins Deutsche übersetzt entspricht der *gross profit* den deutschen Worten Bruttogewinn, Rohertrag, Bruttoertrag oder Rohgewinn (vgl. [8.3]).

Der Rohgewinn, auch Rohertrag bezeichnet, ist die Differenz zwischen den Leistungen und dem Materialverbrauch, wobei mit Leistungen ein weiterer Begriff aus dem Rechnungswesen auftaucht (vgl. [8.2]). Als Leistungen bezeichnet man die Gesamtheit aller preislich bewertbarer Produkte und Dienstleistungen die ein Unternehmen in einer bestimmten Handelsperiode „[…] in Form von Absatzleistungen (Erlösen), Lagerleistungen (Erhöhung des Lagerbestandes) und Eigenleistungen erzielt. Den Leistungen stehen Kosten gegenüber […]" (vgl. [8.2]). Bei der Ermittlung des Materialverbrauches werden ausschließlich die direkt zurechenbaren Einzelkosten berücksichtigt. Die Annahme der Einzelkosten als variable Kosten zeigt, dass der *gross profit* den Wert darstellt, der zur Fixkostenabdeckung zur Verfügung steht.

EBITDA

Mit der Abkürzung *EBITDA* (englisch: Earnings before interest, taxes, depreciation and amortization) wird der Gewinn einer Unternehmung vor Zinsen, Steuern und Abschreibungen bezeichnet. Die Berechnung des *EBITDA* basiert auf dem *EBIT* und ergibt sich auf der Addition der Abschreibungen zum *EBIT*. Sie ist eine Angabe zur Rentabilität eines Unternehmens.

Der Vorteil dieser Kennzahl ist die internationale Vergleichbarkeit unterschiedlicher Unternehmungen und Unternehmen durch Vermeidung von Fremdeinflüssen durch beispielsweise unterschiedliche Rechnungslegung, Finanzstrukturen und Steuern (vgl. [8.4]). Der Nachteil besteht darin, dass ihre Aussagekraft „[…] aufgrund der vielen ausgeklammerten Faktoren, eingeschränkt ist […]" [8.5] ist.

EBIT

Die Kennzahl *EBIT* (englisch: Earnings before interest and taxes) bezeichnet den Gewinn eines Unternehmens (Ergebnis der gewöhnlichen Geschäftätigkeit) vor Zinsen (englisch interest) und Steuern (englisch taxes) innerhalb eines festgelegten Zeitraums.

Mit Hilfe dieser Kennzahl kann das Betriebsergebnis eines Unternehmens trotz verschiedener Finanzstrukturen und Finanzierungsformen und abweichender regionaler Steuersätze, hinsichtlich ihrer Ertragskraft miteinander verglichen werden. Diese Kennzahl wird überwiegend im angelsächsischen Raum verwendet und ist dem deutschen Betriebsergebnis ähnlich (vgl. [8.6]).

EBT

Die Abkürzung *EBT* (englisch: Earnings before taxes) wird verwendet um das Ergebnis einer Unternehmung unabhängig von Steuereinflüssen zu bewerten. Dabei geht es in erster Linie um die Ertragsteuer. Von großer Bedeutung ist die Kennzahl zum einen, wenn Unternehmensteile in unterschiedlichen Ländern mit abweichenden Steuersätzen miteinander verglichen werden sollen (vgl. [8.7]) und zum anderen, um Gewinne verschiedener Rechnungsperioden miteinander zu vergleichen.

NOPLAT

Eine weitere Kennzahl der Betriebswirtschaftslehre ist der *NOPLAT* (englisch: Net operating profit less adjusted taxes). Diese Kennzahl basiert auf dem *EBIT* abzüglich approximierter Steuern und berücksichtigt die Steuerfreiheit auf den Zinsaufwand. Im Allgemeinen wird der *NOPLAT* auch als *EBI* (englisch: Earnings before interests) bezeichnet (vgl. [8.8]). Er trifft eine Aussage über die Höhe des Gewinns eines Unternehmens bei ausschließlicher Eigenkapitalfinanzierung.

FTE

Eine Kennzahl zur Bewertung von Unternehmen ist *FTE* (englisch: Flow to Equity). Bei dieser Methode der Unternehmensbewertung wird der Marktwert des Eigenkapitals mit berücksichtigt, mit dem Ziel, Fremdkapitalkosten zu minimieren (vgl. [8.9]).

Ausgangspunkt des *FTE*-Ansatzes sind die in Zukunft erwirtschafteten Kapitalmengen, die auf die verschiedenen Eigenkapitalgeber verteilt werden sollen. Dieser Cash Flow wird bereits mit risikoangepassten Renditeforderungen diskontiert. Der *FTE*-Ansatz ist dem Ansatz des Ertragswertverfahrens in den Grundzügen sehr ähnlich (vgl. [8.10]).

ROI

Auf die Frage, ob sich eine Investition „lohnt", gibt der *ROI* (englisch: Return on Investment) eine eindeutige Antwort. Diese Kennzahl der Betriebswirtschaftslehre wird zur Beurteilung der Rentabilität eines Unternehmens oder einer Investition herangezogen und wird im deutschen als Gesamtkapitalrentabilität bezeichnet. Er spiegelt das prozentuale Verhältnis von Gewinn und investiertem Kapital wider und ist unabhängig von der Größe des betrachteten Unternehmens oder der Investition. Die Berechnung des *ROI* erfolgt über die zwei Kennzahlen Umsatzrendite und Kapitalumschlag (vgl. [8.11]).

ROE

Der *ROE* (englisch: Return on Equity) wird im deutschen als Eigenkapitalrendite oder Eigenkapitalrentabilität bezeichnet. Ähnlich wie der *ROI* ist der *ROE* das prozentuale Verhältnis von Gewinn und Eigenkapital (vgl. [8.12]).

Cashflow

Der *Cashflow* ist eine betriebswirtschaftliche Kennzahl, welcher den Geldfluss eines Unternehmens in einer bestimmten Periode darstellt. Die Berechnung erfolgt über die Addition der Abschreibungen und der Rückstellungen auf den Gewinn. Negative Abschreibungen (Zuschreibungen) und negative Rückstellungen vermindern den *Cashflow*. Er beurteilt die Liquidität bzw. Finanzkraft eines Unternehmens (vgl. [8.13]).

Die o.a. Kennwerte werden in der Regel im Zuge der Wirtschaftlichkeitsberechnung ermittelt. So auch im vorliegenden Fall. Um die Übersichtlichkeit zu erhalten, wird im folgenden Vergleich lediglich auf den *Free Cash Flow* und den *ROI* eingegangen.

8.2. Vorgehensweise

Zu Beginn eines Projektes werden in der Praxis die Energiedaten des Industrieunternehmens ermittelt. Liegen keine detaillierten Messdaten in Form von ¼-Stundenwerte für den Stromverbrauch und Stundenwerte für den thermischen Bedarf oder z.B. den Erdgasbezug vor, müssen alternative Wege beschritten werden, um das Verbraucherverhalten bestmöglich zu simulieren. Auf Möglichkeiten hierzu wird nicht weiter eingegangen.

Aus den gelieferten Daten, vorzugsweise der letzten drei bis vier Jahre, wird ein repräsentativer Jahreslastgang erstellt, wie es in den vorangegangenen Kapiteln durchgeführt wurde. Dieser wird mit dem Kunden hinsichtlich des repräsentativen Charakters, auch für die zukünftige Entwicklung des Unternehmens, besprochen. Während der Erstellung wurde zu jedem einzelnen Jahreslastgang die Umgebungstemperatur des jeweiligen Jahres berücksichtigt (Bezug z.B. bei der nächsten Wetterstation), so dass die Abhängigkeit von der Außentemperatur Berücksichtigung findet. Insbesondere für die maximal zu installierende Leistung ist dies erforderlich. Bestätigt der Kunde das Verbraucherverhalten, wird aus dem Lastgang die repräsentative und geordnete Jahresdauerlinie erstellt. Der fallweise außentemperaturabhängige maximale Bedarf kann unabhängig höher ausfallen als der höchste Wert der Jahresdauerlinie.

Auf Basis dieser Strom- und Wärmedaten werden die Möglichkeiten der Erzeugung untersucht. Hierbei ist nicht nur die Jahresdauerlinie von Bedeutung. Auch der Lastgang und insbesondere Laständerungsgeschwindigkeiten sind wesentlich für die Auswahl der Versorgungstechnik. Generell werden verschiedene

Primärenergiequellen berücksichtigt. Im Folgenden wird sich auf Erdgas als Brennstoff beschränkt.

Nachdem die verschiedenen Szenarien in die Jahresdauerlinie und den Lastgang integriert wurden, werden diese verglichen um die technisch effektivsten Varianten auszuwählen. Für diese Varianten wird die Wirtschaftlichkeitsbetrachtung mit Sensitivitätsanalyse durchgeführt.

Gestartet wird mit der erforderlichen Investitionshöhe. Hierfür werden zunächst Prozessfließbilder und im Anschluss daran grobe PID's (Piping & Instrumentation Diagrams) erstellt um sicherzustellen, dass keine wesentliche Komponente im System vergessen wurde. Auf der elektrischen Seite werden aus dem gleichen Grund erste SLD's (Single Line Diagrams) erarbeitet. Die Investitionstabelle wird erstellt. Parallel dazu werden die weiteren bedeutenden Kenndaten für die Wirtschaftlichkeitsbetrachtung ermittelt. Neben dem Invest und dem Energiebedarf gehören Einnahmen, Ausgaben, technische Parameter der Energieerzeugungsanlage und Finanzierungsdaten dazu.

Aus diesen Eingabedaten werden die Gewinn- und Verlustrechnung sowie die betriebswirtschaftlichen Kennwerte ermittelt, die anfangs beschrieben wurden. GuV, ROI sowie weitere Kennwerte sollten grafisch derart dargestellt werden, dass eine einfache und schnelle Analyse ermöglicht wird. Zusätzlich sollten Kosten und Erlöse für eine einfache Beurteilung visuell gesplittet dargestellt werden. Wesentliche Einflussfaktoren werden derart umgehend identifiziert.

Nachdem diese Schritte vollzogen sind, beginnt der wesentliche Teil auf dem Weg zur Ermittlung der optimalen Energieerzeugungsanlage, die Sensitivitätsanalyse. Hierin wird jeweils ein wesentlicher Einflussfaktor variiert, während die übrigen Parameter unverändert bleiben. Die Sensitivitätsanalyse gibt wieder, welche Parameter die wesentlichen Einflussfaktoren darstellen, die daraufhin detaillierter untersucht werden können bzw. abgesichert werden müssen. Der Brennstoffpreis, der entsprechend abgesichert werden sollte, stellt bei Energieerzeugungsanlagen in der Regel einen der wesentlichen Einflussparameter dar. Komplexere Parameter können z.B. die KWK-Vergütung für den erzeugten Strom sein, die sich in der Stromvergütung widerspiegelt. Besteht hierin ein großer Einfluss, muss beispielsweise über die Splitting der Anlage nachgedacht werden, um eine möglichst hohe KWK-Vergütung zu erwirtschaften. Hierzu müssen die gesetzlichen Rahmenbedingungen genauestens beachtet werden.

Die vorab technisch optimierten Modelle, mit denen die Wirtschaftlichkeitsbetrachtung durchgeführt wurde, werden durch diese Vorgehensweise wirtschaftlich optimiert. Wesentlich hierbei sind die besonderen Kenntnisse und Kompetenzen des Projektteams hinsichtlich der technischen, rechtlichen und wirtschaftlichen Rahmenbedingungen.

Im Folgenden werden verschiedene Erzeugungsanlagen analysiert. Hierbei wird, abweichend von Kapitel 7, kein typischer Lastgang eines Industrieverbrauchers herangezogen. Es wird unterstellt, dass die Gasturbine ausschließlich und ganzjährig zur Grundlastabdeckung mit voller Last betrieben werden kann. Auf diese Art und Weise werden die Parametervariationen in der Sensitivitätsanalyse nicht durch weitere Einflüsse von Lastschwankungen eines spezifischen Lastganges „verunreinigt". Verbraucher mit abweichendem Lastverhalten können von einem „Volllastjahr" einfacher Rückschlüsse für den eigenen, individuellen Lastgang ableiten.

8.3. Berechnungsmodell Gasturbine 5 MW$_{el}$

Die Wirtschaftlichkeitsbetrachtung sowie die anschließende Sensitivitätsanalyse werden am Beispiel einer Anlage mit Gasturbine ausführlich dargestellt. Im ersten Fall wurde angenommen, dass der Gasturbine ein Heißwasser-Abhitzekessel nachgeschaltet ist und ganzjährig unter Volllast Wärme in ein Wärmenetz gespeist wird.

Bezüglich der Variationen mit der Gasturbine wurde ein Abhitzekessel ohne Zusatzfeuerung berücksichtigt um vergleichbar zum Gasmotor zu bleiben. In der Praxis wird meist eine Zusatzfeuerung installiert, die mit Hilfe von Zusatzbrennern den Restsauerstoff des heißen Rauchgases ausnutzt, indem Erdgas eingedüst wird. Hierbei wird der Energieinhalt des Abgases erheblich erhöht. Die Dampfproduktion wird durch diese Maßnahme meist mehr als verdoppelt. Das Besondere bei der Zusatzfeuerung ist der hohe Wirkungsgrad von etwa 98 % bis 99 %, da diese das heiße Abgas von rund 500 °C auf etwa 850 °C erhitzt. Da das Abgas auf unter 500 °C abgekühlt wird entstehen prinzipiell ausschließlich Strahlungsverluste hinsichtlich der Bilanzgrenze für die Zusatzfeuerung. Die zusätzlich erzeugte Menge an Dampf auf der Seite der Erlöse, als auch die zusätzlich benötigte Menge an Erdgas wurden nicht berücksichtigt. Die Investition würde für eine Zusatzfeuerung um rund 200 T€ steigen. Bei einem Gasmotor müsste ein separater Erdgaskessel integriert werden, der Umgebungsluft erhitzen und somit einen Wirkungsgrad zwischen 94 und 96 % aufweisen würde.

Für die Berechnung wurden Randbedingungen entsprechend der nachfolgenden Tabelle 8-1 angenommen.

Im zweiten Fall wurde davon ausgegangen, dass der Gasturbine ein Dampferzeuger als Abhitzekessel nachgeschaltet ist. Die Randbedingungen ähneln sich bis auf folgende Positionen:
- Position 2: Der Investitionsplan erhöht sich um ca. 220 T€. Es wird davon ausgegangen, dass die Peripherie der Dampferzeugungsanlage vorhanden ist.
- Position 8.3: die Instandhaltungskosten erhöhen sich für den Dampfkessel.
- Position 9.2: Der Dampf wird für 40 €/t verkauft. Dies entspricht einem Preis von rund 58 €/MWh. Da Dampf höher zu bewerten ist, liegt der Wärmepreis damit um rund 45 % über dem Preis des Heißwassers.

8.3 Berechnungsmodell Gasturbine 5 MWel

Tabelle 8-1: Randbedingungen der Berechnung für die Gasturbine

1.	Kenndaten		
1.1	Betrachtungszeitraum	16	Jahre
1.3	Betriebsstunden Werk	8.760	h/a
1.4	Volllaststunden GT	8.000	h/a
1.5	Energiebedarf		
	Erzeugte Wärmemenge pro Jahr	73.743	MWh/a
1.6	Wärmeerzeuger 1 - Gasturbine		
	Elektrische Nennleistung GT	5,47	MW
	Elektrischer Wirkungsgrad GT	30,9	%
	Thermischer Wirkungsgrad (Hu-bezogen) GT	52,1	%
	Thermische Nennleistung GT	9,22	MW
	Gasleistung (Hu) GT bei Nennlast	17,69	MW
	Betriebsstunden Wartungsintervall	4.000	h/a
	Durchschnittliche Wartung pro Jahr	2,0	Wartungen/a
	Heizwert Gas pro Normkubikmeter	8,843	kWh/Nm³
	Brennwert Gas pro Normkubikmeter	9,810	kWh/Nm³
	Gasverbrauch pro Jahr in Nm³	16.005.570	Nm³/a
	Stromeigenverbrauch Erzeuger	2,5	%
	Stromeigenverbrauch Erzeuger	1.093	MWh/a
	Stromerzeugung pro Jahr, GT (netto)	42.643	MWh/a
	Stromerzeugung pro Jahr, GT (brutto)	43.736	MWh/a
	Einspeisemenge pro Jahr	0	MWh/a
	Umrechnungsfaktor Hu zu Ho	10	%
	Gasbedarf pro Jahr gesamt (Heizwert Hu)	141.540	MWh Hu/a
	Gasbedarf pro Jahr gesamt (Brennwert Ho)	155.694	MWh Ho/a
2.	Investitionsplan		
2.1	Gesamtinvestition	5.404.200	€
4.	Fremdkapital		
4.1	Zinssatz Fremdkapital (Hauptkredit)	5,0	%
4.2	Laufzeit Fremdkapitaldarlehen (Hauptkredit)	16	Jahre
4.3	Anzahl der Jahre für den Finanzierungsaufbau vor IBN	1,50	Jahre
4.4	Zinssatz Fremdkapital für das Umlaufvermögen	5,00	%
4.5	Laufzeit nach IBN Fremddarlehen (Umlaufvermögen)	2	Jahre
4.6	Vorfinanzierung vor Inbetriebnahme	0,25	Jahre
6.	Abschreibung für Abnutzung (AfA) / 2.1	2.2	2.3	Baufinanzierung		
6.1	Abschreibungszeitraum	15	Jahre
10.	GuV		
10.5.f	Steuerlast (Gewerbesteuer+Körperschaftsteuer)	30	%
7.	Betriebsmittel- / Energiekosten in T€		
7.1	Stromsteuer für erzeugten und verkauften Strom	874	T€/a
7.2	EEG- Umlage (GT)	1.064	T€/a
7.3	Brennstoffkosten Gas	5.994	T€/a
7.4	Wartung GT (Herstellervorschrift)	306	T€/a
7.5	Ölkosten	0	T€/a
7.6	Hilfs- und Betriebsstoffe	40	T€/a

Fortsetzung Tabelle 8-1: Randbedingungen der Berechnung für die Gasturbine

8.	Gemeinkosten in T€		
8.1	Ersatzinvestitionen	0	T€/a
8.2	Löhne und Gehälter	125	T€/a
8.3	Instandhaltung (Betreiber / Ausfallwiederherstellung)	29	T€/a
8.4	Versicherung	20	T€/a
8.5	Verwaltung	28	T€/a
9.	Erlöse in T€		
9.1	Stromabsatz KWKG GT	339	T€/a
9.2	Dampfabsatz gesamt	4.214	T€/a
	a Steigerungsrate	1,50	%
	b verkaufte Dampfmenge	105.347	t/a
	c Dampfleistung	0,7	MWh/t
	d Dampfverkaufspreis (Mischpreis) pro Tonne	40,00	€/t
	e Dampfverkaufspreis (Mischpreis) pro MWh	58,00	€/MWh
	f Dampfabsatz	4.213.861	€/a
9.3	Stromabsatz	6.552	T€/a
	a Steigerungsrate	1,5	%
	b Eigenproduktion - verkaufte Strommenge (netto)	42.643	MWh/a
	c Gesamterzeugung durch GT (brutto)	43.736	MWh/a
	d Eigenproduktion - Stromverkaufspreis	153,66	€/MWh

8.4. Berechnungsmodell Gasmotor 5 MW$_{el}$

Der Gasmotor wird zur Erzeugung von elektrischer Energie und zur Erzeugung von Heißwasser genutzt. Eine Variation mit Dampf wird nicht betrachtet, da Abgasmassenstrom und –temperatur wesentlich geringer sind als bei der Gasturbine.

Die Randbedingungen der Berechnung bezüglich der Gasmotoren können der Tabelle 8-2 entnommen werden.

Tabelle 8-2: Randbedingungen der Berechnung für den Gasmotor

1.	Kenndaten		
1.1	Betrachtungszeitraum	16,00	Jahre
1.3	Betriebsstunden Werk	8.760	h/a
1.4	Volllaststunden GM	8.000	h/a
1.5	Energiebedarf		
	Erzeugte Wärmemenge pro Jahr	35.165	MWh/a
1.6	Wärmeerzeuger 1 - Gasmotor		
	Elektrische Nennleistung GM	5,00	MW
	Elektrischer Wirkungsgrad GM	45,5	%
	Thermischer Wirkungsgrad (Hu-bezogen) GM	40,0	%
	Thermische Nennleistung GM	4,40	MW
	Gasleistung (Hu) GM bei Nennlast	10,99	MW
	Betriebsstunden Wartungsintervall	2.000	h/a
	Durchschnittliche Wartung pro Jahr	4,0	Wartungen/a
	Heizwert Gas pro Normkubikmeter	8,843	kWh/Nm³

Fortsetzung Tabelle 8-2: Randbedingungen der Berechnung für den Gasmotor

		Brennwert Gas pro Normkubikmeter	9,810	kWh/Nm³
		Gasverbrauch pro Jahr in Nm³	9.941.208	Nm³/a
		Stromeigenverbrauch Erzeuger	2,5	%
		Stromeigenverbrauch Erzeuger	1.000	MWh/a
		Stromerzeugung pro Jahr, Motor (Netto)	39.000	MWh/a
		Stromerzeugung pro Jahr, Motor (Brutto)	40.000	MWh/a
		Einspeisemenge pro Jahr	0	MWh/a
		Umrechnungsfaktor Hu zu Ho	10	%
		Gasbedarf pro Jahr gesamt (Heizwert Hu)	87.912	MWh Hu/a
		Gasbedarf pro Jahr gesamt (Brennwert Ho)	96.703	MWh Ho/a
2.	Investitionsplan			
2.1	Gesamtinvestition		4.025.000	€
3.	Finanzierungsplan			
3.1	Fördersumme		0,00	€
3.1c	Förderquote		0,00	%
3.2	Nebenkosten		0,00	€
3.3	Eigenkapital		25,00	%
4.	Fremdkapital			
4.1	Zinssatz Fremdkapital (Hauptkredit)		5,0	%
4.2	Laufzeit Fremdkapitaldarlehen (Hauptkredit)		16,00	Jahre
4.3	Anzahl der Jahre für den Finanzierungsaufbau vor IBN		1,50	Jahre
4.4	Zinssatz Fremdkapital für das Umlaufvermögen		5,00	%
4.5	Laufzeit nach IBN Fremddarlehen (Umlaufvermögen)		2	Jahre
4.6	Vorfinanzierung vor Inbetriebnahme		0,25	Jahre
6.	Abschreibung für Abnutzung (AfA) / 2.1	2.2	2.3	Baufinanzierung
6.1	Abschreibungszeitraum		15	Jahre
10.	GuV			
10.5.f	Steuerlast (Gewerbesteuer+Körperschaftsteuer)		30	%
7.	Betriebsmittel-/ Energiekosten in T€			
7.1	Stromsteuer für erzeugten und verkauften Strom		800	T€/a
7.2	EEG- Umlage (GM)		973	T€/a
7.3	Brennstoffkosten Gas		3.723	T€/a
7.4	Wartung GM (Herstellervorschrift)		240	T€/a
7.5	Ölkosten GM		13	T€/a
7.6	Hilfs- und Betriebsstoffe		40	T€/a
8.	Gemeinkosten in T€			
8.1	Ersatzinvestitionen		0	T€/a
8.2	Löhne und Gehälter		125	T€/a
8.3	Instandhaltung (Betreiber / Ausfallwiederherstellung)		35	T€/a
8.4	Versicherung		23	T€/a
8.5	Verwaltung		35	T€/a
9.	Erlöse in T€			
9.1	Stromabsatz KWKG GM		313	T€/a
9.2	Fernwärme		1.406,59	T€/a
	a	Steigerungsrate	1,50	%
	b	verkaufte Wärmemenge Fernwärme	35.165	MWh/a
	c	Wasserverkaufspreis (Mischpreis)	40,00	€/MWh

Fortsetzung Tabelle 8-2: Randbedingungen der Berechnung für den Gasmotor

9.3	Stromabsatz	5.993	T€/a
a	Steigerungsrate	1,50	%
b	Eigenproduktion - verkaufte Strommenge (Netto)	39.000	MWh/a
c	Gesamterzeugung durch GM (brutto)	40.000	MWh/a
d	Eigenproduktion - Stromverkaufspreis	153,66	€/MWh

8.5. Auswertung, Analyse und Vergleich

Da die berechneten Beispiele sehr wirtschaftlich arbeiten, seien einige Erläuterungen gegeben. Die Investitionshöhe wurde unter der Randbedingung ermittelt, dass die neue Anlage in eine bestehende Infrastruktur hinsichtlich Dampf bzw. Heißwasser integriert wird und die erforderliche Peripherie (Wasseraufbereitung, Druckhaltung, Pumpen etc.) vorhanden ist. Gas-, Strom- und Wärmepreis haben einen entsprechenden Einfluss auf die Wirtschaftlichkeit, auf die in der Folge eingegangen wird. Ändern sich die Preise, hat dies entsprechende Auswirkungen.

Bei Nutzung der Abwärme der Anlagen stellt sich für alle Variationen unter den angenommenen Randbedingungen ein wirtschaftlicher Betrieb ein. Der Lastgang sowie die Jahresdauerlinie des Verbrauchers haben entsprechenden Einfluss auf die Wirtschaftlichkeitsbetrachtung. Daher können die Ergebnisse bei abweichenden Lastgängen erheblich differieren. Nicht alle Daten und Teilergebnisse der Wirtschaftlichkeitsbetrachtung können hier beschrieben und analysiert werden. Es wird sich auf einige wesentliche beschränkt.

Zunächst wird der finanzielle Aufwand je Variation verglichen. Diese sind in der Abbildung 8-1 dargestellt. Bei allen Modellen stellen die Betriebsmittel und Brennstoffkosten mit 87 bis 91 % die höchsten Ausgaben dar. Gemeinkosten wie Löhne- und Gehälter, Versicherungen, Verwaltung stellen durchweg einen unbedeutenden Anteil dar (2 bis 3 %). Etwas größeren Einfluss hat der Kostenblock Kapital und Steuern mit 7 bis 10 %.

Der größte Kostenblock der Ausgaben, die Betriebsmittel- und Energiekosten, wurden in Abbildung 8-2 nochmals detaillierter aufgeteilt. Sie bestehen aus den Brennstoffkosten, der anteiligen EEG-Umlage, der Stromsteuer für erzeugten und verkauften Strom, Wartungskosten sowie den Hilfs- und Betriebskosten. Bei der Gasturbine sind die Brennstoffkosten mit einem Anteil von 72 % bei ähnlicher elektrischer Leistung wie dem Gasmotor naturgemäß höher, da der Verbrauch höher ist. Dies liegt am geringeren elektrischen Wirkungsgrad der Gasturbine im Vergleich zum Gasmotor. Bei letzterem liegt der Anteil der Brennstoffkosten bei 64 %. Die EEG-Umlage wirkt sich prozentual beim Gasmotor am deutlichsten aus (17 %), da die gesamten Energiekosten aufgrund des geringeren Erdgasverbrauchs geringer sind und der Stromanteil entsprechend hoch ist. Bei der Gasturbine beträgt der Anteil 13 %. Gleicher Effekt gilt für die Stromsteuer, die ebenfalls an die Stromproduktion gekoppelt ist. Die Wartungs- und Instandhaltungskosten sind vergleichbar. Hilfs- und Betriebsstoffe sind für alle Variationen vernachlässigbar, was auch für die Kosten hinsichtlich Schmiermittel und Öl gilt. Hier liegen die Verbräuche beim Gasmotor allerdings um ein Vielfaches über der Gasturbine.

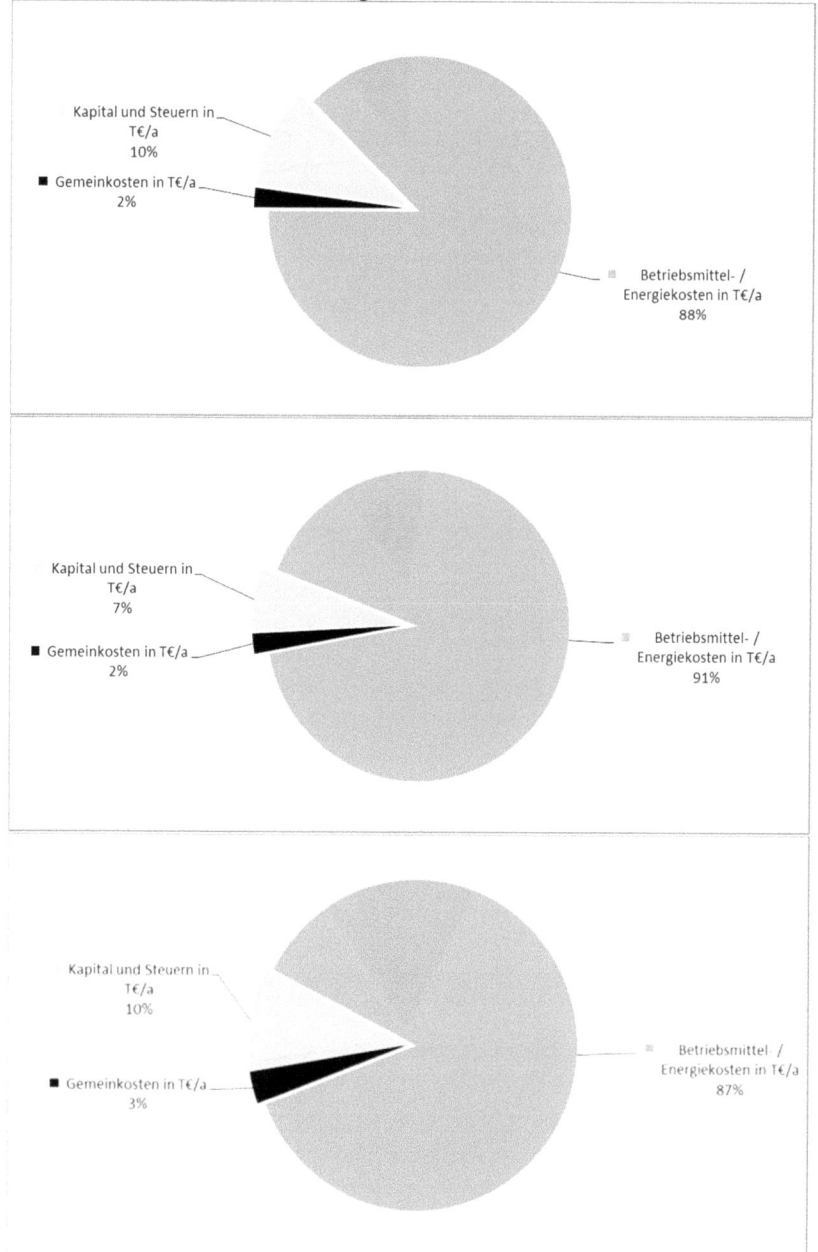

Abbildung 8-1: Aufwand in T€/a; oben GT mit Dampfproduktion; Mitte GT mit Heißwasserproduktion, unten Gasmotor mit Heißwasserproduktion

178 8 Wirtschaftlichkeitsbetrachtungen von erdgasbetriebenen Heizkraftwerken

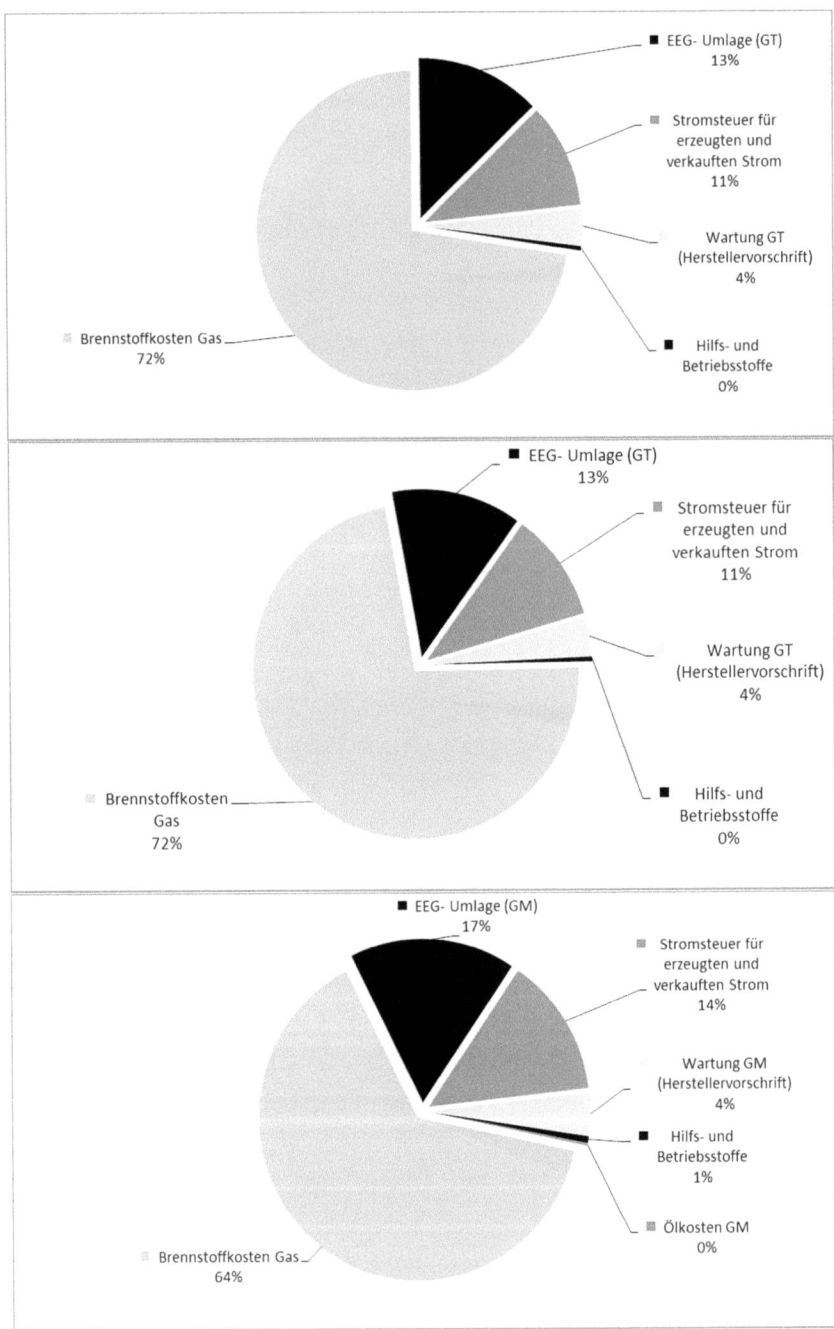

Abbildung 8-2: Betriebsmittel- und Energiekosten in T€/a; oben GT mit Dampfproduktion; Mitte GT mit Heißwasserproduktion, unten Gasmotor mit Heißwasserproduktion

In Abbildung 8-3 ist der Free Cash Flow der Variationen dargestellt. Der Cashflow stellt den Geldfluss (Nettozufluss liquider Mittel) eines Projektes in einer bestimmten Periode dar. Der Cashflow ist insbesondere für die Beurteilung der Liquiditätssituation von Unternehmen und Projekten von Bedeutung. Der Free Cash Flow ist der Cashflow vor Dividenden und nach laufenden Investitionen. Die Berechnung erfolgt über die Addition der Abschreibungen und der Rückstellungen auf den Gewinn.

Die horizontale Linie in den Diagrammen stellt die Investition für das Projekt dar (rechte Ordinate). Der Cash-Flow pro Jahr ist in Form der Balken zu erkennen und der linken Ordinate zugeordnet. Der kumulierte Free Cash Flow ist gestrichelt dargestellt und ebenfalls der rechten Ordinate zugeordnet.

Bei den beiden Varianten der Gasturbine ist die Möglichkeit mit Dampferzeugung aufgrund der höheren Vergütung für den Dampf wirtschaftlicher als die Version mit Heißwasser. Der kumulierte Freie Cash Flow schneidet die Investitionskostenlinie bereits im zweiten Jahr. Beim Gasmotor stellt sich die Wirtschaftlichkeit unter den angegebenen Bedingungen etwas schlechter dar. Der Schnittpunkt liegt zu Beginn des dritten Jahres. Die Gasturbine produziert im Vergleich zum Gasmotor bei gleicher elektrischer Leistung mehr Wärme. Würde der Wärmepreis bei ansonsten gleichbleibenden Randbedingungen steigen, führt dies zum Vorteil für die Gasturbine. Generell hat die Gasturbine bei Anwendungen mit Dampf aufgrund des heißeren Abgases sowie des größeren Abgasmassenstroms und der Möglichkeit, den hohen Restsauerstoffgehalt der Gasturbine in einer Zusatzfeuerung zu nutzen, große, je nach Anwendungsfall unschlagbare, Vorteile, im Vergleich zum Gasmotor. Im Heiß- und Warmwasserbereich kommt es im Wesentlichen auf den Lastgang, die Gaskosten, den Wärmepreis sowie dem Strompreis an.

Der Vergleich des Kennwertes Return on Invest ROI geht aus Abbildung 8-3 hervor. Er wird zur Beurteilung der Rentabilität der Investition herangezogen und wird als Gesamtkapitalrentabilität bezeichnet. Er spiegelt das prozentuale Verhältnis von Gewinn und investiertem Kapital wieder und ist unabhängig von der Höhe der Investition. Das Diagramm stellt jedoch nicht alleine den ROI, sondern hauptsächlich eine Sensitivitätsanalyse dar.

Die untere horizontale, rot gestrichelte Linie gibt den fiktiv angesetzten Zielwert des ROI wieder. Er beträgt 6 %. Im Mittelpunkt der sich kreuzenden Linien ist das Ergebnis des ROI gemäß Wirtschaftlichkeitsbetrachtung unter den angegebenen Randbedingungen zu erkennen. Er liegt bei der Gasturbine mit Dampfproduktion bei 39,9 %, mit Heißwasserproduktion bei 22,3 % und beim Gasmotor bei 39,2 %.

Für die Sensitivitätsanalyse wurde jeweils ein Kennwert variiert und alle anderen Randbedingungen konstant belassen. Dieser Kennwert wurde um +/-10, 20, 30, 40, 50 % variiert um den Einfluss auf den ROI zu ermitteln. Je steiler die Kurve im Diagramm ausfällt, desto höher der Einfluss des Parameters. Insbesondere die Parameter mit großem Einfluss sollten besonders detailliert untersucht werden. Im Folgenden wird auf die einzelnen Parameter eingegangen.

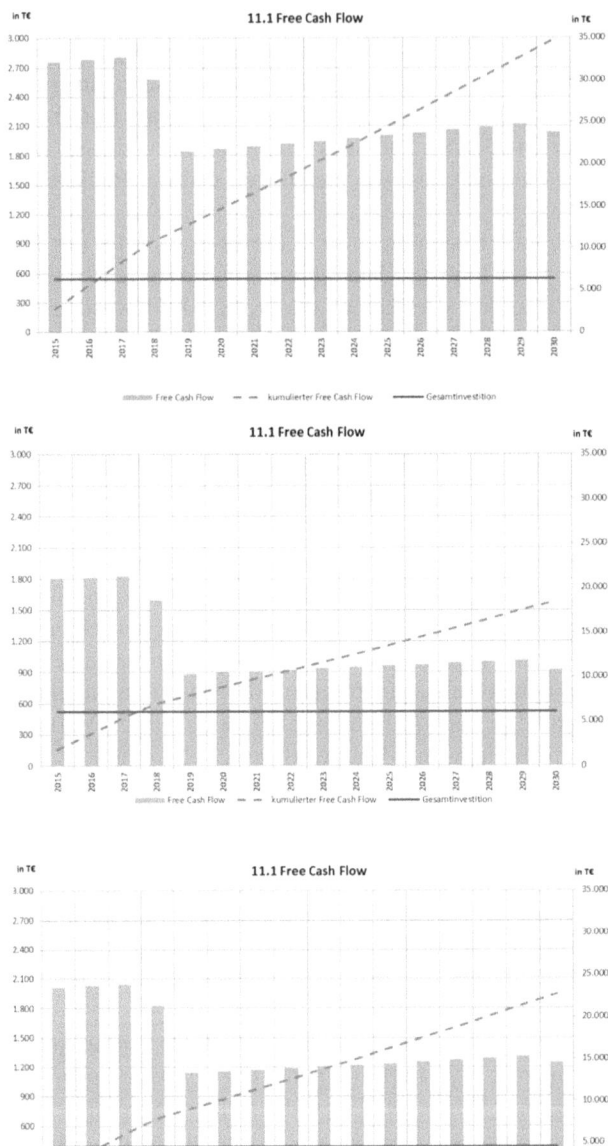

Abbildung 8-3: Free Cash Flow in T€/a; oben GT mit Dampfproduktion; Mitte GT mit Heißwasserproduktion, unten Gasmotor mit Heißwasserproduktion

Verkaufte Strommenge

Am steilsten ist der Verlauf der verkauften Strommenge beim Gasmotor, da der elektrische Wirkungsgrad höher ist als bei der Gasturbine und demnach die Strommenge bei gleichem Strompreis an Einfluss auf der Einnahmenseite gewinnt. Wird die Strommenge beim Gasmotor um 10 % reduziert, verringert sich der ROI auf 27,0 %. Bei -20 % sind es 10,9 % und bei Reduzierung um 30 % wird der ROI negativ. Eine Steigerung der Strommenge erhöht den ROI entsprechend. Bei der Gasturbine sind die Einflüsse etwas geringer. Eine Reduzierung der Strommenge um 10 % reduziert das ROI von 39,9 auf 31,0 % bei Dampfproduktion und von 22,3 auf 9,6 % bei Warmwasserproduktion. Der Verlauf stellt deutlich heraus, dass die Strommenge eines der bedeutendsten Kriterien für den Gasmotor darstellt und damit der elektrische Wirkungsgrad des Gasmotors sowie energieeffiziente Eigenverbraucher langfristig von höherer Bedeutung sind als Investitionskosten. Für die Gasturbine ist der Einfluss ebenfalls sehr hoch, auch wenn die Brennstoffkosten hier einen noch bedeutenderen Einfluss haben. Bei der Gasturbine ist der Wirkungsgrad demnach von nahezu ebenso hoher Bedeutung. Daher ist insbesondere bei der Gasturbine darauf zu achten, dass man den Jahresdurchschnittswirkungsgrad unter Berücksichtigung des Jahrestemperaturverlaufs ermittelt, da der Wirkungsgrad der Gasturbinen, im Gegensatz zum Gasmotor, erheblich mit zunehmender Umgebungstemperatur sinkt. Zusätzlich muss beachtet werden, dass der ISO-Wirkungsgrad in Angeboten bei Gasturbinen bei 15 °C und der von Gasmotoren bei 25 °C Umgebungs- bzw. Absaugtemperatur angegeben wird. Die Korrektur des Gasturbinenwirkungsgrades auf 25 °C hat entsprechenden Einfluss. In Ländern mit entsprechender Sonneneinstrahlung und entsprechend hohen Temperaturen ist der Einfluss erheblich. Für diese Gebiete muss zusätzlich untersucht werden, ob die benötigte Kapazität bei den jeweiligen Temperaturen zur Verfügung gestellt werden kann.

Brennstoffkosten

Der Einfluss der Brennstoffkosten ist bei Energieerzeugungsanlagen in der Regel einer der oder gar der bedeutendste Faktor. Für die Gasturbinen ist der Einfluss höher als beim Gasmotor, da für die gleiche elektrische Leistung mehr Brennstoff benötigt wird. Bei der Variation „Gasturbine und Dampfproduktion" sinkt der ROI von 39,9 auf 31,5 bzw. 22,4 %, wenn die Brennstoffkosten um 10 bzw. 20 % steigen. Auch bei den beiden übrigen Varianten ist der Einfluss ähnlich. Auch dies unterstreicht erneut die Bedeutung des Wirkungsgrades und den Wert eines entsprechend günstigen und langfristigen Brennstoffvertrages.

Gesamtinvestition

Beim Gasmotor hat die Gesamtinvestition höheren Einfluss als die verkaufte Wärmemenge. Dies kann sich mit steigendem Wärmepreis jedoch ändern. Steigen die Investitionskosten um 10 bzw. 20 %, sinkt der ROI von 39,2 auf 35,4 bzw. 32,1 %. Bei der Gasturbine mit Dampfproduktion würde der ROI von 39,9 auf

36,2 bzw. 33,1 % sinken. Bei der Gasturbine mit Heißwasserproduktion fiele der ROI von 22,3 auf 19,8 bzw. 17,7 %.

Verkaufte Wärmemenge

Der Einfluss der verkauften Wärmemenge verhält sich ähnlich wie der Einfluss der Gesamtinvestition. Die Steigung wird sich mit verändertem Wärmepreis jedoch ändern. Steigt der Wärmepreis, erhöht sich die Steigung dieser Linie und der Einfluss wird entsprechend größer. Da die Gasturbine mehr Wärme liefert als der Gasmotor, ist der Einfluss bei diesen Varianten entsprechend größer.

Elektrischer Wirkungsgrad

Der elektrische Wirkungsgrad hat bei allen Varianten einen entsprechend hohen Einfluss. Die Höhe des Einflusses hängt maßgeblich vom Strompreis und der Strommenge ab. Die Steigerung/Reduzierung um 10, 20, 30 % und mehr ist eine rein theoretische Betrachtung und soll lediglich verdeutlichen, dass der elektrische Wirkungsgrad bei der Auswahl der Technologie und dem Vergleich von Angeboten im Ausschreibungsverfahren entsprechend bewertet werden sollte. Er hat entsprechenden Einfluss auf die Life-Cycle-Costs eines Projektes, die ein immer bedeutenderes Auswahlkriterium darstellen.

Volllastbetriebsstunden pro Jahr

Die Volllastbetriebsstunden pro Jahr können nicht beliebig gesteigert werden. Da im beschriebenen Fall von 8000 Volllastbetriebsstunden ausgegangen wurde, ist eine Steigerung bis maximal 8.760 Stunden möglich. Dies erklärt den geraden Verlauf des Graphen nach Erreichung dieses Wertes. Beim Gasmotor sinkt der ROI von 39,2 auf 27,3 %, wenn die Volllastbetriebsstunden halbiert werden. Bei der Gasturbine mit Dampfproduktion sinkt er von 39,9 auf 26,4 % und bei der Gasturbine mit Heißwasserproduktion von 22,3 auf 10,8 %. Die Sensitivitätsuntersuchung dieses Parameters soll darauf aufmerksam machen, dass die Anlage nicht zu groß dimensioniert werden sollte, um möglichst 7.000 Volllastbetriebsstunden oder mehr pro Jahr zu erreichen.

Personalkosten

Die Personalkosten spielen bei den betrachteten Anlagen eine vernachlässigbare Rolle, wie der nahezu horizontale Verlauf des Graphen beweist.

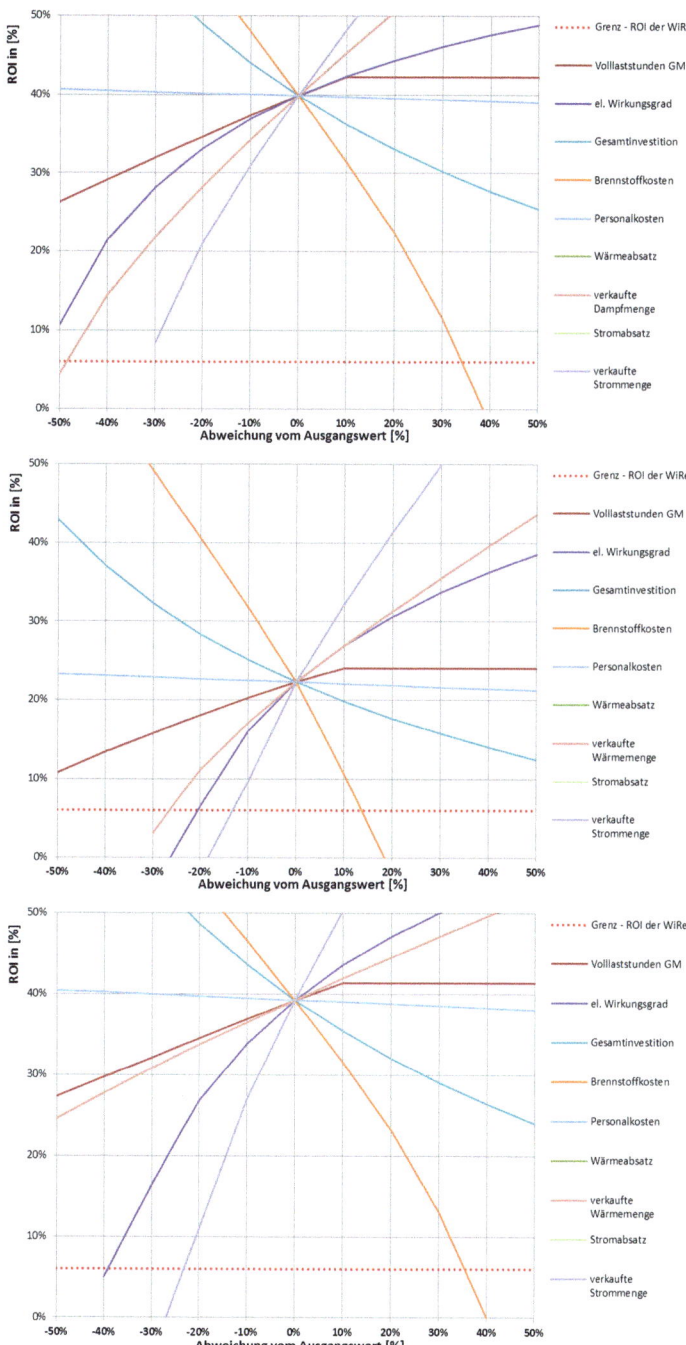

Abbildung 8-4: ROI in %; oben GT mit Dampfproduktion; Mitte GT mit Heißwasserproduktion, unten Gasmotor mit Heißwasserproduktion

8.6. Mittelgroße und große Erzeugungsanlagen

Mittelgroße Erzeugungsanlagen im zig-MW-Bereich sowie große Erzeugungsanlagen im hundert-MW-Bereich sprechen ein anderes Kundenspektrum an und müssen sich vollständig differenzierten Randbedingungen stellen. Während der Schwerpunkt der bisher betrachteten Einheiten auf der Kraft-Wärme-Kopplung lag, mit der Industriebetriebe angesprochen werden, liegt das Anwenderspektrum großer Anlagen eher bei den Energieversorgern. Die Schwierigkeit besteht bei derart großen Anlagen in der Standortsuche. Zum einen muss die Gasversorgung auf hohem Druckniveau sowie die entsprechende Stromanbindung vorhanden sein. Das weitere Kriterium einer entsprechend hohen Wärmesenke für einen KWK- oder KWKK-Betrieb stellt in der Regel einen nicht zu erfüllenden Wunsch dar. Dies führt dazu, dass die Einnahmen auf der Wärmeseite ganz oder großenteils ausfallen. Entsprechend muss der Gaspreis attraktiv sein, um Elektrizität wettbewerbsfähig produzieren zu können.

In anderen Regionen dieser Welt ist der Gaspreis entsprechend gering und Gas stellt teilweise die einzige Energiequelle dar. Zusätzlich wird in diesen Regionen größtenteils schnelle Regelbarkeit verlangt. Unter diesen Randbedingungen werden derartige Anlagen auf Basis von Großgasmotoren und Gasturbinen errichtet, da die Konkurrenz für diese Anlagentechnik nicht oder sehr begrenzt vorhanden ist. Die Gasturbine wird in diesen Fällen häufig als GuD-Anlage in Verbindung mit einer Dampfturbine umgesetzt, um den elektrischen Wirkungsgrad weiter zu steigern. Eine mögliche Option für diese Kraftwerke auf Basis von z.B. Erdgas können die Regelmärkte oder der Kapazitätsmarkt sein, wenn sie sich entsprechend entwickeln sollten. Vorstellbar wäre beispielsweise, dass sich ein Gasturbinenkraftwerk zukünftig ggf. dadurch wirtschaftlich betreiben lässt, dass es alleine durch die Verfügbarkeit und der Möglichkeit, extrem schnell Strom in das öffentliche Netz einspeisen zu können, eine entsprechend auskömmliche Vergütung erhält. Das heißt, dass die Verfügbarkeit auskömmlich vergütet wird, ohne dass das Kraftwerk tatsächlich Strom produziert. In anderen Ländern wird dies bereits praktiziert. So z.B. in Brasilien, wo Kapazitäten vorgehalten werden müssen, falls es zu überdurchschnittlich langen Trockenzeiten kommt, in denen die Wasserkraftwerke keine Energie produzieren können.

Zusammenfassend kann festgehalten werden, dass nach der Betrachtung von Projekten im Bereich zwischen 40 und 55 MW elektrisch in den Jahren 2013 und 2014 unserer Ansicht nach die potentielle Wärmeabnahmemenge und Wärmeart (Warmwasser, Heißwasser, Sattdampf etc.) ausschlaggebend für die Auslegung und Größe eines Kraftwerks ist. Einnahmen aus der Regelenergievermarktung können eine nicht auf den Wärmebedarf ausgelegte Anlage nach derzeitig geltenden Rahmenbedingungen nicht oder nur selten in den wirtschaftlichen Bereich bringen. In Deutschland ist zu beachten, dass KWK-Anlagen, die gemeinsam mit weiteren Kesseln eine FWL von 20 MW überschreiten, am Treibhausemissionshandel teilnehmen. Dies bedingt zusätzlich eine weitere Förderung durch das KWK-Gesetz.

8.7 Literaturverzeichnis

[8.1] Springer Gabler. [Online]. http://wirtschaftslexikon.gabler.de/Definition/umsatz.html

[8.2] Diplom-Handelslehrer Achim Pollert, Diplom-Ökonom Bernd Kirchner, and Diplom-Handelslehrer Javier Morato Polzin, Das Lexikon der Wirtschaft Grundlegendes Wissen von A bis Z, Bundeszentrale für politische Bildung, Ed. Bonn, 2004.

[8.3] dict.cc. [Online]. http://www.dict.cc/englisch-deutsch/gross+profit.html

[8.4] Welt der BWL Betriebswirtschaft in der Praxis. [Online]. http://www.welt-der-bwl.de/EBITDA

[8.5] FAZ Börsenlexikon. [Online]. http://boersenlexikon.faz.net/ebitda.htm

[8.6] Gabler Wirtschaftslexikon. [Online]. http://wirtschaftslexikon.gabler.de/Archiv/57377/earnings-before-interest-and-tax-ebit-v5.html

[8.7] Welt der BWL Betriebswirtschaft in der Praxis. [Online]. http://www.welt-der-bwl.de/EBT

[8.8] [Online]. http://www.businessbroker.de/%C3%9Cberuns/Lexikon/tabid/106/language/de-CH/Default.aspx

[8.9] Haufe.de. [Online]. http://www.haufe.de/unternehmensfuehrung/profirma-professional/unternehmensbewertung-in-der-praxis-352-der-equity-ansatz_idesk_PI11444_HI5588913.html

[8.10] Klaus Wenzel and Andreas Hoffmann. BPG Beratungs- und Prüfungsgesellschaft mbH. [Online]. bpg.de/static/content/e83/e38976/e38977/./4_DCFVerfahren.pdf

[8.11] Wirtschaftslexikon24.com. [Online]. http://www.wirtschaftslexikon24.com/d/return-on-investment/return-on-investment.htm

[8.12] Wirtschaftslexikon24.com. [Online]. http://www.wirtschaftslexikon24.com/d/return-equity-roe/return-equity-roe.htm

[8.13] Wirtschaftslexikon24.com. [Online]. http://www.wirtschaftslexikon24.com/d/cash-flow/cash-flow.htm

Anhang **188**
    Anlage 1: Zusammenfassung des Vergleichs EEG-2012
               und EEG-2014 188
    Anlage 2: Stromkosten- oder handelsintensive Branchen nach
               Anlage 4 des EEG-2014... 200

Sachwortverzeichnis..**211**

Anhang

Anlage 1: Zusammenfassung des Vergleichs EEG-2012 und EEG-2014

EEG-2012 (zuletzt geändert 20. Dezember 2012, BGBl. I S. 2730) (vgl. [8.1])	EEG-2014
Teil 1 Allgemeine Vorschriften / Bestimmungen	
§ 20a Zubaukorridor für geförderte Anlagen zur Erzeugung von Strom aus solarer Strahlungsenergie, Veröffentlichung des Zubaus Der Zubau für EEG-geförderte Anlagen zur Erzeugung von Strom aus solarer Strahlungsenergie soll nicht mehr als 2.500 MW bis 3.500 MW im Jahr erreichen. Als geförderte Anlage gilt jede Anlage, die für den Strom eine vollständige oder teilweise Vergütung nach § 16 erhält oder ihren Strom direkt nach § 33b Nummer 1 oder 2 vermarktet. Anlagen über 10 MW sind nur bis einschließlich 10 MW gefördert (§ 19 Absatz 1a („Vergütung von Strom aus mehreren Anlagen") ist zu beachten).	**§ 3 Ausbaupfad** Die Ziele sollen erreicht werden durch eine Steigerung der installierten Leistung pro Jahr: • von Windkraftanlagen an Land um 2.500 MW (netto[1]) • der Windenergieanlagen auf See auf insgesamt 6.500 MW im Jahr 2020 und 15.000 MW im Jahr 2030 • zur Erzeugung von Strom aus solarer Strahlungsenergie um 2.500 MW (brutto[2]) • der Anlagen zur Erzeugung von Strom aus Biomasse um bis zu 100 MW (brutto)
Der Paragraph bezüglich der Begriffsbestimmungen beinhaltet die nach dem jeweils gültigen Gesetz zu verstehenden Begriffe. Besonders wichtig ist im direkten Vergleich der Begriff der „Inbetriebnahme" einer Anlage.	
§ 3 Begriffsbestimmungen „Inbetriebnahme" ist die erstmalige Inbetriebsetzung des Generators der Stromerzeugungsanlage, unabhängig davon ob der Generator mit erneuerbaren Energien oder Grubengas, oder sonstigen Energieträgern in Betrieb genommen worden ist.	**§ 5 Begriffsbestimmungen** „Inbetriebnahme" ist die erstmalige Inbetriebsetzung der Anlage nach Herstellung ihrer technischen Betriebsbereitschaft ausschließlich mit erneuerbaren Energien oder Grubengas.

---

[1] Die Nettorechnung beinhaltet lediglich die neu gebauten Anlagen. Wird eine bestehende Anlage erneuert oder leistungsfähiger, zählt nur die zusätzliche Leistung zu dem im Ausbaupfad definierten Korridor.

[2] Zur Berechnung der Bruttokapazität wird jede neue Anlage hinzugezählt. Das heißt, wird eine alte Anlage ersetzt (völliger Rückbau der Altanlage), fällt diese aus dem Bestand und die Leistungen der neuen Anlagen werden vollständig bis zum Erreichen des Ausbauzieles aufaddiert.

Anlage 1: Zusammenfassung des Vergleichs EEG-2012 und EEG-2014

Teil 2 Anschluss, Abnahme, Übertragung und Verteilung	
In diesem Abschnitt gibt es keine relevanten Änderungen in Bezug auf den Betrieb von Gasheizkraftwerken.	
Teil 3 Finanzielle Förderung (§§ 16-33i)	**Teil 3 finanzielle Förderung (§§ 19-55)**
Die Änderungen in der Höhe der Vergütungen im EEG-2014 sind zwar nicht unerheblich, werden aber hier auf Grund von mangelnder Relevanz nicht erörtert. Gasbetriebene Gasheizkraftwerke werden zwar als KWK-Anlagen gebaut, produzieren aber keinen förderbaren Strom gemäß dem Erneuerbaren-Energien-Gesetz. Dieser wird nach dem derzeit gültigen KWK-Gesetz vergütet. Einzige Ausnahme ist der Betrieb einer gasturbinen- oder gasmotorenbasierenden Stromerzeugungsanlage, die einen nach dem EEG und der Biomasseverordnung förderbaren Energieträger einsetzt.	
Spezialfall: Gasturbinen- oder Gasmotorenstromerzeugungsanlagen auf Basis gasförmiger erneuerbarer Energieträger wie Biogas, Biomethan, Deponiegas, Klärgas und Grubengas	
§ 20 Absenkung von Vergütungen und Boni Bis zum 31.12.2012 in Betrieb genommene Anlagen erhalten die Vergütung nach den §§ 24-27c. Für Anlagen, die ab dem 1.1.2013 in Betrieb genommen wurden, gilt, dass sich die Vergütung von Strom aus Deponiegas, Klärgas und Deponiegas um 1,5 % und die von Biomasse um 2,0 % verringert, jeweils jährlich zum 1. Januar. **§ 24 Deponiegas** Die Vergütung für Strom auf Basis von Deponiegas beträgt bis zu einer Bemessungsleistung[3] von einschließlich 500 kW 8,60 €-Cent/kWh und bis einschließlich 5 MW 5,89 €-Cent/kWh.	**§ 27 Absenkung der Förderung für Strom aus Wasserkraft, Deponiegas, Klärgas, Grubengas, und Geothermie** Der Wert der Vergütungen für Strom aus Deponiegas nach § 41, Klärgas nach § 42 und Grubengas nach § 43 sinkt ab dem Jahr 2016 jeweils zum 1. Januar um 1,5 %.

---

[3] Definition Bemessungsleistung nach dem EEG: Als Bemessungsleistung bezeichnet man den Quotienten aus der erzeugten Gesamtleistung der Anlage und den jährlichen Gesamtstunden innerhalb der Zeit des Jahres von Inbetriebnahme und bis zur Stilllegung.

§ 25 Klärgas
Die Vergütung für Strom auf Basis von Klärgas beträgt bis zu einer Bemessungsleistung von einschließlich 500 kW 6,79 €-Cent/kWh und bis einschließlich 5 MW 5,89 €-Cent/kWh.

§ 26 Grubengas
Die Vergütung für Strom auf Basis von Grubengas[4] beträgt bis zu einer Bemessungsleistung von einschließlich 1 MW 6,84 €-Cent/kWh, bis einschließlich 5 MW 4,93 €-Cent/kWh und über 5 MW 3,98 €-Cent/kWh.

§ 27 Biomasse
Bei Stromgestehung aus Biomasse nach der Biomasseverordnung liegt die Vergütung bei Anlagen mit einer Bemessungsleistung bis einschließlich 150 kW bei 14,3 €-Cent/kWh, bis einschließlich 500 kW bei 12,3 €-Cent/kWh, bis einschließlich 5 MW bei 11,0 €-Cent/kWh und bis einschließlich 20 MW bei 6,0 €-Cent/kWh.

§ 41 Deponiegas
Die Vergütung für Strom aus Deponiegas liegt bis zu einer Bemessungsleistung von einschließlich 500 kW bei 8,42 €-Cent/kWh und bis einschließlich 5 MW bei 5,83 €-Cent/kWh.

§ 42 Klärgas
Die Vergütung für Strom aus Klärgas liegt bis zu einer Bemessungsleistung von einschließlich 500 kW bei 6,69 €-Cent/kWh und bis einschließlich 5 MW bei 5,83 €-Cent/kWh.

§ 43 Grubengas
Die Vergütung für Strom aus Grubengas[4] liegt bis zu einer Bemessungsleistung von einschließlich 1 MW bei 6,74 €-Cent/kWh, bis einschließlich 5 MW bei 4,30 €-Cent/kWh und über 5 MW bei 3,80 €-Cent/kWh.

§ 44 Biomasse
Bei Stromgestehung aus Biomasse nach der Biomasseverordnung liegt die Vergütung bei Anlagen mit einer Bemessungsleistung bis einschließlich 150 kW bei 13,66 €-Cent/kWh, bis einschließlich 500 kW bei 11,78 €-Cent/kWh, bis einschließlich 5 MW bei 10,55 €-Cent/kWh und bis einschließlich 20 MW bei 5,85 €-Cent/kWh.

---

[4] Die Vergütung erfolgt nur, wenn das Grubengas aus Bergwerken des aktiven oder stillgelegten Bergbaus stammt.

§ 27a Vergärung von Bioabfällen	§ 45 Vergärung von Bioabfällen
Wird bei der Biogasherstellung durch Vergärung von Biomasse nach der Biomasseverordnung ein Mindestanteil vom 90 % Bioabfall nach der Bioabfallverordnung Schlüssel 20 02 01 (biologisch abbaubare Abfälle), 20 03 01 (Gemischte Siedlungsabfälle) und 20 03 02 (Marktabfälle) vergoren, existiert für die Anlage eine Einrichtung zur Kompostierung der festen Rückstände und werden diese stofflich verwendet, wird der Strom der Anlage bis zu einer Bemessungsleistung bis einschließlich 500 kW mit 16,0 €-Cent/kWh und bis einschließlich 20 MW mit 14,0 €-Cent/kWh vergütet. Für Anlagen, deren Inbetriebnahme nach dem 31.12.2013 erfolgt, gelten die Vergütungen nur, wenn die Anlage eine installierte Leistung von weniger als 750 kW aufweist. **§ 27b Vergärung von Gülle** Wird bei der Biogasherstellung durch anaerobe Vergärung von Biomasse nach der Biomasseverordnung ein Mindestmassenanteil von 80 % Gülle gemäß Anlage 3 Nummer 9 und 11 bis 15 der Biomasseverordnung verwendet, der Strom am Anlagenstandort der Biogasanlage produziert und liegt die installierte Leistung der Biogaserzeugungsanlage insgesamt unterhalb oder genau bei 75 kW, dann wird der Strom mit 25,0 €-Cent/kWh vergütet.	Wird bei der Biogasherstellung durch Vergärung von Biomasse nach der Biomasseverordnung ein Mindestmassenanteil vom 90 % Bioabfall nach der Bioabfallverordnung Schlüssel 20 02 01 (biologisch abbaubare Abfälle), 20 03 01 (gemischte Siedlungsabfälle) und 20 03 02 (Marktabfälle) vergoren, existiert für die Anlage eine Einrichtung zur Kompostierung der festen Rückstände und werden diese stofflich verwendet, wird der Strom der Anlage bis zu einer Bemessungsleistung bis einschließlich 500 kW mit 15,26 €-Cent/kWh und bis einschließlich 20 MW mit 13,38 €-Cent/kWh vergütet. **§ 46 Vergärung von Gülle** Wird bei der Biogasherstellung durch anaerobe Vergärung von Biomasse nach der Biomasseverordnung ein Mindestanteil von 80 % Gülle, ohne Geflügelmist und Geflügeltrockenkot, verwendet, der Strom am Anlagenstandort der Biogasanlage produziert und liegt die installierte Leistung der Biogaserzeugungsanlage insgesamt unterhalb oder genau bei 75kW, dann wird der Strom mit 23,73 €-Cent/kWh vergütet.

§ 27c Gemeinsame Vorschriften für gasförmige Energieträger	§ 47 Gemeinsame Bestimmungen für Strom aus Biomasse und Gasen
Wird Erdgas aus dem Netz entnommen kann dieses als Deponiegas, Klärgas, Grubengas, Biomethan oder Speichergas deklariert werden, wenn für die Menge des entnommenen Gases, unter Berücksichtigung des Wärmeäquivalentes, an einer anderen Stelle des Netzes, zum Ende des Jahres, Deponiegas, Klärgas, Grubengas, Biomethan oder Speichergas eingespeist wird und wenn für den gesamten Transport und Vertrieb des Gases von seiner Herstellung oder Gewinnung, seiner Einspeisung in das Erdgasnetz und seinen Transport im Erdgasnetz bis zur Entnahme Massenbilanzsysteme verwendet worden sind. Die Vergütung kann sich durch den Gasaufbereitungsbonus erhöhen (für Anlagen, deren Inbetriebnahme nach dem 31.12.2013 lag, gilt dies nur bis zu einer installierten Leistung von 750 kW).	Finanzielle Förderung für Anlagen größer 100 kW ist nur für den Anteil der im Kalenderjahr erzeugten Strommenge, der einer Bemessungsleistung der Anlage von 50 % des Wertes der installierten Leistung entspricht, möglich. Für den Rest entfällt die Förderung nach § 20 Absatz 1 Nummer 1 (geförderte Direktvermarktung). Für nach § 20 Absatz 1 Nummer 3 und 4 (Einspeisevergütung nach § 37 („Einspeisevergütung für kleine Anlagen") und § 38 („Einspeisevergütung in Ausnahmefällen")) vermarkteten Strom reduziert sich die Förderung auf den Monatsmarktwert. Förderung ist auch ferner nur möglich bei Führung eines Einsatzstoff-Tagebuches, bei Erzeugung durch Biomethan nur in KWK-Anlagen und bei Erzeugung durch flüssige Biomasse (Brennraumeintritt) nur für den Stromanteil aus flüssiger Biomasse, der zur Anfahr-, Zünd-, und Stützfeuerung verwendet wird. Wird Erdgas aus dem Netz entnommen, kann dieses als Deponiegas, Klärgas, Grubengas, Biomethan oder Speichergas deklariert werden, wenn für die Menge des entnommenen Gases unter Berücksichtigung des Wärmeäquivalentes an einer anderen Stelle des Netzes zum Ende des Jahres Deponiegas, Klärgas, Grubengas, Biomethan oder Speichergas eingespeist wird und wenn für den gesamten Transport und Vertrieb des Gases von seiner Herstellung oder Gewinnung, seiner Einspeisung in das Erdgasnetz und seinen Transport im Erdgasnetz bis zur Entnahme Massenbilanzsysteme verwendet worden sind.

Teil 4 Abschnitt 1 Ausgleichsmechanismus	
§ 37 Vermarktung und EEG-Umlage Kosten, die während der Vermarktung des Stroms entstehen, müssen vom Letztverbraucher getragen werden. Absatz 3 beschäftigt sich mit dem Eigenverbrauch. Wenn Letztverbraucher Strom verbrauchen, den sie mittels eigener Stromerzeugungsanlage bereitstellen und nicht ins Netz einspeisen, entfällt für diesen Strom die Zahlung der EEG-Umlage, wenn dieser nicht durch ein Netz durchgeleitet wird und im räumlichen Zusammenhang zu der Erzeugungsanlage verbraucht wird.	**§ 59 Vermarktung durch die Übertragungsnetzbetreiber** Aufgabe der Übertragungsnetzbetreiber ist es, den nach § 19 Absatz 1 Nummer 2 vergüteten Strom, entweder selbst oder gemeinsam, transparent und unter Einhaltung der Regularien der Ausgleichsmechanismusverordnung vermarkten. **§ 60 EEG-Umlage für Elektrizitätsversorgungsunternehmen** Die Kosten der Übertragungsnetzbetreiber können nach Absatz 1 an die Elektrizitätsversorgungsunternehmen anteilig weitergegeben werden. Die Kosten sind so zu berechnen, dass für jede vom Letztverbraucher bezogene Kilowattstunde dieselben Kosten entstehen. Nach Absatz 3 entfällt der Anspruch des Übertragungsnetzbetreibers auf Zahlung der EEG-Umlage für Strom, der zur Zwischenspeicherung in einem elektrischen, chemischen, mechanischen oder physikalischen Stromspeicher geliefert wird, wenn dieser zum Zwecke der Wiedereinspeisung ins Netz verwendet wird. Dies gilt auch, wenn der Strom zur Erzeugung von Speichergas verwendet wird und das Gas ins Erdgasnetz eingespeist wird, wenn sichergestellt ist, dass das Gas unter Berücksichtigung von § 47 Abs. 2 Nummer 1 und 2 zur Erzeugung von Strom, der dann ins Netz eingespeist wird, verwendet wird.

-geregelt in § 37-	**§ 61 EEG-Umlage für Letztverbraucher und Eigenversorger** Für Strom aus Eigenversorgung kann der Übertragungsnetzbetreiber anteilig die nach § 60 Abs. 1 errechnete EEG-Umlage verlangen. Diese ist gestaffelt nach folgendem Schlüssel: • 30 % für Strom im Zeitraum 1.8.2014 bis 31.12.2015 • 35 % für Strom im Zeitraum 1.1.2016 bis 31.12.2016 • 40 % für Strom ab dem 1.1.2017 Dieser Wert steigt auf 100 %, wenn es sich nicht um eine hocheffiziente KWK-Anlage im Sinne des § 53a Absatz 1 Satz 3 EnergieStG mit einem Monats- oder Jahresnutzungsgrad nach § 53a Absatz 1 Satz 2 Nummer 2 EnergieStG oder eine Anlage nach § 5 Nummer 1 EEG-2014 handelt. Des Weiteren muss die Meldepflicht nach § 74 bis zum 31. Mai des Folgejahres eingehalten werden.
-geregelt in § 37-	Von der Umlage ausgeschlossen ist Strom … 1. für den Kraftwerkseigenverbrauch. 2. des Eigenversorgers, wenn dieser weder unmittelbar noch mittelbar an das Netz angeschlossen ist. 3. wenn sich der Eigenversorger vollständig selbst versorgt und für den nichtverbrauchten Strom keine Förderung nach Teil 3 des EEG-2014 in Anspruch nimmt. 4. der aus Kleinstanlagen mit einer Leistung kleiner 10 kW erzeugt wird. Dies gilt jedoch nur bis zu einem Verbrauch von 10 Megawattstunden pro Jahr.

-geregelt in § 37-	**Fortsetzung § 61 EEG-Umlage für Letztverbraucher und Eigenversorger** Zusätzlich entfällt der Anspruch für Bestandsanlagen nach Absatz 3, die der Letztverbraucher zur Eigenversorgung betreibt, den Strom selbst verbraucht und den Strom nicht durch Netz leitet oder der Strom im örtlichen Zusammenhang zur Anlage verbraucht wird. Bestandsanlagen nach Absatz 3 sind Anlagen, die ... 1. der Letztverbraucher vor dem 1.8.2014 zur Eigenversorgung genutzt hat. 2. vor dem 23.1.2014 nach Bundesimmissionsschutzgesetz oder anderer Bundesbestimmung genehmigt wurde und vor dem 1.1.2015 in Betrieb genommen worden sind. 3. am selben Standort erneuert, erweitert oder ersetzt werden, wenn die installierte Leistung sich nicht um mehr als 30 % erhöht.
-geregelt in § 37-	Nach Absatz 4 gelten für ältere Bestandsanlagen gesonderte Regelungen in Bezug auf die Ersetzung, Erweiterung und Erneuerung. Bestand das Eigentum an der Anlage bereits vor dem 1.1.2011 und wurde die Anlage zur Eigenerzeugung und Selbstbedarfsdeckung betrieben darf die Anlage am selben Standort (Betriebsgelände) erneuert, ersetzt und erweitert werden, wenn die Anlageleistung sich nicht um mehr als 30 % erhöht auch wenn der Strom durch ein Netz geleitet wird, um ihn im örtlichen Zusammenhang zur Anlage zu verbrauchen.

-geregelt in § 37-	**Fortsetzung § 61 EEG-Umlage für Letztverbraucher und Eigenversorger** Ging das Eigentum der Anlage an den Selbsterzeuger erst nach dem 1.1.2011 über, darf die Anlage nur ersetzt, erneuert und erweitert werden (mit maximaler Leistungserhöhung von 30%), wenn der Strom nicht durch ein Netz der allgemeinen Versorgung geleitet wird. Die Anforderungen und Pflichten nach den Absätzen 5 bis 7 müssen eingehalten werden.
Teil 4 Abschnitt 2 Besondere Ausgleichsregelung für stromintensive Unternehmen und Schienenbahnen	
§ 40 Grundsatz Das zuständige Bundesamt für Wirtschaft und Ausfuhrkontrolle begrenzt auf Antrag für Letztverbraucher die Höhe der EEG-Umlage für stromintensive Unternehmen des produzierenden Gewerbes und Schienenbahnenbetreiber (§ 42), um die internationale Wettbewerbsfähigkeit zu erhalten, soweit dies nicht die Ziele des Gesetzes gefährdet.	**§ 63 Grundsatz** Das zuständige Bundesamt für Wirtschaft und Ausfuhrkontrolle begrenzt auf Antrag abnahmestellenbezogen die EEG-Umlage nach Maßgabe des § 64 für stromkostenintensive Unternehmen für selbstverbrauchten Strom. Nach Maßgabe des § 65 ist auch eine Begrenzung der EEG-Umlage für Strom, der von Schienenbahnen selbst verbraucht wird, möglich. Die Begrenzungen gelten nur, soweit die Ziele des Gesetzes nicht gefährdet sind.

Anlage 1: Zusammenfassung des Vergleichs EEG-2012 und EEG-2014

§ 41 Unternehmen des produzierenden Gewerbes	§ 64 Stromkostenintensive Unternehmen
Für Unternehmen des produzierenden Gewerbes erfolgt die Begrenzung, wenn folgende Nachweise für das abgeschlossene Geschäftsjahr erbracht werden können: • Der vom Elektrizitätsversorgungsunternehmen bezogene und selbstverbrauchte Strom einer Abnahmestelle muss mindestens 1 GWh betragen. • Das Verhältnis der vom Unternehmen zu tragenden Stromkosten zur Bruttowertschöpfung[5] des Unternehmens muss mindestens 14 % betragen. • Die EEG-Umlage wurde anteilig an das Unternehmen weitergeleitet. Für Unternehmen mit einem Stromverbrauch höher als 10 GWh ist zusätzlich eine Zertifizierung des Energieverbrauchs sowie die Erhebung und Bewertung des Potentials zur Verminderung des Verbrauchs notwendig.	Eine Begrenzung der EEG-Umlage ist für Unternehmen der Anlage 4[6] möglich, wenn ... • im letzten abgeschlossenen Geschäftsjahr die umlagepflichtige und selbstverbrauchte Strommenge größer 1 GWh war. • die Stromkostenintensität[7] bei Unternehmen nach Anlage 4 Liste 1 mindestens 16 % für das Kalenderjahr 2015 und 17 % für 2016 betragen hat. Für Unternehmen der Anlage 4 Liste 2 muss der Anteil mindestens 20 % betragen. • das Unternehmen ein zertifiziertes Energie- oder Umweltmanagementsystem betreibt oder bei Verbräuchen unterhalb von 5 GWh ein alternatives System zur Verbesserung der Energieeffizienz nach § 3 der Spitzenausgleich-Effizienzsystemverordnung betrieben wird.

---

[5] Bruttowertschöpfung des Unternehmens nach Definition des Statistischen Bundesamtes, Fachserie 4, Reihe 4.3, Wiesbaden 2007

[6] Die Anlage 4 ist der Übersicht halber in Anhang D dieser Arbeit zu finden.

[7] Nach §64 Absatz 6 Nummer 3 EEG-2014 ist die „'Stromkostenintensität' das Verhältnis der maßgeblichen Stromkosten einschließlich der Stromkosten für nach §61 umlagepflichtige selbst verbrauchte Strommengen zum arithmetischen Mittel der Bruttowertschöpfung in den letzten drei abgeschlossenen Geschäftsjahren des Unternehmens [...]"

Fortsetzung § 41	Fortsetzung § 64 Stromkostenintensive Unternehmen
Für Unternehmen, die alle oben genannte Voraussetzungen erfüllen und einen Mindestverbrauch von einer Gigawattstunde haben, wird die EEG-Umlage nach folgenden Schlüssel reduziert: • keine Begrenzung für den Stromanteil bis zu 1 GWh • 1 GWh bis 10 GWh: Reduzierung auf 10 % • 10 GWh bis 100 GWh: Reduzierung auf 1 % • Über 100 GWh: Reduzierung auf 0,05 €-Cent/kWh Für Unternehmen mit mindestens 100 GWh und einem Verhältnis von Stromkosten zur Bruttowertschöpfung von mehr als 20 % gilt eine reduzierte EEG-Umlage von 0,05 €-Cent/KWh	Die EEG-Umlage wird an alle Abnahmestellen des Unternehmens wie folgt begrenzt: • Keine Begrenzung für den Stromanteil bis einschließlich 1 GWh • Für den Stromanteil über 1 GWh wird die nach § 60 Absatz 1 festgelegte Umlage auf 15 % begrenzt. • Die Begrenzung der zu zahlenden EEG-Umlage wird auf höchstens 0,5 % der Bruttowertschöpfung5 begrenzt, sofern die Stromkostenintensität des Unternehmens mindestens 20 % betragen hat. Liegt die Stromkostenintensität unter 20 %, erfolgt die Begrenzung auf 4,0 % der Bruttowertschöpfung. Der Wert der zugrunde liegenden Bruttowertschöpfung ermittelt sich aus dem arithmetischen Mittel der letzten 3 abgeschlossenen Geschäftsjahre. • Die Begrenzung erfolgt jedoch nur, soweit das Unternehmen für den Stromanteil über einer GWh eine zu zahlende EEG-Umlage von 0,1 €-Cent/kWh nicht unterschreitet. Für Unternehmen einer Branche mit der laufenden Nummer 130, 131 oder 132 der Anlage 4 des EEG-2014 darf der Wert von 0,05 €-Cent/kWh nicht unterschritten werden.

	Fortsetzung § 64 Stromkostenintensive Unternehmen
	Abnahmestellen im Sinne des Paragraphen sind alle räumlich und physikalisch zusammenhängenden Einrichtungen einschließlich der Eigenversorgungsanlagen eines Unternehmens. Alle Entnahmepunkte müssen über eigene Stromzähler verfügen. Die Erfüllung der Voraussetzungen zur Begrenzung der EEG-Umlage müssen in vorgeschriebener Art und Weise nachgewiesen werden. Für neu gegründete Unternehmen sind gesonderte Regelungen zur Ermittlung des Wertes der zugrunde liegenden Bruttowertschöpfung nach § 64 Absatz 4 anzuwenden.

Teil 5 Transparenz

In diesem Abschnitt gibt es keine relevanten Änderungen. Lediglich der Paragraph zu den Elektrizitätsversorgungsunternehmen im § 74 EEG-2014, ist auf die geänderte Regelung der EEG-Umlage für den Eigenverbrauch, mit den entsprechenden Ausnahmeregelungen für Kleinstanlagenbetreiber, angepasst worden.

Teil 6 Rechtsschutz und behördliche Verfahren

In diesem Abschnitt gibt es keine relevanten Änderungen, welche den Betrieb von erdgasbetriebenen Stromerzeugungsanlagen auf Basis von Gasturbinen- und Gasmotorenanlagen beeinflussen.

Teil 7 Verordnungsermächtigung, Erfahrungsbericht, Übergangsbestimmungen

In diesem Abschnitt gibt es keine relevanten Änderungen, welche den Betrieb von erdgasbetriebenen Stromerzeugungsanlagen auf Basis von Gasturbinen- und Gasmotorenanlagen beeinflussen. Besonders wichtig ist jedoch, dass in diesem Teil in Abschnitt 3 § 100 EEG-2014 die allgemeinen Übergangsbestimmungen geregelt sind.

Anlage 2: Stromkosten- oder handelsintensive Branchen nach Anlage 4 des EEG-2014

Laufende Nummer	WZ 2008[8] Code	WZ 2008 - Bezeichnung (a.n.g. = anderweitig nicht genannt)	Liste 1	Liste 2
1.	510	Steinkohlenbergbau	X	
2.	610	Gewinnung von Erdöl		X
3.	620	Gewinnung von Erdgas		X
4.	710	Eisenerzbergbau		X
5.	729	Sonstiger NE-Metallerzbergbau	X	
6.	811	Gewinnung von Naturwerksteinen und Natursteinen, Kalk- und Gipsstein, Kreide und Schiefer	X	
7.	812	Gewinnung von Kies, Sand, Ton und Kaolin		X
8.	891	Bergbau auf chemische und Düngemittelminerale	X	
9.	893	Gewinnung von Salz	X	
10.	899	Gewinnung von Steinen und Erden a. n. g.	X	
11.	1011	Schlachten (ohne Schlachten von Geflügel)		X
12.	1012	Schlachten von Geflügel		X
13.	1013	Fleischverarbeitung		X
14.	1020	Fischverarbeitung		X
15.	1031	Kartoffelverarbeitung		X
16.	1032	Herstellung von Frucht- und Gemüsesäften	X	
17.	1039	Sonstige Verarbeitung von Obst und Gemüse	X	
18.	1041	Herstellung von Ölen und Fetten (ohne Margarine u.ä. Nahrungsfette)	X	
19.	1042	Herstellung von Margarine u. ä. Nahrungsfetten		X
20.	1051	Milchverarbeitung (ohne Herstellung von Speiseeis)		X
21.	1061	Mahl- und Schälmühlen		X

---

[8] Amtlicher Hinweis: Klassifikation der Wirtschaftszweige des Statistischen Bundesamtes, Ausgabe 2008. Zu beziehen beim Statistischen Bundesamt, Gustav-Stresemann-Ring 11, 65189 Wiesbaden; auch zu beziehen über www.destatis.de.

Anlage 2: Stromkosten- oder handelsintensive Branchen nach Anlage 4 des EEG-2014

22.	1062	Herstellung von Stärke und Stärkeerzeugnissen	X	
23.	1072	Herstellung von Dauerbackwaren		X
24.	1073	Herstellung von Teigwaren		X
25.	1081	Herstellung von Zucker		X
26.	1082	Herstellung von Süßwaren (ohne Dauerbackwaren)		X
27.	1083	Verarbeitung von Kaffee und Tee, Herstellung von Kaffee-Ersatz		X
28.	1084	Herstellung von Würzmitteln und Soßen		X
29.	1085	Herstellung von Fertiggerichten		X
30.	1086	Herstellung von homogenisierten und diätetischen Nahrungsmitteln		X
31.	1089	Herstellung von sonstigen Nahrungsmitteln a. n. g.		X
32.	1091	Herstellung von Futtermitteln für Nutztiere		X
33.	1092	Herstellung von Futtermitteln für sonstige Tiere		X
34.	1101	Herstellung von Spirituosen		X
35.	1102	Herstellung von Traubenwein		X
36.	1103	Herstellung von Apfelwein und anderen Fruchtweinen		X
37.	1104	Herstellung von Wermutwein und sonstigen aromatisierten Weinen	X	
38.	1105	Herstellung von Bier		X
39.	1106	Herstellung von Malz	X	
40.	1107	Herstellung von Erfrischungsgetränken; Gewinnung natürlicher Mineralwässer		X
41.	1200	Tabakverarbeitung		X
42.	1310	Spinnstoffaufbereitung und Spinnerei	X	
43.	1320	Weberei	X	
44.	1391	Herstellung von gewirktem und gestricktem Stoff		X
45.	1392	Herstellung von konfektionierten Textilwaren (ohne Bekleidung)		X
46.	1393	Herstellung von Teppichen		X
47.	1394	Herstellung von Seilerwaren	X	
48.	1395	Herstellung von Vliesstoff und Erzeugnissen daraus (ohne Bekleidung)	X	
49.	1396	Herstellung von technischen Textilien		X

50.	1399	Herstellung von sonstigen Textilwaren a. n. g.		X
51.	1411	Herstellung von Lederbekleidung	X	
52.	1412	Herstellung von Arbeits- und Berufsbekleidung		X
53.	1413	Herstellung von sonstiger Oberbekleidung		X
54.	1414	Herstellung von Wäsche		X
55.	1419	Herstellung von sonstiger Bekleidung und Bekleidungszubehör a. n. g.		X
56.	1420	Herstellung von Pelzwaren		X
57.	1431	Herstellung von Strumpfwaren		X
58.	1439	Herstellung von sonstiger Bekleidung aus gewirktem und gestricktem Stoff		X
59.	1511	Herstellung von Leder und Lederfaserstoff; Zurichtung und Färben von Fellen		X
60.	1512	Lederverarbeitung (ohne Herstellung von Lederbekleidung)		X
61.	1520	Herstellung von Schuhen		X
62.	1610	Säge-, Hobel- und Holzimprägnierwerke	X	
63.	1621	Herstellung von Furnier-, Sperrholz-, Holzfaser- und Holzspanplatten	X	
64.	1622	Herstellung von Parketttafeln		X
65.	1623	Herstellung von sonstigen Konstruktionsteilen, Fertigbauteilen, Ausbauelementen und Fertigteilbauten aus Holz		X
66.	1624	Herstellung von Verpackungsmitteln, Lagerbehältern und Ladungsträgern aus Holz		X
67.	1629	Herstellung von Holzwaren a. n. g., Kork-, Flecht- und Korbwaren (ohne Möbel)		X
68.	1711	Herstellung von Holz- und Zellstoff	X	
69.	1712	Herstellung von Papier, Karton und Pappe	X	
70.	1721	Herstellung von Wellpapier und -pappe sowie von Verpackungsmitteln aus Papier, Karton und Pappe		X
71.	1722	Herstellung von Haushalts-, Hygiene- und Toilettenartikeln aus Zellstoff, Papier und Pappe	X	
72.	1723	Herstellung von Schreibwaren und Bürobedarf aus Papier, Karton und Pappe		X

Anlage 2: Stromkosten- oder handelsintensive Branchen nach Anlage 4 des EEG-2014

73.	1724	Herstellung von Tapeten		X
74.	1729	Herstellung von sonstigen Waren aus Papier, Karton und Pappe		X
75.	1813	Druck- und Medienvorstufe		X
76.	1910	Kokerei		X
77.	1920	Mineralölverarbeitung	X	
78.	2011	Herstellung von Industriegasen	X	
79.	2012	Herstellung von Farbstoffen und Pigmenten	X	
80.	2013	Herstellung von sonstigen anorganischen Grundstoffen und Chemikalien	X	
81.	2014	Herstellung von sonstigen organischen Grundstoffen und Chemikalien	X	
82.	2015	Herstellung von Düngemitteln und Stickstoffverbindungen	X	
83.	2016	Herstellung von Kunststoffen in Primärformen	X	
84.	2017	Herstellung von synthetischem Kautschuk in Primärformen	X	
85.	2020	Herstellung von Schädlingsbekämpfungs-, Pflanzenschutz- und Desinfektionsmitteln		X
86.	2030	Herstellung von Anstrichmitteln, Druckfarben und Kitten		X
87.	2041	Herstellung von Seifen, Wasch-, Reinigungs- und Poliermitteln		X
88.	2042	Herstellung von Körperpflegemitteln und Duftstoffen		X
89.	2051	Herstellung von pyrotechnischen Erzeugnissen		X
90.	2052	Herstellung von Klebstoffen		X
91.	2053	Herstellung von etherischen Ölen		X
92.	2059	Herstellung von sonstigen chemischen Erzeugnissen a. n. g.		X
93.	2060	Herstellung von Chemiefasern	X	
94.	2110	Herstellung von pharmazeutischen Grundstoffen	X	
95.	2120	Herstellung von pharmazeutischen Spezialitäten und sonstigen pharmazeutischen Erzeugnissen		X
96.	2211	Herstellung und Runderneuerung von Bereifungen		X
97.	2219	Herstellung von sonstigen Gummiwaren		X

98.	2221	Herstellung von Platten, Folien, Schläuchen und Profilen aus Kunststoffen	X	
99.	2222	Herstellung von Verpackungsmitteln aus Kunststoffen	X	
100.	2223	Herstellung von Baubedarfsartikeln aus Kunststoffen		X
101.	2229	Herstellung von sonstigen Kunststoffwaren		X
102.	2311	Herstellung von Flachglas	X	
103.	2312	Veredlung und Bearbeitung von Flachglas	X	
104.	2313	Herstellung von Hohlglas	X	
105.	2314	Herstellung von Glasfasern und Waren daraus	X	
106.	2319	Herstellung, Veredlung und Bearbeitung von sonstigem Glas einschließlich technischen Glaswaren	X	
107.	2320	Herstellung von feuerfesten keramischen Werkstoffen und Waren	X	
108.	2331	Herstellung von keramischen Wand- und Bodenfliesen und -platten	X	
109.	2332	Herstellung von Ziegeln und sonstiger Baukeramik	X	
110.	2341	Herstellung von keramischen Haushaltswaren und Ziergegenständen		X
111.	2342	Herstellung von Sanitärkeramik	X	
112.	2343	Herstellung von Isolatoren und Isolierteilen aus Keramik	X	
113.	2344	Herstellung von keramischen Erzeugnissen für sonstige technische Zwecke		X
114.	2349	Herstellung von sonstigen keramischen Erzeugnissen	X	
115.	2351	Herstellung von Zement	X	
116.	2352	Herstellung von Kalk und gebranntem Gips	X	
117.	2362	Herstellung von Gipserzeugnissen für den Bau		X
118.	2365	Herstellung von Faserzementwaren		X
119.	2369	Herstellung von sonstigen Erzeugnissen aus Beton, Zement und Gips a. n. g.		X
120.	2370	Be- und Verarbeitung von Naturwerksteinen und Natursteinen a. n. g.		X

Anlage 2: Stromkosten- oder handelsintensive Branchen nach Anlage 4 des EEG-2014

121.	2391	Herstellung von Schleifkörpern und Schleifmitteln auf Unterlage		X
122.	2399	Herstellung von sonstigen Erzeugnissen aus nichtmetallischen Mineralien a. n. g.	X	
123.	2410	Erzeugung von Roheisen, Stahl und Ferrolegierungen	X	
124.	2420	Herstellung von Stahlrohren, Rohrform-, Rohrverschluss- und Rohrverbindungsstücken aus Stahl	X	
125.	2431	Herstellung von Blankstahl	X	
126.	2432	Herstellung von Kaltband mit einer Breite von weniger als 600 mm	X	
127.	2433	Herstellung von Kaltprofilen		X
128.	2434	Herstellung von kaltgezogenem Draht	X	
129.	2441	Erzeugung und erste Bearbeitung von Edelmetallen	X	
130.	2442	Erzeugung und erste Bearbeitung von Aluminium	X	
131.	2443	Erzeugung und erste Bearbeitung von Blei, Zink und Zinn	X	
132.	2444	Erzeugung und erste Bearbeitung von Kupfer	X	
133.	2445	Erzeugung und erste Bearbeitung von sonstigen NE-Metallen	X	
134.	2446	Aufbereitung von Kernbrennstoffen	X	
135.	2451	Eisengießereien	X	
136.	2452	Stahlgießereien	X	
137.	2453	Leichtmetallgießereien	X	
138.	2454	Buntmetallgießereien	X	
139.	2511	Herstellung von Metallkonstruktionen		X
140.	2512	Herstellung von Ausbauelementen aus Metall		X
141.	2521	Herstellung von Heizkörpern und -kesseln für Zentral-heizungen		X
142.	2529	Herstellung von Sammelbehältern, Tanks u. ä. Behältern aus Metall		X
143.	2530	Herstellung von Dampfkesseln (ohne Zentralheizungskessel)		X
144.	2540	Herstellung von Waffen und Munition		X
145.	2571	Herstellung von Schneidwaren und Bestecken aus unedlen Metallen		X
146.	2572	Herstellung von Schlössern und Beschlägen aus unedlen Metallen		X

147.	2573	Herstellung von Werkzeugen		X
148.	2591	Herstellung von Fässern, Trommeln, Dosen, Eimern u. ä. Behältern aus Metall		X
149.	2592	Herstellung von Verpackungen und Verschlüssen aus Eisen, Stahl und NE-Metall		X
150.	2593	Herstellung von Drahtwaren, Ketten und Federn		X
151.	2594	Herstellung von Schrauben und Nieten		X
152.	2599	Herstellung von sonstigen Metallwaren a. n. g.		X
153.	2611	Herstellung von elektronischen Bauelementen	X	
154.	2612	Herstellung von bestückten Leiterplatten		X
155.	2620	Herstellung von Datenverarbeitungsgeräten und peripheren Geräten		X
156.	2630	Herstellung von Geräten und Einrichtungen der Telekommunikationstechnik		X
157.	2640	Herstellung von Geräten der Unterhaltungselektronik		X
158.	2651	Herstellung von Mess-, Kontroll-, Navigations- u. ä. Instrumenten und Vorrichtungen		X
159.	2652	Herstellung von Uhren		X
160.	2660	Herstellung von Bestrahlungs- und Elektrotherapiegeräten und elektromedizinischen Geräten		X
161.	2670	Herstellung von optischen und fotografischen Instrumenten und Geräten		X
162.	2680	Herstellung von magnetischen und optischen Datenträgern	X	
163.	2711	Herstellung von Elektromotoren, Generatoren und Transformatoren		X
164.	2712	Herstellung von Elektrizitätsverteilungs- und -schalt-einrichtungen		X
165.	2720	Herstellung von Batterien und Akkumulatoren	X	
166.	2731	Herstellung von Glasfaserkabeln		X
167.	2732	Herstellung von sonstigen elektronischen und elektrischen Drähten und Kabeln		X
168.	2733	Herstellung von elektrischem Installationsmaterial		X

169.	2740	Herstellung von elektrischen Lampen und Leuchten		X
170.	2751	Herstellung von elektrischen Haushaltsgeräten		X
171.	2752	Herstellung von nicht elektrischen Haushaltsgeräten		X
172.	2790	Herstellung von sonstigen elektrischen Ausrüstungen und Geräten a. n. g.		X
173.	2811	Herstellung von Verbrennungsmotoren und Turbinen (ohne Motoren für Luft- und Straßenfahrzeuge)		X
174.	2812	Herstellung von hydraulischen und pneumatischen Komponenten und Systemen		X
175.	2813	Herstellung von Pumpen und Kompressoren a. n. g.		X
176.	2814	Herstellung von Armaturen a. n. g.		X
177.	2815	Herstellung von Lagern, Getrieben, Zahnrädern und Antriebselementen		X
178.	2821	Herstellung von Öfen und Brennern		X
179.	2822	Herstellung von Hebezeugen und Fördermitteln		X
180.	2823	Herstellung von Büromaschinen (ohne Datenverarbeitungsgeräte und periphere Geräte)		X
181.	2824	Herstellung von handgeführten Werkzeugen mit Motorantrieb		X
182.	2825	Herstellung von kälte- und lufttechnischen Erzeugnissen, nicht für den Haushalt		X
183.	2829	Herstellung von sonstigen nicht wirtschaftszweigspezifischen Maschinen a. n. g.		X
184.	2830	Herstellung von land- und forstwirtschaftlichen Maschinen		X
185.	2841	Herstellung von Werkzeugmaschinen für die Metallbearbeitung		X
186.	2849	Herstellung von sonstigen Werkzeugmaschinen		X
187.	2891	Herstellung von Maschinen für die Metallerzeugung, von Walzwerkseinrichtungen und Gießmaschinen		X

188.	2892	Herstellung von Bergwerks-, Bau- und Baustoffmaschinen		X
189.	2893	Herstellung von Maschinen für die Nahrungs- und Genussmittelerzeugung und die Tabakverarbeitung		X
190.	2894	Herstellung von Maschinen für die Textil- und Bekleidungsherstellung und die Lederverarbeitung		X
191.	2895	Herstellung von Maschinen für die Papiererzeugung und -verarbeitung		X
192.	2896	Herstellung von Maschinen für die Verarbeitung von Kunststoffen und Kautschuk		X
193.	2899	Herstellung von Maschinen für sonstige bestimmte Wirtschaftszweige a. n. g.		X
194.	2910	Herstellung von Kraftwagen und Kraftwagenmotoren		X
195.	2920	Herstellung von Karosserien, Aufbauten und Anhängern		X
196.	2931	Herstellung elektrischer und elektronischer Ausrüstungsgegenstände für Kraftwagen		X
197.	2932	Herstellung von sonstigen Teilen und sonstigem Zubehör für Kraftwagen		X
198.	3011	Schiffbau (ohne Boots- und Yachtbau)		X
199.	3012	Boots- und Yachtbau		X
200.	3020	Schienenfahrzeugbau		X
201.	3030	Luft- und Raumfahrzeugbau		X
202.	3040	Herstellung von militärischen Kampffahrzeugen		X
203.	3091	Herstellung von Krafträdern		X
204.	3092	Herstellung von Fahrrädern sowie von Behindertenfahrzeugen		X
205.	3099	Herstellung von sonstigen Fahrzeugen a. n. g.		X
206.	3101	Herstellung von Büro- und Ladenmöbeln		X
207.	3102	Herstellung von Küchenmöbeln		X
208.	3103	Herstellung von Matratzen		X
209.	3109	Herstellung von sonstigen Möbeln		X
210.	3211	Herstellung von Münzen		X
211.	3212	Herstellung von Schmuck, Gold- und Silberschmiede-waren (ohne Fantasieschmuck)		X

212.	3213	Herstellung von Fantasieschmuck		X
213.	3220	Herstellung von Musikinstrumenten		X
214.	3230	Herstellung von Sportgeräten		X
215.	3240	Herstellung von Spielwaren		X
216.	3250	Herstellung von medizinischen und zahnmedizinischen Apparaten und Materialien		X
217.	3291	Herstellung von Besen und Bürsten		X
218.	3299	Herstellung von sonstigen Erzeugnissen a. n. g.	X	
219.	3832	Rückgewinnung sortierter Werkstoffe	X	

Sachwortverzeichnis

A

Abgaswärmetauscher 105
Abhitzekessel 64
Abwärmenutzung 105
   Dampf- 96, 107
   Heißwasser- 104
Aeroderivat 139
Anfangsvergütung 94
Ausbaupfad 74
   -brutto 75
   -netto 75
Ausgleichsmechanismus 80

B

Bemessungsleistung 77
Bestandsanlagen 82
Betriebskosten 29
Bioenergie 13, 18
Biogasanlagen 96
Biomasse 73, 74, 75, 76, 77, 78,
   79, 80, 96
Biomasse-Heizkraftwerke 98
Blackout 123
Blockheizkraftwerk 103
   Gasmotor 111
   Gasturbine 104, 105, 106,
   107, 110
Braunkohle 20
Brennstoffkosten 29
Bruttoinlandsprodukt 50, 54
Brutto-Inlandsverbrauch 6
Brutto-Stromerzeugung 6
Bruttowertschöpfung 34, 54, 56,
   83, 85

D

Day-Ahead-Handel ....
                     Siehe Strombörse
Deponiegas 72, 73, 76, 77,
   78, 79, 80
dezentrale Energieversorgung 62
Dispatch 120

E

Economizer 64
EEG-Befreiung 81
EEX .... *Siehe Strombörse*
Eigenverbrauch 6
Eigenversorgung
   Eigenstromversorgung 81
   Eigenverbrauch 81
   Eigenversorgung 93, 114
   Eigenversorgungsformen 82
Energie 3
Energiemix 10
Energiepflanzen 18
Energiepreis 54, 59
Energiesteuergesetz
   EnergieStG 66, 130
Energieversorger 120
Energiewende 2
Energy-only 120
EPEX .... *Siehe Strombörse*
Erdgas 21
Erdöl 21
Erwerbstätige 54

G

Gasheizkraftwerke 9
Gaskraftwerke 8
Geothermie 13, 15

Gezeitenkraftwerk ....
    Siehe Wasserkraft
Grenzkosten 9
Grenzkostenkurve 9
Grubengas 72, 73, 75, 76, 77, 78, 79, 80, 82
Grundvergütung 94

H

Hocheffizienzkriterium 107, 111, 130, 162
Höchstlastbeitrag 31

I

Inbetriebnahme 75
Industriegasturbine 139
Intraday-Handel .... Siehe Strombörse

J

Jahreshöchstlast 31
Jahresnutzungsgrad 82, 130

K

Kapazitätsmarkt 125
    fokussierter - 125
    umfassender - 125
Kapitalkosten 29
Kapitalverzinsung 29
Kennzahlen
    Cashflow 167, 170
    EBIT 167, 168
    EBITDA 167, 168
    EBT 167, 169
    FTE 167, 169
    Gross Profit 167, 168
    NOPLAT 167, 169
    ROE 167, 170
    ROI 167, 169
    Umsatz 167, 168
Kernkraftwerke 20
Klärgas 72, 73, 76, 77, 78, 79, 80
konventioneller Energien 18
Kraftwerksbetreiber 120

Kraftwerkseigenverbrauch 82
KWK-Anlage 64

L

Laufwasserkraftwerk ....
    Siehe Wasserkraft

M

Managementprämienverordnung.. 73
Merit-Order-Effekts 9
Mineralöle 21
Minutenreservemarkt 123
Monatsmarktwert 80
Monatsnutzungsgrad ....
    Siehe Jahresnutzungsgrad

N

Netzentgelt 31
Netzfrequenz 120

O

Osmosekraftwerk ....
    Siehe Wasserkraft
OTC-Handel 123

P

Photovoltaik 13, 14, 63, 101
Primärenergieeinsparung.... 130, 159
Primärenergiemarkt 123
Primärenergieverbrauch 2
produzierendes Gewerbe 43, 55, 56, 83

R

Redispatch 120
Referenzertrag 94
Referenzwert 137
Regelleistung 122
Regelleistungsmarkt 66, 122
regenerativer Energien 12
Repowering 75

S

Salzgradientenkraftwerk..................
  Siehe Wasserkraft
Sekundärenergie............................ 2
Sekundärenergiemarkt................ 123
Solarthermie 13
Speicherkraftwerk ....
  Siehe Wasserkraft
Spitzenausgleichsverordnung 85
Spotmarkt .... *Siehe Strombörse*
Stauwasserkraftwerk ....
  Siehe Wasserkraft
Steinkohle 19
Strategische Reserve................... 124
Stromgestehungskosten 92
Stromkostenintensität 84
Stromkostenintensive
  Unternehmen 81
Strommarkt 6
Strompreis 28, 56
  § 19-Umlage 28, 31
  Arbeitspreis 28
  EEG-Umlage 28, 30
  Erzeugung, Transport,
    Vertrieb........................... 28, 29
  Konzessionsabgabe............. 28, 29
  KWK-Umlage 30
  Leistungspreis......................... 28
  Messstellenbetrieb und
    Abrechnung 28
  Offshore-Haftungsumlage .. 28, 33
  Stromsteuer....................... 28, 32
  Umlage für abschaltbare Lasten ...
    28, 33
Stromsteuergesetz........................ 32
Stromverbraucher 120

T

Terminmarkt......... *Siehe Strombörse*
Tertiärregelung ....
  Siehe Minutenreservemarkt
Thermische Solarenergie-
  Kraftwerke 14

U

Übertragungsnetzbetreiber 120
Umesterung 18
Umweltmanagementsystem.......... 85
Uran und Kernenergie 20

V

Verbrennungskraftmaschinen...........
  96, 105
Vergärung.................................... 18
Vergütungssätze 76, 77, 81
Vermarktungsmöglichkeiten 121
  Strombörse............................122
Versorgungssicherheit 120
virtuelles Kraftwerk................... 123

W

Warm- oder Heißwassernetz 64
Wasserkraft............................ 13, 16
Wellenkraftwerke *Siehe Wasserkraft*
Wertentwicklung 29
Windenergie 13, 15, 93
Wirtschaftszweige
  Wirtschaftszweige 54
  WZ 2003................................. 61
  WZ 2008................................. 61

Z

Zusatzfeuerung 64, 105, 142

If you have any concerns about our products,
you can contact us on
ProductSafety@springernature.com

In case Publisher is established outside the EU,
the EU authorized representative is:
Springer Nature Customer Service Center GmbH
Europaplatz 3, 69115 Heidelberg, Germany

Printed by Libri Plureos GmbH
in Hamburg, Germany